黑龙江省高等教育应用型人才培养系列教材

土力学与地基基础

主　编　王滨生　陈恩清　孙晓羽

哈尔滨工程大学出版社

内容简介

本书共分 9 章,系统阐述了土的物理性质及工程分类、土的渗透性、土中应力、土的压缩性及地基沉降、土的抗剪强度、土压力理论、土坡稳定分析、地基承载力等方面内容,各章后均附有思考题和习题,并给出部分思考题和习题的答案。本书根据作者多年教学改革的实践经验编写而成,内容编排科学合理、重点突出。

本书可作为高等院校土木工程专业本科生教材,也可为相关专业的专科生使用及研究生和工程技术人员参考。

图书在版编目(CIP)数据

土力学与地基基础/王滨生,陈恩清,孙晓羽主编.
—哈尔滨:哈尔滨工程大学出版社,2015.5(2019.3 重印)
ISBN 978 – 7 – 5661 – 1034 – 3

Ⅰ.①土… Ⅱ.①王… ②陈… ③孙… Ⅲ.①土力学②地基 – 基础(工程) Ⅳ.①TU4

中国版本图书馆 CIP 数据核字(2015)第 098930 号

出版发行　哈尔滨工程大学出版社
社　　址　哈尔滨市南岗区南通大街 145 号
邮政编码　150001
发行电话　0451 – 82519328
传　　真　0451 – 82519699
经　　销　新华书店
印　　刷　哈尔滨市石桥印务有限公司
开　　本　787mm×1 092mm　1/16
印　　张　14.5
字　　数　373 千字
版　　次　2015 年 7 月第 1 版
印　　次　2019 年 3 月第 2 次印刷
定　　价　38.00 元
http://www.hrbeupress.com
E-mail:heupress@hrbeu.edu.cn

前　　言

土力学是固体力学的一个分支,也是岩土力学的重要组成部分,是土木工程专业的重要专业基础课,同时,也广泛应用于水利水电、公路桥梁、港口、铁道和国防等行业中。它是利用力学原理和土工试验技术研究土的工程性质和土体性状的学科。本书根据《高等学校土木工程专业指导性专业规范》、现行《岩土工程基本术语标准》(GB/T 50279—98)、《建筑地基基础设计规范》(GB 50007—2011)、《岩土工程勘察规范》(GB 50021—2001),并结合本课程多年教学改革的实践经验编写而成,符合近年来土力学学科的发展和新时期对土木工程人才培养的要求。

本书在传承经典的同时,适当更新了内容、调整了结构。编写过程中,编者以教学实践、工程实践、对学科的认识和课程的定位为基础,同时借鉴国内外同类教材的优点,在全面介绍土力学经典理论、原理、方法的同时,力图展现学科发展新水平,反映土力学的成熟成果与观点方法。全书概念清楚、层次分明、重点突出,注重联系工程背景及各章节知识点的相互关联与衔接,使知识体系更加科学系统。本书注重理论和概念的准确性和完整性以及内容的充实性和新颖性,着重阐述基本理论、基本原理及新概念、新方法,重视实例和工程问题的介绍,书中图文并茂,并安排了一定量的例题和工程背景介绍,方便读者在学习理解土力学的基本概念、基本原理和基本方法的基础上,拓展知识面,提高分析问题,解决问题的能力。

本书各章编写人员如下:第1章、第5章、第6章、第9章由王滨生(哈尔滨工程大学)编写,第2章、第3章、第8章由陈恩清(吕梁学院)编写,第4章、第7章、附录和习题由孙晓羽(哈尔滨工程大学)编写。王滨生负责统稿,经多次修改后定稿。

本书由哈尔滨工程大学何建教授审阅并提出了宝贵建议,对提高本书的质量起了极好的作用,在此表示衷心感谢。

本书的编写和出版得到了校内相关领导、同行专家和出版社同志的关爱和无私帮助,在此表示衷心感谢。

限于时间和编者水平,书中难免会有欠妥甚至错误之处,敬请读者批评指正,以便以后加以修改、充实和提高。

编　者
2015 年 5 月

目　　录

第1章　绪论 ··· 1
　　1.1　土力学的概念及研究对象 ··· 1
　　1.2　土力学学科的发展概况 ··· 1
第2章　土的物理性质及工程分类 ··· 3
　　2.1　土的物理性质概述 ·· 3
　　2.2　土的成因 ·· 3
　　2.3　土的三相组成 ·· 5
　　2.4　土的结构和构造 ··· 10
　　2.5　土的物理性质及指标 ·· 12
　　2.6　无黏性土的物理状态指标 ··· 18
　　2.7　黏性土的特性和物理状态指标 ·· 21
　　2.8　地基土的工程分类 ·· 23
第3章　土的渗透性 ··· 28
　　3.1　土的渗透性概述 ··· 28
　　3.2　地下水的埋藏类型 ·· 28
　　3.3　土中一维渗透及其规律 ··· 29
　　3.4　土中二维渗透及流网 ·· 35
　　3.5　渗透破坏及防治 ··· 38
　　3.6　毛细水 ·· 43
　　3.7　影响土渗透性的因素 ·· 44
第4章　土中应力 ··· 48
　　4.1　土中应力概述 ·· 48
　　4.2　土中自重应力 ·· 48
　　4.3　基底压力和基底附加压力 ··· 52
　　4.4　均质地基中的附加应力 ··· 56
　　4.5　非均质地基中的附加应力 ··· 74
第5章　土的压缩性及地基沉降 ·· 81
　　5.1　土的压缩性概述 ··· 81
　　5.2　土的压缩性 ··· 81
　　5.3　有效应力原理及太沙基单向渗透固结理论 ·· 85
　　5.4　地基最终沉降量的计算 ··· 91
　　5.5　应力历史对地基沉降的影响 ··· 109
第6章　土的抗剪强度 ·· 118
　　6.1　土的抗剪强度概述 ··· 118
　　6.2　土的抗剪强度理论 ··· 118

6.3　土的极限平衡条件 ……………………………………………… 120

6.4　土抗剪强度的测定方法 ………………………………………… 123

6.5　饱和黏性土的抗剪强度 ………………………………………… 129

6.6　无黏性土的抗剪强度 …………………………………………… 135

第7章　土压力理论 …………………………………………………… 139

7.1　土压力理论概述 ………………………………………………… 139

7.2　土压力的分类 …………………………………………………… 139

7.3　静止土压力 ……………………………………………………… 140

7.4　朗肯土压力理论 ………………………………………………… 141

7.5　库仑土压力理论 ………………………………………………… 146

7.6　特殊情况下的土压力计算 ……………………………………… 150

第8章　土坡稳定分析 ………………………………………………… 162

8.1　土坡稳定概述 …………………………………………………… 162

8.2　无黏性土坡的稳定分析 ………………………………………… 163

8.3　黏性土坡的稳定分析 …………………………………………… 163

8.4　渗流和地震条件下的土坡稳定分析 …………………………… 177

8.5　土坡稳定分析中的若干问题 …………………………………… 180

8.6　土坡失稳的原因及防治措施 …………………………………… 181

第9章　地基承载力 …………………………………………………… 185

9.1　地基承载力概述 ………………………………………………… 185

9.2　地基的变形和失稳破坏形式 …………………………………… 185

9.3　地基临塑荷载和临界荷载 ……………………………………… 188

9.4　地基极限承载力 ………………………………………………… 190

9.5　地基承载力确定 ………………………………………………… 196

部分习题答案 …………………………………………………………… 201

附录　分变量法求解偏微分方程 ……………………………………… 216

土力学与地基基础课程教学大纲 ……………………………………… 218

参考文献 ………………………………………………………………… 223

第1章 绪 论

1.1 土力学的概念及研究对象

土是地壳表层的整体岩石经风化、搬运和沉积作用后形成的松散堆积物。从母岩到形成土,经历了漫长的地质年代,其间的风化、搬运和沉积过程是交错进行的,每一个过程都会对土的性质产生影响。岩石矿物成分和风化作用的不同,导致了土体性质的差异;搬运和沉积过程中自然条件的差异和各种随机因素作用,导致了土体具有不同的结构和构造,因此土的类型及性质与其成因有直接关系。

自然状态下,土是由土颗粒和填充于土颗粒孔隙中的水、气体组成的三相体。土颗粒是母岩风化的碎屑物,其矿物成分及粒径的大小直接决定土的基本物理、化学和力学性质。土粒间的孔隙是连续的,因而土体具有渗透性。土中水的存在对土的性质特别是黏性土的力学性质有很大的影响,同一种类型的土中,三相的组成比例不同,土的性质也会出现较明显的差别。

在工程建设中,土与结构物之间有着极其密切的关系。当土作为地基支撑上部建筑物(如建筑物、桥梁、道路、堤坝或其他结构物)传来的荷载时,需研究土的应力、变形和强度;作为建筑材料(如修筑道路、堤坝)时,需研究土的组成、渗流、压实性等物理力学性质;作为地下结构(如建造隧道、涵洞、地铁或其他地下建筑)的周围介质或环境时,需研究土的稳定性及其与结构的相互作用。

土力学作为力学的一个分支,它是研究土的基本物理特性,在结构物作用下土的应力、变形、强度、稳定性、渗流以及土与结构物之间相互作用的一门力学学科。

1.2 土力学学科的发展概况

土力学是伴随着地基基础技术的进步而发展起来的。地基基础是一门古老的工程技术,作为地基基础理论的土力学,其发展始于18世纪的欧洲,随着欧洲工业革命的兴起及城市建设的不断发展,在大量兴建的铁路、公路、桥梁和水利工程中,出现了许多与土有关的问题,对这些问题的研究和解决,促使了古典土力学理论的产生。1773年,法国科学院院士物理学家工程师库仑(C. A. De Coulomb)通过试验得出了著名的砂土抗剪强度公式,提出了计算挡土墙(以下简称挡墙)后散体材料土压力的滑动楔体理论;1855年,法国水利工程师水文地质学的奠基人之一达西(H. P. G. Darcy)创立了土的层流渗透定律;1869年,英国力学家土木工程师英国格拉斯哥大学教授朗肯(W. J. M. Rankine)提出了基于极限平衡理论的朗肯土压力理论;1885年,法国科学院院士物理学家数学家巴黎大学教授布辛尼斯克(J. V. Boussinesq)求得了弹性半空间表面在竖向集中力作用下的应力和变形理论解;1916年,瑞典工程师彼得森(K. E. Petterson)提出了黏性土坡稳定分析的圆弧法,1922年,国际水利工程与研究协会第一届理事会主席瑞典岩土工程师瑞典皇家理工学院教授费兰纽斯(W. K. A. Fellenius)将其发展为整体圆弧滑动面法;1920 年,德国物理学家近代力学奠基人之一格丁根大学教授普朗德尔(L. Von Prandtl)提出了地基剪切破坏时的滑动面形状和极限承载力公式。这些古典的理论和方法为土力学的诞生奠定了基础,至今仍不失其理论价值和实用价值。

1925 年,美国土力学家哈佛大学教授太沙基(K. Von Terzaghi)总结和发展了以往的成就,创立了土的有效应力原理,将土的应力、变形和强度等力学性质联系起来,1925 年在维也纳出版了举世闻名的第一部土力学专著《土力学》(Erdbaumechanik),标志着土力学这门学科的诞生。太沙基又在 1943 年出版了《理论土力学》,1948 年出版了《工程实践中的土力学》,这些著作使得土力学从固体力学中分离出来,成为一门独立的学科,太沙基也被誉为现代土力学之父。土力学是一门边缘学科,同时也是一门与工程建设关系密切的应用学科。鉴于这门学科的重要作用,国际上早在 1936 年就成立了国际土力学及基础工程协会(International Society for Soil Mechanics and Foundation Engineering, ISSMFE),同年在美国哈佛大学召开了第一届会议。1957 年,中国土木工程协会设立了土力学及基础工程委员会,而后于 1978 年又成立了土力学及基础工程学会。

在我国,土力学理论的研究起步较晚,但我国一些学者的成就在国际上仍是具有影响力的。1956 年,我国土力学学科奠基人之一黄文熙教授当选为首批中国科学院技术科学学部委员(今称院士),是岩土工程专业首位院士。此后,陆续当选为中科院院士或工程院院士的岩土工程杰出学者有陈宗基、潘家铮、张宗祜、汪闻韶、卢肇钧、孙钧、宋振骐、陈梦熊、钱七虎、周镜、沈珠江、黄熙龄、刘建航、王思敬等三十余位。我国岩土工程学者近几十年所撰写出版的专著、手册、论文集以及译作等在数百部(数千万字)以上,科研成果难以计数。

实际上土及土体堆积物的特性是特别复杂的,除了最简单的问题外,所有的数学计算都相当复杂,要想得到结果,就需花费大量的时间和精力。太沙基在许多场合曾说过:"如果理论不够简单,那么它在土力学中就几乎没有用。"20 世纪 50 年代起,现代科技特别是电子技术成果的大量渗入,在试验测试技术实现自动化的同时,土力学的理论也有了显著的进展。岩土数值模拟包括本构关系和结构分析方法两个方面。黄文熙院士指出:"目前在计算机和计算技术先进的国家,拖后腿的已不是计算技术,而是对土的弹塑性应力 - 应变特性的认识,对土力学这门学科来讲,它是经历了一场革命,而且这场革命现在还在深化之中。"电子计算机、数值计算方法、本构方程三者互相影响,没有前者,后者不会提到工作日程上。本构关系是反映物质宏观性质的数学模型,把本构关系写成具体的数学表达形式就是本构方程,建立本构方程是理论力学研究的重要内容之一。最有实用价值的本构方程应是解决具体工程实践的最简单方程,沈珠江院士在 20 世纪 70 年代末开始进行土的本构关系模型研究,提出了多重屈服面、等价应力硬化理论和三剪切角破坏准则等新概念,在此基础上提出了第一个我国自己提出的模型——沈珠江双屈服面模型。

近年来,随着我国房屋建筑、交通工程、水电工程以及石油开采等大型建设工程的兴起,广大科技工作者对一大批涉及土力学的困难问题进行了深入研究,在他们的辛勤努力下,土力学学科的发展在我国已经取得了长足的进步。

第2章　土的物理性质及工程分类

2.1　土的物理性质概述

土体的物理性质,如轻重、软硬、干湿和松密等在一定程度上决定了土的力学性质,它是土最基本的特性。由于土是一种由土颗粒、水和气体组成的三相体系,土的物理性质由三相物质的性质、相对含量以及土的结构构造等因素决定,矿物成分、颗粒大小的差异和三相比例的不同都导致了不同的物理性质。在进行土力学计算及处理地基基础问题时,不仅要了解各类土的特性,还必须熟练掌握反映土三相组成比例和状态的各指标的定义、测定方法和指标间存在的换算关系,熟悉按有关特征及指标对地基土进行工程分类及初步判定土体的工程性质的方法。因此,本章主要介绍土的成因、土的三相组成、土的物理性质、指标换算、无黏性土和黏性土的物理状态指标等内容。这些是土力学中必须掌握的基本内容,也是评价土的工程性质和分析与解决土的工程技术问题的基础。

2.2　土的成因

土是地壳表层的整体岩石经风化、搬运和沉积作用后形成的松散堆积物。在漫长的地质年代中,地球表面的整体岩石在大气中经受长期的风化作用而破碎,在各种内力和外力作用下,在各种不同的自然环境中堆积下来形成土。堆积下来的土在长期的地质年代中发生复杂的物理化学变化,经压密固结和胶结硬化最终又形成岩石。工程上遇到的土大多数是第四纪沉积物,是土力学研究的主要对象。

2.2.1　风化

岩石在其存在、搬运和沉积的各个过程中都在不断风化。岩石风化后变成粒状的物质,导致强度降低,透水性增强。风化作用根据其性质和影响因素的不同可分为物理风化、化学风化和生物风化三种类型。三者经常是同时进行又相互加剧发展的。

1. 物理风化

长期曝露在大气中的岩石由于受到温度和湿度等各种气候因素的影响,体积胀缩而逐渐崩解和破裂,或者在运动过程中因为碰撞和摩擦而破碎,形成大小和形状各异的碎块,这个过程称为物理风化。物理风化的过程仅使岩石机械破碎,仅限于体积大小和形状的改变,其化学成分没有发生变化,风化产物的矿物成分与母岩相同。物理风化产物无黏性土,如砂和砾石等都是物理风化的产物。

2. 化学风化

地表岩石在水溶液、氧气和二氧化碳等的化学作用下改变了化学成分和矿物成分从而形成了新的矿物,这个过程称为化学风化。化学风化作用主要有氧化作用、水化作用、水解作用、溶解作用和碳酸化作用等。它不但破坏了岩石的结构,而且使其化学成分改变,从而形成与原来岩石颗粒成分不同的新的矿物。化学风化所形成的细粒土之间具有黏结能力,该产物为黏土矿物,如高岭石、伊利石和蒙脱石等,通常称为黏性土。

3. 生物风化

生物活动过程中对岩石产生的破坏过程称为生物风化。如穴居地下的蚯蚓、鼠类和树根生长等活动都可以引起岩石的机械破碎;生长在岩石表面的细菌和藓类植物分泌的有机酸溶液可产生化学作用,分解岩石的成分,也促使岩石发生变化。

2.2.2 搬运和沉积

土在地表分布极广,成因类型也很复杂。不同成因类型的沉淀物各具有一定的分布规律、地形形态及工程性质,根据土形成后堆积位置的关系,土可分为两大类:残积土和运积土。

1. 残积土

残积土是残留在原地未被搬运的那一部分母岩风化剥蚀后的产物。残积土与基岩之间没有明显的界限,一般分布规律为:上部为残积土,中部为风化带,下部为新鲜岩石。由于未经搬运作用,没有层理构造,且土层中所含的石块为尖棱角状,残积土一般是良好的建筑土料,但作为建筑地基时需注意其土性和厚度常呈现较大的不均匀性和各项异性。

2. 运积土

运积土是岩石风化后经搬运作用离开母岩所在的区域后再沉积下来的堆积物。由于搬运的动力不同,常分为下面几种类型:

（1）坡积土

坡积土是指由于雨、雪或水流的地质作用将高处岩石的风化产物缓慢地冲刷、剥蚀或由于重力的作用,顺着斜坡向下逐渐移动,最终沉积在较平缓的山坡上而形成的沉积物。坡积土随斜坡自上而下呈现由细而粗的分选现象。组成坡积土的颗粒粗细混杂,土质不均匀,厚度变化大,土质疏松,压缩性较大。

（2）洪积土

由暴雨或大量融雪骤然集聚而成的暂时性山洪急流,具有很大的剥蚀和搬运能力。它冲刷地表,将大量的基岩风化产物或基岩剥蚀、搬运并堆积于山谷冲沟出口或山前倾斜平原而形成洪积土。由于山洪流出谷口后,流速骤减,被搬运的粗碎屑物质先堆积下来,离山越远,颗粒越细,其分布范围也逐渐扩大。随着离山远近的不同,堆积体内土粒粗细不同,性质很不均匀。

（3）冲积土

河流两岸的基岩及其上部覆盖的松散物质,被河流流水剥蚀后,经搬运、沉积于河道坡度较平缓的地带而形成的沉积土,称为冲积土。冲积土的特点是具有明显的层理结构,经过长距离的搬运过程,颗粒磨圆度好。随着从上游到下游流速的逐渐减小,冲积土具有明显的由粗到细的分选现象,常形成砂层和黏性土层交叠的地层。

（4）其他沉积土

除了上述几种类型的沉积土外,还有海洋沉积土、湖泊沉积土、冰川沉积土、海陆交互沉积土和风积土等,它们分别是由海洋、湖泊、冰川以及风化的地质作用而形成的。

2.3 土的三相组成

土是松散的颗粒集合体,它是由固体颗粒、液体和气体三部分组成的。土的固体颗粒一般由矿物质所组成,有时含有胶结物和有机质,土的固体颗粒构成土的骨架,骨架之间贯穿着大量的孔隙。土的液体是指土体孔隙中的水和溶解于水中的矿物质,土中气体是指土体孔隙中的空气和其他气体。土的三相组成决定了土的物理力学性质。

当土中孔隙完全被水充满时,该土称为饱和土;当土中孔隙完全被空气充满时,该土称为干土。饱和土与干土都可以称为两相土。

2.3.1 土的固体颗粒

1. 土粒的矿物成分

土中固体颗粒的成分绝大多数是矿物质,或有少量有机物,它们是构成土的骨架最基本的物质。土的无机矿物成分可分为原生矿物和次生矿物两大类。

原生矿物是岩石物理风化生成的颗粒,其矿物成分与母岩相同,土粒较粗,多呈浑圆状、块状或板状,比表面积(单位体积内颗粒的总面积)小,吸附水的能力较弱,性质稳定,无塑性。对于粗颗粒,比表面积没有很大意义。漂石、卵石或砾石(圆砾、角砾)等粗大粒组都是岩石碎屑,它们的矿物成分与母岩相同。砂粒大部分是母岩中的单矿物颗粒,原生矿物常见的有石英、长石和云母,角闪石和磁铁矿也是原生矿物。

次生矿物是指岩石中矿物经化学风化作用后形成的新的矿物,性质与母岩完全不同,如三氧化二铝、三氧化二铁、次生二氧化硅及各种黏土矿物。由于其粒径非常小(小于 2 μm),具有很大的比表面积,与水作用能力很强,能发生一系列复杂的物理、化学变化。比表面积的大小直接反应土颗粒与四周介质的相互作用,是反应黏性土性质特征的一个重要指标。黏土矿物主要有高岭石、伊利石和蒙脱石三类。高岭石是在酸性介质条件下形成的,它的亲水性弱,遇水后膨胀性和可塑性小;蒙脱石亲水性强,遇水后具有极大的膨胀性与可塑性;伊利石的亲水性介于高岭石与蒙脱石之间,膨胀性和可塑性也介于高岭石与蒙脱石之间,比较接近蒙脱石,见表 2-1。

表 2-1 黏土矿物

	高岭石	伊利石	蒙脱石
粒径	大	中	小
比表面积/(m^2/g)	10 ~ 20	80 ~ 100	800
胀缩性	小	中	大
渗透性	大	中	小
强度	大	中	小
压缩性	小	中	大

2. 土粒的粒组划分

土中固体颗粒的大小及含量,决定了土的物理力学性质。颗粒的大小通常用粒径表示。土颗粒的大小相差悬殊,有大于几十厘米的漂石,也有小于几微米的胶粒,同时,由于土粒的形状往往是不规则的,很难直接测量土粒的大小,故只能用间接的方法来定量描述土粒的大小和各种颗粒的相对含量。土的粒径大小和颗粒的相对含量直接影响土的性质,如土的密实度、土的透水性、土的强度和土的压缩性等。

天然土的粒径一般是连续变化的,为了描述方便,工程上常把大小和性质相近的土粒合并为组,称为粒组。划分粒组的分界尺寸称为界限粒径。对于粒组的划分,各个国家,甚至一个国家的各个部门,可能都有不同的规定。粒组不同,其性质也不同。常用的粒组有石粒、砾粒、砂粒、粉粒和黏粒(表2-2)。以砾粒和砂粒为主要组成成分的土称为粗粒土。以粉粒、黏粒和胶粒为主的土,称为细粒土。

表 2-2　土粒的粒组划分

粒组	颗粒名称		粒径 d 的范围/mm
巨粒	漂石(块石)		$d > 200$
	卵石(碎石)		$60 < d \leqslant 200$
粗粒	砾粒	粗砾	$20 < d \leqslant 60$
		中砾	$5 < d \leqslant 20$
		细砾	$2 < d \leqslant 5$
	砂粒	粗砂	$0.5 < d \leqslant 2$
		中砂	$0.25 < d \leqslant 0.5$
		细砂	$0.075 < d \leqslant 0.25$
细粒	粉粒		$0.005 < d \leqslant 0.075$
	黏粒		$d \leqslant 0.005$

3. 土的颗粒级配

自然界里的天然土,很少是单一粒组的土,往往由多个粒组混合而成。因此,为了说明天然土颗粒的组成情况,不但要了解土颗粒的大小,而且要了解各种颗粒所占的比例。工程上常用不同粒径颗粒的相对含量来描述土的颗粒组成情况,这种指标称为土的颗粒级配。土的颗粒级配的具体含义是一个粒组中的土粒质量与干土总质量之比,一般用百分比表示。

土的颗粒粒径及其级配是通过土的颗粒分析试验测定的。常用的方法有两种:对于粒径大于 0.075 mm 的土粒,常采用筛析法;而对于粒径小于 0.075 mm 的土粒,则采用沉降分析法。当土中含有颗粒粒径大于 0.075 mm 和小于 0.075 mm 的土粒时,可以联合使用密度计法和筛析法。

(1)筛析法

筛析法是用一套不同孔径的标准筛,将风干、分散并且具有代表性的试样,放入一套从上到下、孔径由粗到细排列的标准筛进行筛分,然后分别称出留在各筛子上的土重,并计算出各粒组的质量分数,由颗粒分析结果可判断土的颗粒级配及确定土的名称。标准筛孔径由粗筛孔径(60 mm,40 mm,20 mm,10 mm,5 mm,2 mm)和细筛孔径(1 mm,0.5 mm,0.25 mm,0.075 mm)组成。

(2)沉降分析法

该法常用的有密度计法和移液管法。两种方法的理论基础都是斯托克斯定律(Stokes Law),即球状的细颗粒在水中的下沉速度与颗粒直径的平方成正比。

根据颗粒分析试验结果,可以绘制颗粒级配曲线,如图2-1所示。因为土粒粒径相差常在百倍、千倍以上,所以表示粒径的横坐标常用对数坐标。曲线的纵坐标则表示小于某粒径的土粒的质量分数。对于不同的土类,可以得到不同颗粒级配曲线。

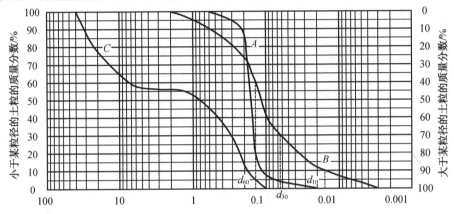

图2-1 土的颗粒级配曲线示意图

颗粒级配曲线在土木和水利工程中经常用到。从曲线中可直接求得各粒组的颗粒含量及粒径分布的均匀程度,进而估测土的工程性质。如曲线平缓,表示粒径大小相差悬殊,颗粒不均匀,级配良好(见图2-1中曲线 B);反之,则颗粒均匀,级配不良(见图2-1中曲线 A,C)。为了定量说明问题,工程中常用不均匀系数 C_u 和曲率系数 C_c 来反映土颗粒级配情况。C_u 和 C_c 分别为

$$C_u = \frac{d_{60}}{d_{10}} \tag{2-1}$$

$$C_c = \frac{d_{30}^2}{d_{10}d_{60}} \tag{2-2}$$

式中 d_{60}——小于该粒径的土粒质量占总土粒质量的60%,称为限制粒径,mm;

d_{10}——小于该粒径的土粒质量占总土粒质量的10%,称为有效粒径,mm;

d_{30}——小于该粒径的土粒质量占总土粒质量的30%,称为中值粒径,mm。

C_u 反映了大小不同粒组的分布情况,C_u 越大,表示土越不均匀,即土中粗颗粒和细颗粒的大小相差越悬殊,土体比较容易压实。若土的颗粒级配曲线是连续的,C_u 越大,d_{60} 与 d_{10} 相距越远,则曲线越平缓,表示土中的粒组变化范围大,土粒不均匀;反之,C_u 越小,d_{60} 与 d_{10} 相距越近,曲线越陡,表示土中的粒组变化范围小,土粒均匀。若土的颗粒级配曲线不连续,在该曲线上出现水平段,水平段粒组范围不包含该粒组颗粒。工程中,把 $C_u > 5$ 的土称为不均匀土,$C_u \leqslant 5$ 的土称为均匀土。

C_c 描述了土的颗粒级配曲线分布的整体形态,反映了曲线的斜率是否连续,即表示是否有某粒组缺失的情况。若曲率系数过大,表示粒径分布曲线的台阶出现在 d_{10} 和 d_{30} 范围内;反之,若曲率系数过小,表示台阶出现在 d_{30} 和 d_{60} 范围内。经验表明,当级配连续时,$1 \leqslant C_c \leqslant 3$。因此,当 $C_c < 1$ 或 $C_c > 3$ 时,均表示级配曲线不连续。

由此可知,土的级配优劣可由土中土粒的不均匀系数和粒径分布曲线的形状曲率系数衡量。工程上对土的级配是否良好可按如下规定判断:当土的 $C_u > 5$ 且 $1 \leqslant C_c \leqslant 3$ 时,级配良好;反之则级配不良。

级配良好的土中,较粗颗粒间的孔隙被较细的颗粒所填充,因而土的密实度较好,相应的地基土的强度和稳定性较好,透水性和压缩性较小,可作为路基、堤坝或其他土建工程的填方土料。

2.3.2 土中水

在天然情况下,土中常有一定数量的水。土中细粒越多,水对土的性质影响越大。对土中水的研究包括其存在状态和与土的相互作用的研究。土中水可分为结晶水、结合水和自由水三种。存在于土粒晶格之间的水称为结晶水,它只有在较高的温度(105 ℃以上)下才能化为气态水与土粒分开,在工程性质分析时,一般将结晶水作为矿物的一部分处理。土木工程中所讨论的土中水,主要是以液态形式存在的结合水和自由水。

1. 结合水

土颗粒表面带有一定的电荷,当土粒与水相接触时,由于静电作用力,土颗粒将吸引水化离子和水分子,形成双电层,如图 2 - 2 所示。在双电层影响下的水膜称为结合水,也称吸着水。在电场作用力范围内,水中的阳离子和极性分子被吸引在土颗粒周围,距离土颗粒越近,作用力(p)越大;距离(r)越远,作用力(p)越小,直至不受电场力(p)作用。结合水的特点是包围在土颗粒四周、不传递静水压力、不能任意流动,极性水分子被吸附后呈定向排列。由于土颗粒的电场有一定的作用范围,因此结合水有一定的厚度,其厚度首先与颗粒的黏土矿物成分有关。在三种黏土矿物中,由蒙脱石组成的土颗粒尽管其单位质量的负电荷最多,但其比表面积较大,因此单位面积上的负电荷反而较少,结合水层较薄。高岭石则相反,结合水层较厚。伊利石介于二者之间。其次,结合水的厚度还取决于水中阳离子的浓度和化学性质,若水中阳离子浓度越高,则靠近土颗粒表面的阳离子也越多,极性分子越少,结合水也就越薄。

根据静电引力的强弱,结合水可分为强结合水和弱结合水。

(1)强结合水

强结合水是指紧靠土粒表面的结合水,受表面静电引力最强。这部分水的特征是排列致密且定向性强,没有溶解盐类的能力,不能传递静水压力,不能自由移动,温度高于 100 ℃时可蒸发。它极其牢固地结合在土粒表面上,具有固体的特性,密度为 $1.2 \sim 2.4 \text{ g/cm}^3$,冰点为 -78 ℃,具有极大的黏滞性、弹性和抗剪强度。如果将干燥的土样放在天然湿度和温度的空气中,土的质量会增加,直到土中强结合水达到最大吸着度为止。土粒越细,土的比表面积越大,则土的吸着度就越大。黏性土只有强结合水存在时,才呈固体状态。

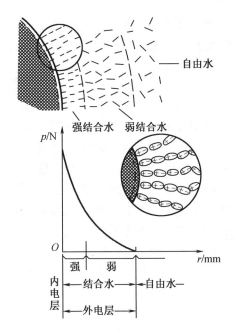

图 2 - 2　结合水分子定向排列及其所受电分子力变化简图

（2）弱结合水

弱结合水是紧靠强结合水外围的一层结合水膜。在这层水膜范围内的水分子和水化阳离子仍受到一定程度的静电引力，随着离土粒表面的距离增大，所受静电引力迅速降低，距土粒表面稍远的地方，水分子虽仍为定向排列，但不如强结合水那么紧密和严格。这层水仍然不能传递静水压力，水膜较厚处的弱结合水能向邻近较薄的水膜缓慢移动，但与重力无关，而是具有黏滞性。当土中含有较多的弱结合水时，土具有一定的可塑性。例如砂粒比表面积较小，含薄膜水较少，几乎不具有可塑性。而黏性土的比表面积较大，含薄膜水较多，其可塑范围较大，这就是黏性土具有黏性的原因。

2. 自由水

存在于土孔隙中的不受电场引力作用的水称为自由水。它的性质和普通水一样，能传递静水压力并溶解盐类，冰点为 0 ℃。自由水按其移动所受作用力的不同分为重力水和毛细水两类。

（1）重力水

重力水是在土孔隙中受重力作用能自由流动的水，具有一般液态水的共性，存在于地下水位以下的透水层中。重力水在土的孔隙中流动时，能传递水压力，带走土中细颗粒，而且能溶解土中的盐类。这两种作用会使土的孔隙增大，可压缩性提高，抗剪强度降低。地下水位以下的土粒受水的浮力作用，其应力状态会发生变化。在水头作用下，重力水会产生动水压力，对开挖基坑、排水等方面均会产生较大的影响。

（2）毛细水

毛细水是受到水与空气界面处表面张力作用的自由水。毛细水分布在土颗粒间相互连通的弯曲孔道。由于水分子与土颗粒之间的附着力和水、气界面上的表面张力，地下水将沿着这些孔道被吸引上来，而在地下水位以上形成一定高度的毛细管水带。毛细现象与土中孔隙的大小、形状、土颗粒的矿物成分以及水的性质有关。工程中,应特别注意毛细水上升的高度和速度,因为毛细水的上升对建筑物地下部分的防潮措施和地基土的冻胀都有重要影响。

2.3.3　土中气体

含有气体的土称为非饱和土,在非饱和土中,土颗粒间的孔隙由液体和气体充满。土中气体有两种存在形式:一种与大气相通;另一种封闭在土的孔隙中,与大气隔绝。

与大气相通的气体存在于接近地表的土孔隙中,其含量与孔隙体积大小及孔隙被填充的程度有关,它对土的工程性质影响不大。在细粒土中常存在着与大气隔绝的封闭的气泡,在受到外力作用时,随着压力的增大,这种气泡可能被压缩或溶解于水中;压力减小时,气泡会恢复原状或重新游离出来,使土在外力作用下的弹性变形增加,同时,土中封闭气体的存在还能阻塞土中的渗流通道,减小土的渗透性。可见,封闭气体对土的工程性质影响较大。

土中气体的成分与大气成分比较,主要区别在于 CO_2、O_2 及 N_2 的含量不同。一般土中气体含有更多的 CO_2,较少的 O_2,较多的 N_2。土中气体与大气的交换越困难,二者的差别就越大。

2.4　土的结构和构造

2.4.1　土的结构

土的结构是指土颗粒的大小、形状、表面特征、相互排列及其联结关系的综合特征。一般分为单粒结构、蜂窝结构和絮状结构三类。

1. 单粒结构

单粒结构是无黏性土的基本组成形式,由较粗的砾石颗粒、砂粒在自重作用下沉积而成。因颗粒较大,颗粒间没有联结力,有时仅有微弱的假黏聚力,土的密实程度受沉积条件影响。如土粒受波浪的反复冲击推动作用,其结构紧密,强度大,压缩性小,是良好的天然地基。而洪水冲积形成的砂层和砾石层,一般较疏松(见图2-3),由于孔隙大,土的骨架不稳定,当受到动力荷载或其他外力作用时,土粒易于移动,以趋于更加稳定的状态,同时产生较大变形,这种土不宜做天然地基。如果细砂或粉砂处于饱和疏松状态,则在强烈震动作用下,土的结构会趋于紧密,在瞬间变成流动状态,即所谓"液化",土体强度丧失,在地震区将产生震害。

(a)　　　　　　　　(b)

图2-3　单粒结构示意图

(a)紧密的单粒结构;(b)疏松的单粒结构

2. 蜂窝结构

组成蜂窝结构的颗粒主要是粉粒。研究发现,粒径在 0.005～0.05 mm 的颗粒在水中沉积时,仍然是以单个颗粒下沉的,当通过已沉积的颗粒时,由于它们之间的相互引力大于自重力,因此土粒停留在最初的接触点上不能再下沉,形成的结构就像蜂窝一样,具有很大的孔隙(见图2-4)。

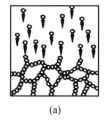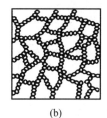

(a)　　　　　　　　　　(b)

图 2-4　蜂窝结构示意图

(a)颗粒正在沉积;(b)沉积完成

3. 絮状结构

粒径小于 0.005 mm 的黏粒在水中处于悬浮状态,不能靠自重下沉。当这些悬浮在水中的颗粒被带到电解质浓度较大的环境(如海水)中时,黏粒间的排斥力因电荷中和而破坏,就会聚集成絮状黏粒集合体,因自重增大而下沉,与已下沉的絮状集合体相接触,形成孔隙很大的絮状结构,也称二级蜂窝结构(见图2-5)。

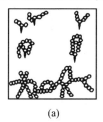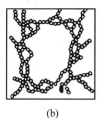

(a)　　　　　　　　　　(b)

图 2-5　絮状结构示意图

(a)絮状集合体正在沉积;(b)沉积完成

具有蜂窝结构或絮状结构的土,因为存在大量的细微孔隙,所以渗透性小、可压缩性大、强度低且土粒间联结较弱,受扰动时,土粒接触点可能脱离,导致结构强度损失,土粒强度迅速下降。然而,随着时间的增长,强度还会逐渐恢复。这类土颗粒间的联结力往往由于长期的压密作用和胶结作用而得到加强。

2.4.2　土的构造

土的构造是指同一土层中颗粒或颗粒集合体相互间的分布特征。通常分为层状构造、分散构造和裂隙构造三类。

1. 层状构造

层状构造是土粒在沉积过程中,由于不同阶段沉积的物质成分和颗粒大小不同,沿竖直方向呈层状分布而形成的(见图2-6)。

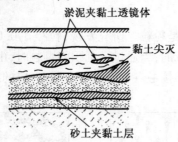

图2-6 层状构造示意图

2. 分散构造

分散构造是由于土层颗粒间无大的差别、分布均匀且性质相近形成的,常见于厚度较大的粗粒土中。

3. 裂隙构造

裂隙构造是土体被许多不连续的小裂隙分割而形成的(见图2-7)。在裂隙中常填充有各种盐类的沉淀物。不少坚硬或硬塑状态的黏性土具有此种构造。黄土具有特殊的柱状裂隙。裂隙破坏了土的整体性,大大降低了土体的强度和稳定性,增大透水性,对工程不利。

图2-7 裂隙构造示意图

2.5 土的物理性质及指标

组成土的三相成分及各自的性质对土的性质有显著影响。三相比例关系直接影响土的物理性质和土的状态。例如,同样一种土,松散时强度较低,经过外力压密后,强度会提高。对于黏性土,含水量不同,其性质也有明显差别:含水量多,则软;含水量少,则硬。在土力学中,为进一步描述土的物理力学性质,将土的三相成分比例关系量化,用一些具体的物理量表示,这些物理量就是土的物理力学性质指标,如含水量、密度、土粒相对密度、孔隙比、孔隙率和饱和度等。它们对评价土的工程性质有重要意义,如反映土的松密程度的指标有土的孔隙比e,孔隙率n;反映土的含水程度的指标有含水量ω,饱和度S_r;反映土的密度指标有密度ρ,干密度ρ_d,饱和密度ρ_{sat}和浮密度ρ'。

2.5.1 土的三相关系图

土的颗粒、水和气体是混杂在一起的。为了分析问题方便,土力学中,通常用土的三相关系图来表示土的三相组成,如图 2-8 所示。图中,右侧标注表示三相组成的体积,左侧标注则表示三相组成的质量。

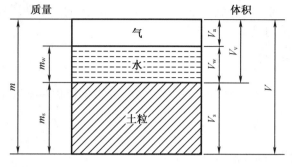

图 2-8 土的三相关系图

图 2-8 中,m_s 为土粒质量,g;m_w 为土中水质量,g;m 为土的总质量,g(气体质量可忽略不计);V_s 为土粒体积,cm³;V_w 为土中水体积,cm³;V_a 为土中气体体积,cm³;V_v 为土中孔隙体积,cm³;V 为土的总体积,cm³。

2.5.2 试验指标

土的物理性质中有三个指标必须通过试验测定,这三个指标是土的密度 ρ、土的含水量 ω 和土粒相对密度 d_s。

1. 土的密度

单位土体内湿土的质量称为土的湿密度 ρ,简称天然密度或密度,g/cm³,即

$$\rho = \frac{m}{V} = \frac{m_s + m_w}{V_s + V_w + V_a} \qquad (2-3)$$

天然状态下土的密度变化范围很大,随土的矿物成分、孔隙体积和水的含量不同而不同,通常状态下,ρ 介于 1.6 ~ 2.2 g/cm³ 之间。若土较软,则 ρ 介于 1.2 ~ 1.8 g/cm³ 之间,有机质含量高或塑性指数大的极软黏土,ρ 可降至 1.2 g/cm³ 以下。

天然密度一般采用环刀法测定。

工程中还常用重度 γ 来表示类似的概念。单位体积的土受到的重力称为土的湿重度,又称土的重力密度或重度(单位为 kN/m³),其值等于土的湿密度乘以重力加速度 g,即

$$\gamma = \rho g \qquad (2-4)$$

为便于计算,可取 $g = 10 \text{ m/s}^2$。

2. 土的含水量

土中水的质量与土粒质量之比,称为土的含水量 ω,以百分数表示,即

$$\omega = \frac{m_w}{m_s} \times 100\% = \frac{m - m_s}{m_s} \times 100\% \qquad (2-5)$$

式中 m_s——土粒的质量,g;

        m_w——土中水的质量,g。

含水量是土湿度的一个重要指标。天然土层的含水量变化范围较大,它与土的种类、

埋藏条件及其所处的地理环境等有关。一般干砂的含水量接近于零,而饱和砂土的含水量可高达40%。黏性土处于坚硬状态时,含水量可小于30%;而处于流塑状态时,含水量可大于60%。一般情况下,同一类土含水量越大,强度越低,土的力学性质也会随之改变。

土的含水量一般采用烘干法测定。

3.土粒相对密度

土粒的质量与同体积4 ℃时纯水的质量之比,称为土粒相对密度 d_s,无量纲,即

$$d_s = \frac{\rho_s}{\rho_{w,4℃}} = \frac{m_s}{\rho_{w,4℃} V_s} \tag{2-6}$$

式中 ρ_s——土粒密度,g/cm³;

$\rho_{w,4℃}$——纯水在4 ℃时的密度(单位体积的质量),即1.0 g/cm³。

土粒相对密度可在实验室采用比重瓶法测定。

天然土的土粒相对密度取值,砂土一般为2.65~2.69,粉土一般为2.70~2.71,黏性土为2.72~2.75。

2.5.3 换算指标

测出土的密度、土粒的相对密度和土的含水量后,就可以根据土的三相物理指标换算图(见图2-9),计算出土的六个换算指标,包括土的干密度(干重度)、饱和密度(饱和重度)、浮密度或有效密度(浮重度或有效重度)、孔隙比、孔隙率和饱和度。

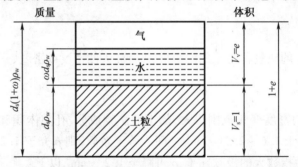

图2-9 土的三相物理指标换算图

1.表示土中孔隙含量的指标

(1)孔隙比

土中孔隙体积与土粒体积之比,称为土的孔隙比 e,用小数表示,无量纲,即

$$e = \frac{V_v}{V_s} \tag{2-7}$$

孔隙比是一个重要的土的物理性质指标,可以用来评价天然土层的密实程度。当 $e < 0.6$ 时,表示该土是低压缩性的密实土;当 $e > 1.0$ 时,表示该土是高压缩性的疏松土。

(2)孔隙率

土中孔隙体积与土的总体积之比,称为土的孔隙率 n,用百分数表示,即

$$n = \frac{V_v}{V} \times 100\% \tag{2-8}$$

e 与 n 的关系为

$$n = \frac{e}{1+e} \text{ 或 } e = \frac{n}{1-n}$$

孔隙比或孔隙率都可用来表示土的松密程度。同一种土,孔隙比和孔隙率不同,土的密实程度也不同。它们随土的形成过程中所受到的压力、粒径级配和颗粒排列的不同而有很大差异。一般来说,粗粒土的孔隙率小,如砂类土的孔隙率一般介于 28% ~35% 之间;细粒土的孔隙率大,如黏性土的孔隙率有时可高达 70%。

2.表示土中含水程度的指标

土中被水充满的孔隙体积与孔隙总体积之比称为土的饱和度 S_r,用百分数表示,即

$$S_r = \frac{V_w}{V_v} \times 100\% \tag{2-9}$$

饱和度反映土中孔隙填充水的程度,是评价土的潮湿程度的物理性质指标。如 $S_r < 50\%$,表示土稍湿;如 S_r 在 50% ~80% 之间,则表示土很湿;如 $S_r > 80\%$,则表示土为饱和状态;如 $S_r = 100\%$,则表示土处于完全饱和状态;干土的饱和度 $S_r = 0$。

3.表示土密度和重度的指标

(1)干密度

单位土体内土颗粒的质量即土被完全烘干时的质量,用此可以计算出土的干密度或干土密度 ρ_d,g/cm³,即

$$\rho_d = \frac{m_s}{V} \tag{2-10}$$

土的干密度一般介于 1.3 ~1.8 g/cm³ 之间。工程上常用土的干密度来评价土的密实程度,用以控制填土工程、公路路基和坝基的施工质量。

相应地,单位体积土颗粒受到的重力称为土的干重度或干土的重力密度 γ_d,kN/m³,即
$$\gamma_d = \rho_d g \tag{2-11}$$

(2)饱和密度

土孔隙中完全被水充满时,通过单位土体内饱和土的质量,可以计算出土的饱和密度 ρ_{sat},g/cm³,即

$$\rho_{sat} = \frac{m_s + V_v \rho_w}{V} \tag{2-12}$$

土的饱和密度一般介于 1.8 ~2.3 g/cm³ 之间。

相应地,单位土体内饱和土所受到的重力,称为土的饱和重度 γ_{sat},kN/m³,即
$$\gamma_{sat} = \rho_{sat} g \tag{2-13}$$

(3)浮密度(有效密度)

在地下水位以下,单位土体积中土粒的质量扣除同体积水的质量后,即为单位土体中土粒的有效质量,用土粒的有效质量可计算出土的有效密度 ρ',g/cm³,即

$$\rho' = \frac{m_s - V_s \rho_w}{V} \tag{2-14}$$

土的有效密度一般介于 0.8 ~1.3 g/cm³ 之间。

相应地,处在水面以下的土,考虑土粒受浮力作用时,单位土体内土粒所受到的重力扣除浮力后的重度称为土的浮重度(有效重度)γ',kN/m^3,即

$$\gamma' = \rho'g = \frac{m_s g - V_s \rho_w g}{V} = \gamma_{sat} - \gamma_w \tag{2-15}$$

这几种密度和重度在数值上有如下关系:$\rho_{sat} \geqslant \rho \geqslant \rho_d > \rho'$ 和 $\gamma_{sat} \geqslant \gamma \geqslant \gamma_d > \gamma'$。

2.5.4 指标的换算

以上对各指标进行了定义,如测得三个基本物理性质指标后,替换三相图中的各符号,则可得出其他三相比例指标,如图2-9所示,换算公式见表2-3。

表2-3 土的三相比例指标换算公式

名称	符号	表达式	常用换算公式	单位
含水量	ω	$\omega = \frac{m_w}{m_s} \times 100\%$	$\omega = \frac{S_r e}{d_s} = \frac{\gamma}{\gamma_d} - 1$	—
土粒相对密度	d_s	$d_s = \frac{\rho_s}{\rho_w}$	$d_s = \frac{S_r e}{\omega}$	—
密度	ρ	$\rho = \frac{m}{V}$	$\rho = \frac{d_s + S_r e}{1+e} \rho_w$	g/cm^3
重度	γ	$\gamma = \rho g$	$\rho = \frac{d_s + S_r e}{1+e} \gamma_w$	kN/m^3
干密度	ρ_d	$\rho_d = \frac{m_s}{V}$	$\rho_d = \frac{\rho}{1+\omega}$	g/cm^3
干重度	γ_d	$\gamma = \rho_d g$	$\gamma_d = \frac{\gamma}{1+\omega}$	kN/m^3
饱和密度	ρ_{sat}	$\rho_{sat} = \frac{m_s + V_v \rho_w}{V}$	$\rho_{sat} = \frac{d_s + e}{1+e} \rho_w$	g/cm^3
饱和重度	γ_{sat}	$\gamma_{sat} = \rho_{sat} g$	$\gamma_{sat} = \frac{d_s + e}{1+e} \gamma_w$	kN/m^3
浮密度	ρ'	$\rho' = \frac{m_s - V_s \rho_w}{V}$	$\rho' = \rho_{sat} - \rho_w$	g/cm^3
浮重度	γ'	$\gamma' = \frac{m_s g - V_s \rho_w g}{V}$	$\gamma' = \gamma_{sat} - \gamma_w$	kN/m^3
孔隙比	e	$e = \frac{V_v}{V_s}$	$e = \frac{d_s \rho_w}{\rho_d} - 1$	—

表 2 – 3(续)

名称	符号	表达式	常用换算公式	单位
孔隙率	n	$n = \dfrac{V_v}{V} \times 100\%$	$n = \dfrac{e}{1+e} \times 100\%$	—
饱和度	S_r	$S_r = \dfrac{V_w}{V_v} \times 100\%$	$S_r = \dfrac{\omega d_s}{e} \times 100\%$	—

例 1 某一原状土样,经试验测得其基本物理性质指标为土粒相对密度 $d_s = 2.67$,土的含水量 $w = 12.9\%$,土的密度 $\rho = 1.67 \text{ g/cm}^3$。求干密度 ρ_d,孔隙比 e,孔隙率 n,饱和密度 ρ_{sat},浮密度 ρ' 及饱和度 $S_r(\rho_w = 1.0 \text{ g/cm}^3)$。

解 干密度为

$$\rho_d = \frac{\rho}{1+w} = \frac{1.67}{1+0.129} = 1.48 \text{ g/cm}^3$$

孔隙比为

$$e = \frac{d_s(1+w)\rho_w}{\rho} - 1 = \frac{2.67 \times (1+0.129)}{1.67} - 1 = 0.805$$

孔隙率为

$$n = \frac{e}{1+e} \times 100\% = \frac{0.805}{1+0.805} \times 100\% = 44.6\%$$

饱和密度为

$$\rho_{sat} = \frac{(d_s + e)\rho_w}{1+e} = \frac{2.67 + 0.805}{1+0.805} = 1.93 \text{ g/cm}^3$$

浮密度为

$$\rho' = \rho_{sat} - \rho_w = 1.93 - 1 = 0.93 \text{ g/cm}^3$$

饱和度为

$$S_r = \frac{\omega d_s}{e} = \frac{0.129 \times 2.67}{0.805} \times 100\% = 43\%$$

例 2 已知一原状土试样结果为:土的密度 $\rho = 1.70 \text{ g/cm}^3$,土粒相对密度 $d_s = 2.68$,土的含水量 $\omega = 16\%$,设原状土试样体积为 1 cm^3,$\rho_w = \rho_{w,4℃} = 1.0 \text{ g/cm}^3$,求出各个质量和体积,并进而求出孔隙比 e,孔隙率 n,饱和度 S_r,干密度 ρ_d,饱和密度 ρ_{sat},浮重度 γ' 和饱和含水率 ω_{sat}。

解 因为

$$\rho = 1.70 \text{ g/cm}^3,\text{故 } m = \rho v = 1.70 \times 1 = 1.70 \text{ g}$$

又因为

$$\omega = \frac{m_w}{m_s} = 0.16 \text{ 和 } m_w + m_s = 1.70 \text{ g}$$

忽略气体质量,即 $m_a = 0$,得

$$\begin{cases} m_s = 1.47 \text{ g} \\ m_w = 0.23 \text{ g} \end{cases}$$

因为

$$m_w = 0.23 \text{ g} \text{ 和 } \rho_w = 1.0 \text{ g/cm}^3$$

故
$$V_w = \frac{m_w}{\rho_w} = 0.23 \text{ cm}^3$$

因为
$$d_s = \frac{m_s}{V_s} \cdot \frac{1}{\rho_w} = \frac{m_s}{V_s} = 2.68$$

故
$$V_s = \frac{m_s}{2.68} = 0.55 \text{ cm}^3$$

孔隙体积为
$$V_v = V - V_s = 0.45 \text{ cm}^3$$

气体体积为
$$V_a = V_v - V_w = 0.22 \text{ cm}^3$$

孔隙比为
$$e = \frac{V_v}{V_s} = \frac{0.45}{0.55} = 0.82$$

孔隙率为
$$n = \frac{V_v}{V} = \frac{0.45}{1} \times 100\% = 45.0\%$$

饱和度为
$$S_r = \frac{V_w}{V_v} = \frac{0.23}{0.45} \times 100\% = 51.1\%$$

干密度为
$$\rho_d = \frac{m_s}{V} = \frac{1.47}{1} = 1.47 \text{ g/cm}^3$$

饱和密度为
$$\rho_{sat} = \frac{m_s + \rho_w V_v}{V} = \frac{1.47 + 1.0 \times 0.45}{1} = 1.92 \text{ g/cm}^3$$

浮重度为
$$\gamma' = \gamma_{sat} - \gamma_w = \rho_{sat} g - \rho_w g = 9.2 \text{ kN/m}^3$$

因为
$$\omega = \frac{m_w}{m_s} \times 100\% = \frac{V_w}{d_s \rho_{w,4\,℃} V_s} \times 100\%$$

故饱和含水率为
$$\omega_{sat} = \frac{\rho_w V_v}{m_s} \times 100\% = \frac{V_v}{d_s V_s} \times 100\% = \frac{e}{d_s} \times 100\% = \frac{0.82}{2.68} \times 100\% = 30.1\%$$

2.6 无黏性土的物理状态指标

所谓土的物理状态,对于粗粒土是指土的密实程度;对于细粒土则是指土的软硬程度或称为黏性土的稠度。土的密实度通常是指单位体积中固体颗粒的含量。土颗粒含量多,土就密实;土颗粒含量少,土就松散。无黏性土的密实度与其工程性质有着密切的关系。无黏性土呈密实状态时,强度较大,属于良好的天然地基;呈松散状态时,则属不良地基。

2.6.1　砂土的相对密实度

相对密实度是指砂土的密实程度。孔隙比 e 和干密度 ρ_d 在一定程度上也可以反映土的密实程度，但这两个指标没有考虑粒径级配对土的密实程度的影响。不难验证，不同级配的砂土可以具有相同的孔隙比 e，若土颗粒的大小、形状或级配不同，则土的密实程度也会不同。如均匀颗粒的土与包含大颗粒和小颗粒的土，其密实程度是不同的。为此，实际工程中，一般用相对密实度 D_r 来表征砂土的密实程度，即

$$D_r = \frac{e_{\max} - e}{e_{\max} - e_{\min}} \qquad (2-16)$$

式中　$e_{\max}$——砂土的最大孔隙比，即最疏松状态的孔隙比；

　　　$e_{\min}$——砂土的最小孔隙比，即最密实状态的孔隙比；

　　　e——砂土在天然状态下的孔隙比。

由式（2-16）可知，当砂土的天然孔隙比 e 接近于 $e_{\min}$ 时，D_r 接近 1，土呈密实状态；当 e 接近 $e_{\max}$ 时，D_r 接近 0，土呈疏松状态。按 D_r 的大小将砂土分成三种密实度状态，见表2-4。

表2-4　砂土密实状态

疏松	中密	密实
$0 < D_r \leqslant 0.33$	$0.33 < D_r \leqslant 0.67$	$0.67 < D_r \leqslant 1$

将式（2-16）中的孔隙比用干密度替换，可得到用干密度表示的相对密度表达式，即

$$D_r = \frac{(\rho_d - \rho_{d\min})\rho_{d\max}}{(\rho_{d\max} - \rho_{d\min})\rho_d} \qquad (2-17)$$

式中　ρ_d——砂土的天然干密度，g/cm³；

　　　$\rho_{d\max}$——砂土的最大干密度，g/cm³；

　　　$\rho_{d\min}$——砂土的最小干密度，g/cm³。

相对密实度 D_r 从理论上能反映土粒级配、形状等因素。但是由于对砂土很难取得原状土样，故天然孔隙比不易测准，其相对密度的精度也就无法保证。《建筑地基基础设计规范》（GB 50007—2011，以下简称《规范》）用标准贯入试验锤击数 $N_{63.5}$ 来划分砂土的密实度，见表2-5。表中 $N_{63.5}$ 是在标准贯入时，用质量为 63.5 kg（140 lb①）的重锤，从高度为 76 cm（30 in②）自由落下，将贯入器竖直击入试验土中 30 cm 所需要的锤击数。

表2-5　砂土的密实度

密实度	松散	稍密	中密	密实
标准贯入试验锤击数 $N_{63.5}$	$N_{63.5} \leqslant 10$	$10 < N_{63.5} \leqslant 15$	$15 < N_{63.5} \leqslant 30$	$N_{63.5} > 30$

注：当用静力触探探头阻力判定砂土的密实度时，可根据当地经验确定。

例1　某砂土试样，试验测定土粒相对密度 $d_s = 2.7$，含水量 $\omega = 9.43\%$，天然密度 $\rho = 1.66$ g/cm³。已知砂样最密实状态时称得干砂质量 $m_{s1} = 1.62$ g，最疏松状态时称得干砂质

①　1 lb = 0.453 6 kg；

②　1 in = 2.54 cm。

量 $m_{s2} = 1.45$ g。求此砂土的相对密度 D_r，并判断砂土所处的密实状态。

解 设 $V = 1$ cm^3，则 $m = 1.66$ g

因为

$$\omega = \frac{m_w}{m_s} = 0.094\ 3 \text{ 和 } m_w + m_s = 1.66 \text{ g}$$

解得 $m_s = 1.52$ g

因为

$$d_s = \frac{m_s}{V_s} \cdot \frac{1}{\rho_w} = \frac{m_s}{V_s} = 2.7$$

故

$$V_s = \frac{m_s}{2.7} = 0.56 \text{ cm}^3$$

孔隙体积

$$V_v = V - V_s = 0.44 \text{ cm}^3$$

则砂土在天然状态下的孔隙比

$$e = \frac{V_v}{V_s} = \frac{0.44}{0.56} = 0.78$$

或按表 2 – 3 中换算公式，求得砂土在天然状态下的孔隙比

$$e = \frac{d_s(1+w)\rho_w}{\rho} - 1 = \frac{2.7 \times (1 + 0.094\ 3)}{1.66} - 1 = 0.78$$

砂土最小孔隙比

$$\rho_{d\max} = \frac{m_{s1}}{V} = 1.62 \text{ g/cm}^3$$

$$e_{\min} = \frac{d_s\rho_w}{\rho_{d\max}} - 1 = 0.67$$

砂土最大孔隙比

$$\rho_{d\min} = \frac{m_{s2}}{V} = 1.45 \text{ g/cm}^3$$

$$e_{\max} = \frac{d_s\rho_w}{\rho_{d\min}} - 1 = 0.86$$

相对密实度

$$D_r = \frac{e_{\max} - e}{e_{\max} - e_{\min}} = 0.42，\text{中密状态}$$

2.6.2 碎石土的密实度

碎石土既不易获得原状土样，又难于将贯入器击入土中。对于这类土，可根据《规范》要求，用重型动力触探锤击数来划分其密实度，见表 2 – 6。

表 2 – 6 碎石土的密实度

密实度	松散	稍密	中密	密实
重型圆锥动力触探锤击数 $N_{63.5}$	$N_{63.5} \leq 5$	$5 < N_{63.5} \leq 10$	$10 < N_{63.5} \leq 20$	$N_{63.5} > 20$

2.7　黏性土的特性和物理状态指标

黏性土最主要的特征是它的稠度。稠度是指黏性土在某一含水量下的软硬程度和土体对外力引起的变形或破坏的抵抗能力。当土中含水量很低时,水被土颗粒表面的电荷吸附于颗粒表面,土中水为强结合水,土呈现固态或半固态。当土中含水量增加时,吸附在颗粒周围的水膜加厚,土粒周围除强结合水外还有弱结合水。弱结合水不能自由流动,但受力时可以变形,此时土体受外力作用可以被挤压成任意形状,外力撤销后仍保持改变后的形状,这种状态称为塑态。当土中含水量继续增加,土中除结合水外已有相当数量的水处于电场引力范围外,这时,土体不能承受剪应力,呈现流动状态。实质上,土的稠度就是反应土体的含水量。

2.7.1　黏性土的界限含水量

黏性土从一种状态过渡到另一种状态的分界含水量称为界限含水量。如图 2-10 和图 2-11所示,土由可塑状态变化到流动状态的界限含水量称为液限(或流限),用 ω_L 表示;土由半固态变化到可塑状态的界限含水量称为塑限,用 ω_P 表示;土由半固体状态不断蒸发水分,体积逐渐缩小,直到体积不再缩小时土的界限含水量称为缩限,用 ω_S 表示。1911 年瑞典土壤学家阿太堡(A. Atterberg)首先提出界限含水量的概念,并在农业土壤学中应用,后来经太沙基等的研究与改进被广泛地应用于土木工程中,故这些界限含水量又称为阿太堡界限。

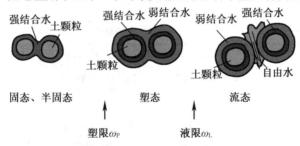

图 2-10　黏性土的状态与塑限、液限的关系示意图

塑限 ω_P 一般用搓条法测定,液限 ω_L 可采用锥式液限仪或碟式液限仪测定。实际上,由于黏性土从一种状态转变为另一种状态是渐变的,没有明确的界限,因此只能根据这些通用的试验方法测得的含水量代替界限含水量。

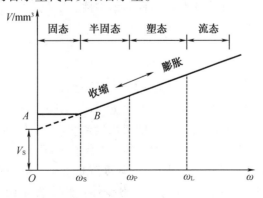

图 2-11　黏性土的状态与含水量的关系示意图

2.7.2 黏性土的塑性指数和液性指数

为了表征土体天然含水量与界限含水量之间的相对关系,工程上还常用液性指数 I_L 和塑性指数 I_P 两个指标判别土体的稠度。

液限与塑限之差称为塑性指数 I_P,即

$$I_P = \omega_L - \omega_P \tag{2-18}$$

I_P 越大,表明土的颗粒越细,比表面积越大,土性越黏,土的颗粒或亲水矿物(如蒙脱石)含量越高,土处在可塑状态的含水量变化范围就越大,因此,工程中根据塑性指数的大小对黏性土进行分类。

虽然土的天然含水量对黏性土的状态有很大影响,但对于不同的土,即使具有相同的含水量,如果它们的塑限、液限不同,则它们所处的状态也不同。液性指数 I_L 可表征土的天然含水量与分界含水量之间的对应关系,即

$$I_L = \frac{\omega - \omega_P}{\omega_L - \omega_P} \tag{2-19}$$

由式(2-19)可见,当土的天然含水量 $\omega < \omega_P$ 时,则 $I_L < 0$,土体处于坚硬状态;当 $\omega > \omega_L$ 时,则 $I_L > 1$,土体处于流动状态;当 $\omega_P \leqslant \omega \leqslant \omega_L$ 时,$0 \leqslant I_L \leqslant 1$,土体处于可塑状态。因此,可以利用 I_L 来表示黏性土所处的软硬状态。《规范》规定:黏性土根据液性指数可划分为坚硬、硬塑、可塑、软塑及流塑五种软硬状态,见表2-7。

表2-7 黏性土的状态

液性指数 I_L	$I_L \leqslant 0$	$0 < I_L \leqslant 0.25$	$0.25 < I_L \leqslant 0.75$	$0.75 < I_L \leqslant 1$	$I_L > 1$
状态	坚硬	硬塑	可塑	软塑	流塑

应当注意,实验室测定塑限和液限时,是用扰动样,土的结构已经破坏,实测值要比实际值小,因此,用液性指数反映天然土的稠度有一定缺点,用于判别重塑土的稠度较为合适。

2.7.3 黏性土的灵敏度和触变性

天然状态下的黏性土,当受到外力扰动或被加入电解质后,其结构将遭到破坏,使其强度降低并且压缩性增高,黏性土的这种特性称为结构性。工程上常用灵敏度 S_t 来衡量黏性土结构性对强度的影响,即

$$S_t = \frac{q_u}{q_u'} \tag{2-20}$$

式中 q_u,q_u'——原状土和重塑土试样的无侧限抗压强度,kPa。

根据灵敏度可将饱和黏性土分为低灵敏度土($1.0 < S_t \leqslant 2.0$)、中等灵敏度土($2.0 < S_t \leqslant 4.0$)和高灵敏度土($S_t > 4.0$)三类。土的灵敏度越高,其结构性越强,受扰动后土的强度降低就越明显。因此,在基础工程施工中必须注意保护基槽,尽量减少对土结构的扰动。

饱和黏性土受到扰动后,结构会产生破坏,强度降低。但当扰动停止后,土的强度又会随时间的延长而逐渐增大,这种性质称为土的触变性。触变性是由于土体中颗粒、离子和水分子体系随时间增加而逐渐趋于新的平衡状态的缘故,也可以说,土的结构逐步恢复而

导致强度的恢复。例如,打桩会使土体的结构受到扰动,使黏性土的强度降低,而打桩停止后,土的强度会部分恢复,所以打桩时要一气呵成,才能进展顺利,提高工效。

2.8 地基土的工程分类

自然界中的土类很多,工程性质各异。当前国内使用的土名和土的分类法并不统一。各个部门使用各自指定的规范,各个规范的规定也不完全一样。国际上的情况同样如此,各个国家都有自己一套或多套规定。下面主要介绍《规范》中的分类方法。

2.8.1 土的工程分类的依据

自然界中的各种土,从直观上可以分成两大类。一类是凭借肉眼可见的由松散颗粒所堆成,颗粒通过接触点直接接触的无黏性土。粒间除重力或者有时有些毛细压力外,其他的联结力十分微弱,可以忽略不计。另一类是由肉眼难以辨别的微粒所组成的黏性土。黏土颗粒之间存在着分子引力和静电力的作用,颗粒之间互相联结。颗粒之间常常是通过静电力引起的结合水膜相联结的,这类土具有可塑性和胀缩性。

在实际的工程应用中,仅有这种感性的粗糙的分类是不够的,必须进一步选择对土的工程性质最有影响、最能反映土的基本属性和便于测定的指标来进行系统的分类。按实践经验,工程上以土的颗粒直径大于 0.075 mm 的质量占全部土粒质量的比值作为第一个分类的界限。当此比值大于 50% 时称为粗粒土,小于 50% 时称为细粒土。

粗粒土的工程性质,如透水性、压缩性和强度等,很大程度上取决于土的粒径级配。因此,粗粒土按其粒径级配曲线再分成细类。细粒土的工程性质不仅取决于粒径级配,还与土里的矿物成分和形状有密切的关系。可以认为,比表面积和矿物成分在很大程度上决定了这种土的性质。直接测量和鉴定土的比表面积和矿物成分均比较困难,但是它们直接综合表现为土的吸附结合水的能力。因此,在目前国内外的各种规范中多用吸附结合水的能力作为细粒土的分类标准。综上所述,反映土吸附结合水能力的特性指标有液限 ω_L,塑限 ω_P 和塑性指标 I_P。经过长期以来很多试验结果的统计分析可知,在这三个指标中,液限 ω_L 和塑性指标 I_P 与土的工程性质关系更密切、规律性更强,因此国内外对细粒土的分类,多用塑性指数或者液限加塑性指数作为分类指标。

2.8.2 建筑地基土的分类

《规范》把作为建筑物的地基岩土分为岩石、碎石土、砂土、粉土、黏性土和人工填土六类。

1. 岩石

岩石是指颗粒间牢固联结,形成整体或具有节理、裂隙的岩体。它作为建筑场地和建筑地基,除应确定岩石的地质名称外,还应划分其坚硬程度和完整程度,见表 2-8 和表 2-9。岩石的坚硬程度应根据岩块的饱和单轴抗压强度 f_{rk} 分为坚硬岩、较硬岩、较软岩、软岩和极软岩等,见表 2-8。当缺乏饱和单轴抗压强度资料或不能进行该项试验时,可在现场通过观察定性划分。岩石的风化程度可分为未风化、微风化、中风化、强风化和全风化等。岩体完整程度应划分为完整、较完整、较破碎、破碎和极破碎等,见表 2-9。

表 2 – 8　岩石坚硬程度的划分

坚硬程度类别	坚硬岩	较硬岩	较软岩	软岩	极软岩
饱和单轴抗压强度标准值 f_{rk}/MPa	$f_{rk} > 60$	$60 \geqslant f_{rk} > 30$	$30 \geqslant f_{rk} > 15$	$15 \geqslant f_{rk} > 5$	$f_{rk} \leqslant 5$

表 2 – 9　岩体完整程度的划分

完整程度等级	极破碎	破碎	较破碎	较完整	完整
完整性指数	< 0.15	0.15 ~ 0.35	0.35 ~ 0.55	0.55 ~ 0.75	> 0.75

2. 碎石土

碎石土为粒径大于 2 mm 的颗粒的质量分数大于 50% 的土。碎石土可分为漂石、块石、卵石、碎石、圆砾和角砾等,见表 2 – 10。碎石土的密实度可分为松散、稍密、中密和密实等,见表 2 – 6。

表 2 – 10　碎石土的分类

土的名称	颗粒形状	粒组含量
漂石	圆形及亚圆形为主	粒径大于 200 mm 的颗粒的质量分数大于 50%
块石	棱角形为主	
卵石	圆形及亚圆形为主	粒径大于 20 mm 的颗粒的质量分数大于 50%
碎石	棱角形为主	
圆砾	圆形及亚圆形为主	粒径大于 2 mm 的颗粒的质量分数大于 50%
角砾	棱角形为主	

注:分类时应根据粒组含量栏从上到下以最先符合者确定。

3. 砂土

砂土为粒径大于 2 mm 的颗粒质量分数不大于 50% 且粒径大于 0.075 mm 的颗粒质量分数大于 50% 的土。砂土可分为砾砂、粗砂、中砂、细砂和粉砂等,见表 2 – 11。砂的密实度可分为松散、稍密、中密和密实等,见表 2 – 5。

表 2 – 11　砂土的分类

土的名称	粒组含量
砾砂	粒径大于 2 mm 的颗粒的质量分数为 25% ~ 50%
粗砂	粒径大于 0.5 mm 的颗粒的质量分数大于 50%
中砂	粒径大于 0.25 mm 的颗粒的质量分数大于 50%
细砂	粒径大于 0.075 mm 的颗粒的质量分数大于 85%
粉砂	粒径大于 0.075 mm 的颗粒的质量分数大于 50%

注:分类时应根据颗粒含量栏由大到小以最先符合者确定。

4. 粉土

粉土为塑性指数 $I_P \leq 10$ 且粒径大于 0.075 mm 的颗粒质量分数小于 50% 的土。粉土的性质介于砂土和黏性土之间。

资料分析表明,粉土的密实度与天然孔隙比 e 有关,一般 $e \geq 0.9$ 时,为稍密,强度较低,属软弱地基;当 $0.75 \leq e < 0.9$ 时,为中密;当 $e < 0.75$ 时,为密实。粉土的湿度状态可按天然含水量 ω 划分,$\omega < 20\%$ 时,为稍湿;$20\% \leq \omega < 30\%$ 时,为湿;$\omega \geq 30\%$ 时,为很湿。粉土在饱和水状态下易于散化及结构软化,强度降低,压缩性增大。野外鉴别粉土时可将其浸水饱和并团成小球,置于手掌上左右反复摇晃,并以另一手振击,若土中水迅速渗出土面,并呈现光泽,则为粉土。

5. 黏性土

黏性土为塑性指数 $I_P > 10$ 的土。根据塑性指数 I_P 可分为黏土和粉质黏土两类,见表 2-12。黏性土的状态可分为坚硬、硬塑、可塑、软塑和流塑,见表 2-7。

表 2-12　黏性土的分类

塑性指数 I_P	土的名称
$I_P > 17$	黏土
$10 < I_P \leq 17$	粉质黏土

6. 人工填土

人工填土是指由于人类活动而堆积的土,其物质成分杂乱,均匀性较差。根据其物质组成和成因可分为素填土、压实填土、杂填土和冲填土。素填土由碎石土、砂土、粉土和黏性土等组成,其不含杂质或含杂质很少,按主要组成物质分为碎石素填土、砂性素填土、粉性素填土及黏性素填土等,经过压实或夯实的素填土为压实填土。杂填土为含有建筑垃圾、工业废料或生活垃圾等杂物的填土。冲填土由水力冲填泥沙形成。

人工填土可按堆填时间分为老填土和新填土两类,通常把堆填时间超过 10 年的黏性填土或超过 5 年的粉性填土称为老填土,否则称为新填土。

7. 其他类土

除了上述六类土外,《规范》中还对淤泥和淤泥质土、红黏土、膨胀土以及湿陷性土进行了分类。

(1) 淤泥

淤泥为在静水或缓慢的流水环境中沉积,并经生物化学作用形成,其天然含水量大于液限且 $e \geq 1.5$ 的黏性土。当天然含水量大于液限而 $1 \leq e < 1.5$ 的黏性土或粉土为淤泥质土。含有大量未分解的腐殖质,有机质含量大于 60% 的土为泥炭,有机质含量大于或等于 10% 且小于或等于 60% 的土为泥炭质土。

（2）红黏土

红黏土为碳酸盐岩系的岩石经红土化作用形成的高塑性黏土。其液限一般大于50%。红黏土经再搬运后仍保留其基本特征，其液限大于45%的土为次生红黏土。

（3）膨胀土

膨胀土为土中黏粒成分主要由亲水性矿物质组成，同时具有显著的吸水膨胀和失水收缩特性，其自由膨胀率大于或等于40%的黏性土。

（4）湿陷性土

湿陷性土为在一定压力下浸水后产生附加沉降，其湿陷系数大于或等于0.015的土。

（一）思考题

1. 土是如何生成的？土与其他材料（如混凝土、钢材）最重要的区别是什么？

2. 什么叫土？土是怎样形成的？粗粒土和细粒土的组成有何不同？

3. 什么叫残积土？什么叫运积土？他们各有什么特征？

4. 什么叫颗粒级配累计曲线，是如何绘制的，该曲线有什么用处？

5. 颗粒级配累计曲线中为什么粒径分布曲线用对数坐标？

6. 土的粒径分布曲线特征可以用哪两个系数来表示？它们定义又如何？

7. 如何利用土的粒径分布曲线来判断土级配的好坏？

8. 粒组与矿物成分有何关系？黏土矿物分几类，各有什么主要的特点？

9. 土中水有几种类型，各有什么特点，对土的状态与性质有什么影响？

10. 什么是结合水，具有哪些特征？

11. 什么叫自由水，自由水可以分为哪两种？

12. 什么叫重力水，它有哪些特征？

13. 土中的气体以哪几种形式存在？它们对土的工程性质有何影响？

14. 什么叫土的物理性质指标，是怎样定义的，其中哪三个是基本指标？

15. 土的三相比例指标包括哪些，其中哪几项可以从试验中测定，如何测定？

16. 试说明土的天然重度 γ，饱和重度 γ_{sat}，有效重度 γ' 和干重度 γ_d 的物理概念和相互之间关系。试比较同一种土的 γ，γ_{sat}，γ' 和 γ_d 的数值大小。

17. 什么叫砂土的相对密实度，有何用途？

18. 黏性土为什么具有黏性、塑性、胀缩性和触变性？

19. 已知某黏性土层的天然含水量，能否判别该土的软硬程度，为什么？

20. 何谓黏性土的稠度？黏性土随着含水率的不同可分为几种状态，各有何特性？

21. 什么是黏性土的界限含水量，与土中水有何关系，如何测定？

22. 何谓塑性指数和液性指数，有何用途？

23. 地基土分为哪几类，它们是怎样划分的？土的工程分类目的是什么？

24. 何谓土的结构？土的结构有哪几种类型，它们各有什么特征？

（二）计算题

1. 有一完全饱和的原状土样装满于容积为 21.7 cm³ 的环刀内，称得总质量为 72.49 g，在 105 ℃ 的条件下烘干至恒重，质量为 61.28 g，已知环刀质量为 32.54 g，土粒相对密度为 2.74，求该土样的密度 ρ，含水量 ω，干密度 ρ_d 及孔隙比 e。

2. 已知土粒相对密度为 2.68，土的密度为 1.91 g/cm³，含水率为 29%，用土的三相图推导出土的干密度 ρ_d，孔隙比 e，饱和度 S_r 的表达式，并分别求出其大小。

3. 某砂层的天然密度为 1.75 g/cm³，含水量为 10%，土粒相对密度为 2.65，最小孔隙比为 0.40，最大孔隙比为 0.85。试求土的孔隙比和相对密实度，并判定该土层的密实状态。

4. 某饱和土体，测得土粒的相对密度为 2.65，天然密度为 1.8 g/cm³，含水量为 32.45%，液限为 36.4%，塑限为 18.9%。试求土的干密度 ρ_d，塑性指数 I_P，液性指数 I_L，并判定土的名称。

5. 某原状土样的密度为 1.8 g/cm³，含水量为 30%，土粒相对密度为 2.67，推导公式并求该土样的饱和密度 ρ_{sat}，有效密度 ρ' 和有效重度 γ'。

6. 某砂土土样的密度为 1.7 g/cm³，含水量 10%，土粒相对密度为 2.67，烘干后测定最小孔隙比为 0.47，最大孔隙比为 0.95，试求孔隙比 e 和相对密实度 D_r，并评定该砂土的状态。

7. 某一完全饱和黏性土试样的含水量为 28%，土粒相对密度为 2.70，液限为 33%，塑限为 17%，试求孔隙比 e，干密度 ρ_d 和饱和密度 γ_{sat}，并判断该黏性土的分类名称和软硬状态。

8. 从地下水位以下某黏土层取出一土样做实验，测得其质量为 16.8 g，烘干后质量为 13.2 g，土粒相对密度为 2.70，求试样的含水率 ω，孔隙比 e，饱和密度 ρ_{sat}，有效密度 ρ'，干密度 ρ_d。

9. 某土样的含水率为 11.0%密度为 1.65 g/cm³，土粒相对密度为 2.67，若设孔隙比不变，为使土样完全饱和，试求 100 cm³ 土样中应该加多少水？

10. 有土料 1 000 g，它的含水率为 7.8%，若使它的含水率增加到 13.2%，则需要加多少水？

11. 某碾压土坝的土方量为 200 000 m³，设计填筑干密度为 1.65 g/cm³。土料的含水率为 12.0%，天然密度为 1.70 g/cm³，土粒相对密度为 2.72。问：①为满足填筑土坝需要，料场至少要有多少土料？②若为使含水量达到 18%，每填筑 1 000 m³ 需要加多少水？③土坝填筑的饱和度是多少？

第3章 土的渗透性

3.1 土的渗透性概述

水在岩土体孔隙中透过的现象称为渗透或渗流,岩土体具有渗透的性质称为岩土体的渗透性,由水的渗透引起岩土体边坡失稳、边坡变形、地基变形或岩溶渗透塌陷等均属于岩土体的渗透稳定问题。在许多实际工程中都会遇到渗流问题(见图3-1),包括:①水的问题。如基坑、隧道等开挖工程中普遍存在地下水渗出而出现需要排水的问题;相反在以蓄水为目的的土坝中会由于渗透造成水量损失而出现需要挡水的问题;另外还有一些像污水的渗透引起地下水污染,地下水开采引起大面积地面沉降及沼泽枯竭等地下水环境的问题。②土的问题。如在坡面、挡土墙等结构物中常常会由于水的渗透而造成内部应力状态的变化而失稳;非饱和的坡面会由于水分的渗透而造成土强度的降低而引起滑坡。③渗透变形问题。土坝、堤防或基坑等结构物会由于管涌逐渐改变地基土内的结构而酿成破坏事故甚至溃坝等。孔隙介质中的渗流场理论,基本上描述了水在孔隙介质中的渗透特性。但由于裂隙介质的复杂性,目前的研究在解决实际问题方面虽然也能够较好地反映土在孔隙介质中渗流的运动规律,但理论上仍不够完善。

本章主要介绍岩土体渗透性的基本概念、土体渗透变形破坏的类型、渗透变形破坏产生的条件及坝基渗透稳定性分析。

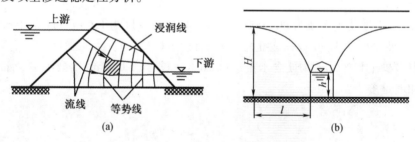

图 3-1 土木工程中的渗流问题示意图
(a)土坝渗流;(b)隧道周围的渗流

3.2 地下水的埋藏类型

存在于地面以下土和岩石的孔隙、裂隙或溶洞中的水,称为地下水。地下水主要是由径流渗透作用和冷却凝结作用而成的。渗透作用使大气降水和地表水经由岩土的裂隙、孔隙等渗入地下,经聚积而形成地下水。凝结作用在草原和沙漠地带较为常见,主要表现为空气中的水蒸气进入岩土的裂隙和孔隙中凝结成水滴,经流动聚积而形成地下水。地下水虽可以作为自然资源加以利用,但同时对岩土工程也会带来诸多不利影响。

地下水按其埋藏条件,可分为上层滞水、潜水和承压水三种类型,如图3-2所示。

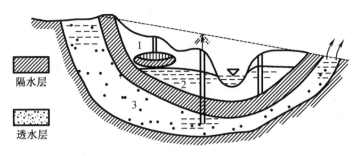

图 3-2 地下水的类型及埋藏示意图
1—上层滞水；2—潜水；3—承压水

上层滞水是指存在于地面以下局部不透水层(如坚硬的黏土、岩层等)上面的滞水。上层滞水分布范围有限,只有在大量降水或融雪后才能聚集较多的水,具有明显的季节性。

潜水是指埋藏于地面以下第一个连续稳定不透水层以上具有自由水面的地下水。潜水面的标高称为地下水位。潜水主要存在于第四纪松软沉积层和基岩的风化层中。潜水直接受大气降水和地表江河水渗流而得到补给,同时也由于蒸发或流入河流而得到排泄。它的分布区与补给区是一致的,能由高处向低处流动,潜水面的形状与地形的起伏相适应。潜水的埋藏深度因地区而异,平原三角洲地区浅至不足1m,山区则可达几十米或更深。在潜水位以下开挖基坑易发生涌水现象,地下工程存在渗漏隐患和水压力的作用问题。

承压水是指充满于两个不透水层之间的含水层中承受一定静水压力的地下水。由于上下都有不透水层,其埋藏和运动受地表气候、水文等影响较小。承压水不易被污染,可作供水源。但若基坑开挖遇到承压水,则地基受水压力作用易隆起甚至破坏。

3.3 土中一维渗透及其规律

若土中水在其孔隙中只沿一个方向发生渗流,则称为一维渗透或单向渗透。一般土体中孔隙较小且很曲折,水在土体流动过程中黏滞阻力较大,流速较慢,因此大多数情况下的一维渗透可看成是层流渗透,即相邻两个水分子的运动轨迹相互平行。

3.3.1 水头的概念

水头是指单位自重的液体所具有的机械能,包括位置水头、压强水头和流速水头,三者之和为总水头,位置水头与压强水头之和为测压管水头。

(1)位置水头

位置水头是指液体表面到基准面的竖直距离,代表单位自重的液体从基准面算起所具有的位置势能。

(2)压力水头

压力水头是指水压力引起的自由水面的升高,表示单位自重液体所具有的压力势能。

(3)测压管水头

测压管水头是指测压管液体表面到基准面的竖直距离,等于位置水头和压强水头之和,表示单位自重液体的总势能。

如图 3-3 所示,一微单元体,质量为 m,压力为 u,流速为 v,基准面即零势能位置为 $O-O'$ 面,则

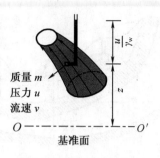

图 3 – 3　流管示意图

微单元体的位置势能为

$$mgz$$

微单元体的压力势能为

$$mg \frac{u}{\gamma_w}$$

微单元体的动能为

$$\frac{1}{2}mv^2$$

总能量为

$$E = mgz + mg \frac{u}{\gamma_w} + \frac{1}{2}mv^2$$

单位自重水流的能量,即

$$h = z + \frac{u}{\gamma_w} + \frac{v^2}{2g} \tag{3 – 1}$$

h 称为总水头,是水流动的驱动力。由于土体中的孔隙一般非常微小,水在土体中流动时的黏滞阻力很大且流速缓慢,因此,其流动状态大多属于层流,式(3 – 1)可简化为

$$h = z + \frac{u}{\gamma_w} \tag{3 – 2}$$

式(3 – 2)中等号右端第一项为位置水头,第二项为压强水头,等号左端为测压管水头,是渗流的总驱动能,渗流总是从水头高处流向水头低处。

3.3.2　土中一维渗透定律

1855 年,达西对均匀砂进行了大量一维渗透试验,如图 3 – 4 所示。试验装置的主要部分是一个上端开口的直立圆筒,下部放碎石,碎石上放一块多孔滤板,滤板上面放置颗粒均匀的土样,其横断面积为 A,高度为 L。筒的侧壁装有两支测压管,分别设置在土样上下两端的过水断面 1,2 处。水由上端进水管 a 注入圆筒,并以溢水管 b 保持筒内为恒定水位。透过土样的水从装有控制阀门 d 的弯管流入容器 V 中。当筒的上部水面保持恒定以后,通过砂土的渗流是恒定流,测压管中的水面将恒定不变。如图 3 – 4 所示,$O – O'$ 面为基准面,h_1,h_2 分别为 1,2 断面处的测压管水头;$\Delta h = h_1 - h_2$ 为经过砂样渗流长度 L 后的水头损失,即常水头差。

达西进行试验后发现,水的渗透速度 v 与水力梯度 i 成正比,即达西定律:单位时间内的渗出水量 q 与水力梯度 i 和圆筒横截面面积 A 成正比,且与土的透水性质有关,即

$$v = k \frac{h}{L} = ki \text{ 或 } v = \frac{q}{A} = ki \tag{3 – 3}$$

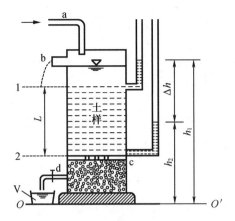

图 3 – 4 达西渗透试验装置示意图

式中 v——断面平均渗透速度,cm/s;

k——土的渗透系数,相当于水力梯度 $i = 1$ 时的渗透速度,cm/s,它是表示土的渗透性强弱的指标,一般由渗透试验确定;

i——水力梯度或称水力坡降,$i = (h_1 - h_2)/L = \Delta h/L$,无量纲;

h——水头差,m;

L——渗径,m。

由于达西定律只适用于层流的情况,故一般只适用于中砂、细砂或粉砂等,如图 3 – 5(a)所示。

黏土中的渗流规律需将达西定律进行修正。在黏土中,土颗粒周围存在着结合水,结合水因受到分子引力作用而呈现黏滞性。因此,黏土中自由水的渗流受到结合水的黏滞作用产生很大阻力,只有克服结合水的黏滞阻力后才能开始渗流。我们把克服此黏滞阻力所需的水力梯度,称为黏土的起始水力梯度 i_b。通常,可用图中的虚线来描述黏性土的渗透速度与水力梯度的关系,如图 3 – 5(b)所示。这时达西定律的表达式可修改为

$$v = k(i - i_b) \qquad (3-4)$$

式中 i_b——黏性土的起始水力梯度。

在砾类土和巨粒土中,只有在较小的水力梯度下,渗透速度与水力梯度才呈线性关系,而在较大的水力梯度下,水在土中的流动即进入紊流状态,呈现非线性关系,此时达西定律不能适用,如图 3 – 5(c)所示。这时达西定律的表达式可修改为

$$v = C\sqrt{i} = ki^m \qquad (m < 1) \qquad (3-5)$$

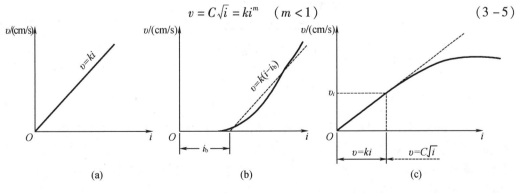

图 3 – 5 土的渗透速度与水力梯度的关系示意图

(a)砂土;(b)密实黏土;(c)巨粒土

31

3.3.3 渗透系数的测定

土的渗透系数 k 是表示土渗透能力的重要力学性质指标。影响土渗透性的因素很多，主要有土的矿物成分、结构和构造、密实度、饱和度、渗流水的温度以及土中气体的填充情况等。

目前，土的渗透系数在室内的测定方法有常水头法和变水头法两种，在现场常用井孔抽水试验或井孔注水试验的方法测定。试验时，以 10 ℃作为水的标准温度。

1. 室内常水头试验

常水头试验适用于粗粒土渗透系数的测定，在整个试验过程中，水头保持不变，其试验装置如图 3-6 所示。试验过程中，保持水位差 Δh 不变，只要用量筒和秒表测得在某一时段 t 内通过试样的渗水量 Q，即可求得该时段内通过土体的单位渗流量 q，即

$$q = \frac{Q}{t} \tag{3-6}$$

式中　q——单位时间渗水量，cm^3/s。

将式(3-6)代入式(3-3)中，并利用 $i = \Delta h / L$，便可得到土的渗透系数为

$$k_T = \frac{QL}{At\Delta h} \tag{3-7}$$

式中　k_T——水温为 T 时试样的渗透系数，cm/s；

　　　t——试验观测的时段，s；

　　　Q——时段 t 内通过试样的渗水量，cm^3；

　　　L——试样的高度，即渗流长度，cm；

　　　A——试样的横截面积，cm^2；

　　　Δh——试样的水位差，cm。

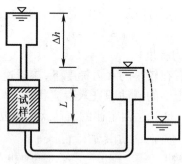

图 3-6　常水头试验示意图

2. 室内变水头试验

变水头试验适用于细粒土渗透系数的测定，在整个试验过程中，水头是随时间变化而变化的，其试验装置如图 3-7 所示。在试验筒内装置横截面积为 A，高度为 L 的土样，试验筒上细玻璃管内截面积为 a，在试验过程中细玻璃管的水头不断减小。设在时间 $\text{d}t$ 内，水头降低了 $\text{d}h$，则土样的入流量为

$$\text{d}V_e = -a\text{d}h$$

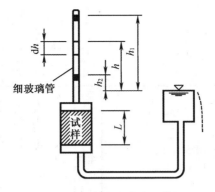

图3-7 变水头试验示意图

根据达西定律,在时间 dt 内试样的出流量为

$$dV_o = qdt = k_T \frac{h}{L} A dt$$

根据连续性条件,即同一时间内,土样的入流量与出流量相等的条件 $dV_e = dV_o$,整理可得

$$dt = -\frac{aL}{k_T A} \frac{dh}{h}$$

试验时,设时刻 t_1, t_2 对应的储水管水头分别为 h_1, h_2,则将上式两边分别从 t_1 至 t_2,h_1 至 h_2 积分可得

$$t_2 - t_1 = \frac{aL}{k_T A} \ln \frac{h_1}{h_2}$$

移项整理,即可得到土的渗透系数为

$$k_T = \frac{aL}{A(t_2 - t_1)} \ln \frac{h_1}{h_2} \tag{3-8}$$

例1 设做变水头渗透试验的黏土试样的截面积为 30 cm²,厚度为 4 cm,渗透仪细玻璃管的内径为 0.4 cm,试验开始时的水位差为 160 cm,经时段 15 min 后,观察得水位差为 52 cm,试验时的水温为 30 ℃,试求试样的渗透系数。

解 已知试样截面积 $A = 30$ cm²,渗径长度 $L = 4$ cm,细玻璃管的内截面积

$$a = \frac{\pi d^2}{4} = \frac{3.14 \times 0.4^2}{4} = 0.1256 \text{ cm}^2$$

又知,$h_1 = 160$ cm,$h_2 = 52$ cm,$\Delta t = 60 \times 15 = 900$ s

试样在 30 ℃时的渗透系数

$$k_{30} = \frac{aL}{A\Delta t} \ln \frac{h_1}{h_2} = 2.3 \times \frac{0.1256 \times 4}{30 \times 900} \times \ln \frac{160}{52} = 2.39 \times 10^{-5} \text{ cm/s}$$

3. 现场测定法

对于粗粒土或成层土,室内试验不易取到原状土样,这时采用现场试验得到的渗透系数将更符合实际土层的渗透情况。常用的现场测试方法为井孔抽水试验或井孔注水试验。

试验井钻至不透水层,在井四周设置若干个水位变化观测孔。当以不变的速率从井中连续抽水时,在地基中将形成一个以井孔为轴心的降水漏斗,如图3-8所示。

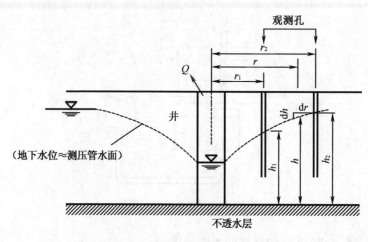

图 3 - 8　现场井孔抽水试验示意图

假定水流是水平流向时,则流向水井的渗流水断面应是一系列的同心圆柱面。待出水量和井中的动水位稳定一段时间后,利用测得的相关数据,便可求出土层的平均渗透系数,计算过程如下。

渗流截面积为

$$A = 2\pi r h \tag{3-9}$$

水力梯度为

$$i = \frac{\mathrm{d}h}{\mathrm{d}r} \tag{3-10}$$

由式(3 - 9)与式(3 - 10)得单位时间渗水量,即

$$q = Aki = 2\pi r h k \frac{\mathrm{d}h}{\mathrm{d}r}$$

移项整理得到积分式

$$q \int_{r_1}^{r_2} \frac{\mathrm{d}r}{r} = 2\pi k \int_{h_1}^{h_2} h \mathrm{d}h$$

可解得

$$k = \frac{q}{\pi} \cdot \frac{\ln \dfrac{r_2}{r_1}}{(h_2^2 - h_1^2)} \tag{3-11}$$

式中　q——试验井的单位时间抽水量,$\mathrm{m^3/s}$;

r_1,r_2——两观测孔距试验井轴线的距离,m;

h_1,h_2——两观测孔内的水位高度,m。

各类土的渗透系数参考值见表 3 - 1。

表 3 - 1　土的渗透系数参考范围

土的类型	渗透系数 $k/(\mathrm{cm/s})$	土的类型	渗透系数 $k/(\mathrm{cm/s})$
砾石、粗砂	$10^{-2} \sim 10^{-1}$	粉土	$10^{-6} \sim 10^{-5}$
中砂	$10^{-3} \sim 10^{-2}$	粉质黏土	$10^{-7} \sim 10^{-6}$

表 3 −1(续)

土的类型	渗透系数 $k/(\mathrm{cm/s})$	土的类型	渗透系数 $k/(\mathrm{cm/s})$
细砂、粉砂	$10^{-4} \sim 10^{-3}$	黏土	$10^{-10} \sim 10^{-7}$

注:这些参考范围虽有其实用的一面,但可靠性较差,一般只在做粗略估算时采用。

3.4　土中二维渗透及流网

对于简单边界的一维渗透问题,可直接采用达西定律进行渗流计算。但在路基、边坡、堤坝及围堰等实际工程中,土中渗透往往属于边界条件较为复杂的二维或三维渗透问题,用水头表示,即 $h = h(x,z,y,t)$。对这类多维渗透问题进行分析时,可以近似将其看成是由多个方向的独立层流构成的,并且每个方向的层流都符合达西定律,利用渗流连续条件建立相应的渗流控制方程,然后根据边界条件进行求解。

3.4.1　二维渗流的控制方程

在工程实际中,浸水路堤、水库堤坝等条状构筑物的渗流问题通常可看成是沿堤坝横断面的水平向和竖向渗流共同作用,即二维渗流问题(也称平面渗流问题)。分析时应做如下假设:①在渗流过程中水头及流速等均不随时间的改变而改变(这种渗流称为稳定渗流);②沿水平和竖直两个方向的渗流均符合达西定律;③在渗流过程中水体是不可压缩的。此时

$$h = h(x,z)$$

在二维稳定渗流场中,设任意点处沿 x 方向和 z 方向的渗流速度分别为 v_x 和 v_z,在该点处取单位厚度的微单元体,微单元体面积为 $\mathrm{d}x\mathrm{d}z$,如图 3 −9 所示。

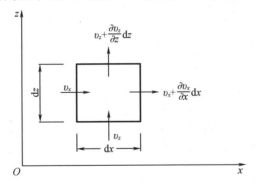

图 3 −9　二维渗流的连续条件示意图

单位时间内流入微单元体的水量 $\mathrm{d}q_\mathrm{e}$ 为

$$\mathrm{d}q_\mathrm{e} = v_x\mathrm{d}z + v_z\mathrm{d}x$$

单位时间内流出微单元体的水量 $\mathrm{d}q_\mathrm{o}$ 为

$$\mathrm{d}q_\mathrm{o} = \left(v_x + \frac{\partial v_x}{\partial x}\mathrm{d}x\right)\mathrm{d}z + \left(v_z + \frac{\partial v_z}{\partial z}\mathrm{d}z\right)\mathrm{d}x$$

根据连续性条件,单位时间内流入和流出微单元体的水量相等,即

$$\mathrm{d}q_\mathrm{e} = \mathrm{d}q_\mathrm{o}$$

整理可得

$$\frac{\partial v_x}{\partial x} + \frac{\partial v_z}{\partial z} = 0 \qquad (3-12)$$

根据达西定律,有

$$v_x = k_x i_x = k_x \frac{\partial h}{\partial x}$$

$$v_z = k_z i_z = k_z \frac{\partial h}{\partial z}$$

式中　k_x, k_z——x 方向和 z 方向的渗透系数,cm/s;

　　　h——水头高度,cm。

则式(3-12)可表示为

$$k_x \frac{\partial^2 h}{\partial x^2} + k_z \frac{\partial^2 h}{\partial z^2} = 0 \qquad (3-13)$$

式(3-13)即为二维稳定渗流的基本控制方程。

对于各向同性的均质土,土体在 x,z 方向的渗透性相同,即 $k_x = k_z$ 时,上式变为

$$\frac{\partial^2 h}{\partial x^2} + \frac{\partial^2 h}{\partial z^2} = 0 \qquad (3-14)$$

式(3-14)称为拉普拉斯(P. S. Laplace)方程,是各向同性均质土中二维稳定渗流的基本方程。

由式(3-14)可知,渗流场内任一点的水头是其坐标的函数,而一旦渗流场中各点的水头为已知,其他流动特性也就可以通过计算得出。因此,作为求解渗流问题的第一步,一般就是先确定渗流场内各点的水头,即求解渗流基本微分方程式(3-14)。

3.4.2　二维流网

实际工程中渗流问题的边界往往比较复杂,即使是对于各向同性均质土体中的二维稳定渗流这类经简化了的问题,要用解析法求得拉普拉斯方程的精确解也是比较困难的。目前求解拉普拉斯方程常用的方法除解析法外,还有数值解法、模型试验法和图解法等。

图解法即流网法,是采用绘制流网来求解拉普拉斯方程的一种近似方法。满足拉普拉斯方程的将是两组彼此正交的曲线。在稳定渗流场中,表示水质点的流动路线称为流线,水头的等值线称为等势线。等势线和流线交织在一起形成的网格叫作流网。然而必须指出,只有满足边界条件的那一种流线和等势线的组合形式才是方程式(3-14)的正确解答。

1. 流网的特征

如图3-10所示为板桩支护的基坑流网示意图。图中实线为流线,虚线为等势线。相邻流线间的渗流区域称为流槽。

在各向同性土体中的渗流,其流网具有下列特征:

(1)流线与等势线彼此正交,即流网为正交网格;

(2)流线上任一点的切线方向即为流速的矢量方向;

(3)任意两相邻等势线之间的水头损失相等;

(4)各个流槽的渗流量相等;

(5)流网中的各个网格的长宽比为常数,为了便于计算常取1,这时的网格就为正方形或曲边正方形。

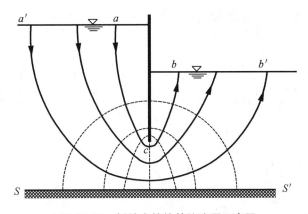

图3-10　板桩支护的基坑流网示意图

2. 流网的绘制

以图3-10所示流网为例,说明流网的绘制步骤。

(1)按一定比例绘制土层及相关构筑物的剖面图。

(2)确定渗流区的边界条件,如透水面和不透水面的数量及位置。如图3-10所示,不透水面为 SS' 平面和 acb 曲面(均为流线), aa' 为基坑外侧的进水表面, bb' 为基坑内侧的出水表面(均为等势线)。

(3)先根据流网特征试绘出流线,流线应是光滑的曲线,且与进水面、出水面正交,其切线与不透水面接近平行,且流线数量越多流网越准确。

(4)采用曲边正方形网格形式,利用流网的正交性,在试绘的流线的基础上绘制等势线。等势线应是与流线正交的光滑曲线,且数量越多流网越准确。

(5)对上述试绘制的流网进行调整和修改,直至每一网格的对角线都正交,每个渗流区的形状都接近正方形为止。

流网一经绘出,我们就可以从流网图形上直观地获得流动特性的总轮廓。可以定量求得渗流场中任意点的水头、水力梯度、渗透速度、渗流量及孔隙水压力等参数。

用流网方法求解各向同性均质土的渗流场简便、迅速,且能用于边界轮廓较复杂的情况,精度也能满足工程要求,故在工程中得到广泛应用。

例2　一板桩打入透水土层后形成的流网,已知透水土层深18.0 m,板桩打入土层表面以下9.0 m,板桩前后水位如图3-11所示。试求:a,b,c,d,e 各点的孔隙水压力。

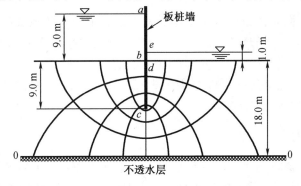

图3-11　例2图

解 根据流网可知,每一等势线间隔的水头降落 $\Delta h = 1.0$ m。a,b,c,d,e 点的孔隙水压力见表 3-2。

表 3-2 例 2 表

位置	位置水头 z/m	测压管水头 h/m	压力水头 h_u/m	孔隙水压力 u/kPa
a	27.0	27.0	0.0	0.0
b	18.0	27.0	9.0	90.0
c	9.0	23.0	14.0	140.0
d	18.0	19.0	1.0	10.0
e	19.0	19.0	0.0	0.0

3.5 渗透破坏及防治

水在土中渗透时对土颗粒会产生渗流力,土体及相关结构物在渗流力作用下会出现的变形破坏,称为渗透破坏,根据渗透破坏的机理将破坏形式分为流土、管涌、接触流失和接触冲刷四种形式,我们将其称为土的渗透破坏的四种模式。前两种模式发生在单一岩土层中,后两种模式则发生在成层土中。

(1)流土

在上升流作用下,动水压力超过土重度时,土体的表面隆起、浮动或某一颗粒群的同时起动而流失的现象称为流土。流土主要发生在渗流出口无任何保护的部位。流土可使土体完全丧失强度,危及建筑物的安全。

(2)管涌

在渗流作用下,土体中的细颗粒在粗颗粒形成的孔隙中流失的现象称为管涌。主要发生在内部结构下稳定的砂砾石层中。

(3)接触流失

在土层分层较分明且渗透系数差别很大的两土层中,当渗流垂直于层面运动时,将细粒层(渗透系数较小层)的细颗粒带入粗粒层(渗透系数较大层)的现象称为接触流失。包括接触管涌和接触流土两种类型。

(4)接触冲刷

渗流沿着两种不同粒径组成的土层层面发生带走细颗粒的现象称为接触冲刷。在自然界中,沿两种介质界面诸如建筑物与地基、土坝与涵管等接触面流动促成的冲刷,均属此破坏类型。

对黏性土,只有流土、接触冲刷或接触流失三种破坏形式,不可能产生管涌破坏。对无黏性土,这四种破坏形式均可发生。

3.5.1 渗流力

地下水在土中渗透时受到土粒的阻力,从而引起水头损失。水在渗透的同时也会对土颗粒产生一种渗流作用力,单位体积土中土颗粒所受到的渗流作用力称为渗流力或动水压力。

渗流力是一种体积力,大小与水力梯度成正比,方向与水流方向一致,是影响地基土稳定的重要因素之一。取一微单元体分析(见图3-12),设渗透水自下而上流经的长度和断面面积分别为 a 和 b,上下界面的水头差为 Δh。微单元体上的力有重力 W_w、土粒对水流的总阻力 F_s 和作用在微单元体上的孔隙水压力(见图3-13)。其中,AB 面和 CD 面上的孔隙水压力合力可用 U_1 表示,AC 面和 BD 面上的孔隙水压力合力可用 U_2 表示,W_w,F_s,U_1,U_2 构成力的矢量多边形(见图3-14)。

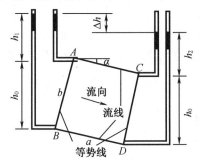

图 3-12 微单元体示意图

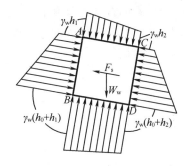

图 3-13 微单元体受力图

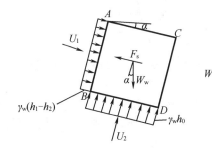

图 3-14 微单元体受力分析示意图

根据力学平衡可知

$$U_1 + W_w \sin \alpha - F_s = 0$$

其中

$$W_w = \gamma_w ab$$

$$U_1 = \gamma_w (h_1 - h_2) b$$

$$\sin \alpha = \frac{\Delta h + h_2 - h_1}{a}$$

可解得

$$F_s = \gamma_w b \Delta h$$

定义渗流力 J 为单位土体内土骨架所受到的渗透水流的拖曳力,也称动水压力,kN/m^3。

$$f_s = \frac{F_s}{ab} = \frac{\gamma_w b \Delta h}{ab} = \gamma_w i = J \qquad (3-15)$$

式中 γ_w——水的重度,kN/m^3;

J——渗流力,kN/m^3;

i——渗流的水力梯度。

渗流力是一种体积力,大小与水力梯度成正比,方向与水流方向一致,是影响地基土稳定的重要因素之一。

3.5.2 流沙或流土

当土中自由水的渗流方向为自下而上时,土粒受到的渗流力方向向上。此外,土粒还受到水的浮力作用。土粒的重力扣除水的浮力所剩的重力称为土粒有效重力。对土粒而言,如果向上的渗流力大于或等于土粒的有效重力,则土粒处于悬浮状态而发生随水流动的现象,这种现象称为流沙或流土。

如图 3－15 所示的静水情况,设截面积 $A = 1$,土样上的各力为:水压力 $P_1 = \gamma_w h_w$,水压力 $P_2 = \gamma_w h_2$,土样的重力 $W = L\gamma_{sat} = L(\gamma' + \gamma_w)$ 和滤网的支撑力 R,根据力学平衡,解得

$$R = \gamma' L$$

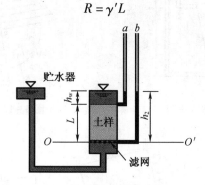

图 3－15　土水整体受力分析－静水情况示意图

如图 3－16 所示的渗流情况,土样上的各力为:水压力 $P_1 = \gamma_w h_w$,水压力 $P_2 = \gamma_w h_1$,土样的重力 $W = L\gamma_{sat} = L(\gamma' + \gamma_w)$ 和滤网的支撑力 R,根据力学平衡,解得

$$R = \gamma' L - \gamma_w \Delta h$$

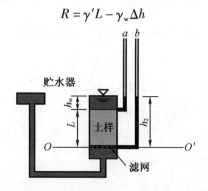

图 3－16　土水整体受力分析－渗流情况示意图

比较可知,向上渗流存在时,滤网支撑力减少。当支撑力为零时的水力梯度称为临界水力梯度 i_{cr},即

$$R = \gamma' L - \gamma_w \Delta h = 0$$

可得

$$\frac{\Delta h}{L} = \frac{\gamma'}{\gamma_w} \equiv i_{cr} = \frac{\rho'}{\rho_w} \tag{3－16}$$

它是土体开始发生流沙或流土破坏时的水力梯度。

由于

$$\gamma' = \frac{m_s g - V_s \gamma_w}{V} = \frac{d_s V_s \gamma_w - V_s \gamma_w}{V_s + V_v} = \frac{(d_s - 1)\gamma_w}{1 + e}$$

则式(3-16)可表示为

$$i_{cr} = \frac{d_s - 1}{1 + e} \tag{3-17}$$

可见，i_{cr}取决于土的物理性质。

因为$\rho_w = 1 \text{ g/cm}^3$，由式(3-16)可知，$i_{cr}$在数值上等于土的浮密度。因为土的水下密度取决于土粒相对密度与水密度之差及单位土体内的固体颗粒的体积，如土的孔隙率为n，则单位土体内的固体颗粒的体积为$1-n$，则

$$i_{cr} = \rho' = (d_s - 1)(1 - n) \tag{3-18}$$

式(3-18)即为著名的太沙基渗流公式。由式可知，土粒密度越大，孔隙率越小，临界水力梯度越大，土体越不易发生渗透变形。实际水力梯度达到临界水力梯度，是发生流沙或流土现象的必要水力条件。但式(3-18)中未考虑土体本身强度的影响，故实测的i_{cr}往往比公式计算的要大。

流沙或流土现象一般发生在土体表面渗流逸出处，而不会发生在土体内部。常见于基坑降水开挖，或在堤坝下游渗流溢出无保护的情况下，且多发生在颗粒级配较均匀的饱和细粉砂和粉土层中，一般具有突发性，因而对工程危害很大。为防止流沙或流土的发生，工程设计时要求保证有一定的安全系数，即

$$i \leqslant [i] = \frac{i_{cr}}{K} \tag{3-19}$$

式中　i——设计水力梯度；

$[i]$——容许水力梯度；

K——流沙或流土安全系数，一般取$1.5 \sim 2.0$。

工程上，主要从控制和改变水力条件入手来防止流沙或流土的发生。具体措施：①采取基坑外井点降水法降低地下水位以减小或消除水头差；②在上游做混凝土防渗墙、设置钢板桩等竖直防渗帷幕以增长渗流路径；③在渗流出口处地表用透水材料覆盖压重以平衡渗流力；④在下游挖减压沟或打减压井以降低作用在黏性土层底面的渗透压力；⑤采用土层加固或冻结法施工等。

例3　某基坑在细砂层中开挖，施工时采用井点降水，实测稳定水位情况，如图3-17所示。细砂层饱和重度$\gamma_{sat} = 19 \text{ kN/m}^3$，渗透系数$k = 4.0 \times 10^{-2} \text{ mm/s}$，试求土中平均渗流速度$v$和渗流力$J$，并判断是否会产生基坑流沙现象。

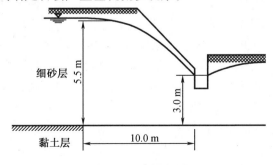

图3-17　例题3图

解 由式(3 – 17)可知,土中稳定渗流的水力梯度为

$$i = \frac{5.5 - 3.0}{10.0} = 0.25$$

则渗流的平均速度为

$$v = ki = 4.0 \times 10^{-2} \times 0.25 = 1.0 \times 10^{-2} \text{ mm/s}$$

渗流力为

$$J = \gamma_w i = 10 \times 0.25 = 2.5 \text{ kN/m}^3$$

临界水力梯度为

$$i_{cr} = \frac{19 - 10}{10} = 0.9$$

取流沙安全系数 $K = 2.0$,则容许水力梯度为

$$[i] = \frac{0.9}{2} = 0.45$$

因为 $i < [i]$,所以基坑不会因降水而产生流沙现象。

3.5.3 管涌

在渗流力的作用下,土中的细小颗粒常被水流带走而流失,随着细粒土不断被带走,土中孔隙不断扩大,最终土体内形成贯通的渗流管状通道,这种现象称为管涌,也称潜蚀,如图 3 – 18 所示。

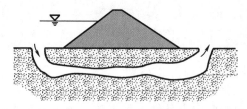

图 3 – 18　坝基下的管涌示意图

发生管涌必须具备两个条件:几何条件和水力条件。管涌的几何条件是指土体由不均匀系数 $C_u > 10$ 的级配不连续、粒径悬殊的土颗粒组成,且其中粗大颗粒所构成的孔隙直径必须大于细颗粒的直径。管涌的水力条件是指渗流力达到足以带动细小颗粒在土孔隙间移动或滚动的程度,即管涌也需要达到一个临界的水力梯度才可能发生。管涌的临界水力梯度计算方法目前还不成熟,大型工程中通常由渗透破坏试验确定。

与流沙或流土不同,管涌可能发生在土体的任何部位和任何渗流方向。管涌引起的土体破坏往往具有渐进性,其最终结果是土中粗颗粒被架空,从而造成土体坍塌、破坏。

工程中,主要可从以下两方面采取措施来防治管涌的危害:

(1)改变土粒的几何条件,即在渗流逸出部位铺设反滤层防止管涌破坏。反滤层一般是 1~3 层级配较为均匀的砂砾石层。随着土工合成材料的发展,用土工布、土工网或土工格栅等材料做反滤层是一种行之有效的方法。

(2)改变水力条件,降低土层内部和渗流逸出口处水力梯度,如上游做防渗铺盖或打板桩等。

3.5.4 渗透变形产生的条件

根据渗透破坏的机理,可将产生渗透变形的条件分为:①渗流力;②土体结构;③地质条件;④工程因素。①②是产生渗透变形的必要条件;③④是产生渗透变形的充分条件。只有当土具备充分必要条件时,才发生渗透破坏。

1. 土体结构对渗透变形的影响

(1)粗细粒径的比例

研究表明,土体易于发生管涌的粗细粒径比例为粗粒径大于细粒径20倍以上。土越疏松,细颗粒物质在孔隙中随渗流运动越容易。

(2)细颗粒的含量

大量试验表明,当细颗粒含量大于35%时,渗透破坏类型为流土型;当细颗粒含量小于25%时,渗透破坏类型为管涌型;当细颗粒含量在25%~35%之间时,流土和管涌均可能发生,且主要取决于碎石土的密实程度及细颗粒的组成。相对密度 $D_r > 0.33$ 且细颗粒不均匀系数较小的砾石类,一般发生流土,反之则为管涌。此外,细颗粒成分中黏粒含量增加可增大土的内聚力,从而增大土体的抗渗强度。

(3)土的颗粒级配

试验表明:当 $C_u < 10$ 时,渗透变形的主要形式为流土;当 $C_u > 20$ 时,主要形式为管涌;当 $10 \leqslant C_u \leqslant 20$ 时,流土和管涌均可能发生。

2. 地质条件对渗透变形的影响

(1)地层分布特征

地层分布特征对渗透变形的影响主要表现在坝基上。单一的砂砾石层,以管涌型渗透变形为主。对于双层及多层结构的土层,渗透变形取决于表层黏性土的性质、厚度和分布范围。若黏性土层厚且分布范围大,尽管下卧砂砾石层水力梯度大,也不易发生渗透变形。

(2)地形地貌条件

沟谷深切影响了渗流的补给条件,尤其是坝基上、下游的沟谷将表土层切穿,则有利于渗流的补给,并使渗径短而增大水力梯度;若下游地下水逸出段的渗流出口具有临空条件,则有利于渗透变形的发生。另外,在古河道及洪积平原前较近部位修筑水工建筑物时,应特别注意渗透变形的可能性及其类型。

3. 工程因素对渗透变形的影响

工程因素对渗透变形的影响主要包括大坝和汲水井的渗流出口条件、水位骤降、施工破坏透水层及建筑物底面轮廓等。如我国发生的几起土石坝渗透变形及溃坝事件,与渗流出口部位未加保护都有很大的关系。深基坑开挖时,由于破坏了不透水层而造成基坑坑壁坍塌等,也属于工程因素造成渗透破坏。

3.6 毛 细 水

毛细水是受到水与空气交界面处表面张力作用下,存在于地下水位以上的透水层中的自由水。毛细水通常存在于细粒土中。细粒土内部相互贯通的孔隙,可以看成是形状不一、直径相异且彼此连通的毛细管。在毛细管中存在两种力的作用,一种是水与空气界面的表面张力作用,另一种就是毛细管壁与水分子间的引力作用(也称湿润作用)。在这两种力的反复交替作用下,水分子沿毛细管壁上升至一定的高度,形成毛细水,如图 3 – 19 所示。

理论上,毛细水上升的最大高度为

$$h_{max} = \frac{4\sigma}{d\gamma_w} \qquad (3-20)$$

式中 σ ——水与空气界面的表面张力,N/m,取值见表 3 – 3;

　　　d ——毛细管的直径,m。

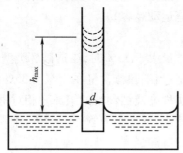

图 3 – 19　毛细管中水柱的上升示意图

表 3 – 3　水与空气间的表面张力

温度	– 5 ℃	0 ℃	5 ℃	10 ℃	15 ℃	20 ℃	30 ℃	40 ℃
表面张力 $\sigma/(10^{-3}$ N/m)	76.4	75.6	74.9	74.2	73.5	72.8	71.2	69.6

式(3 – 20)表明,毛细水的上升高度与毛细管直径成反比。然而,地基土中的孔隙是不规则的,而且存在土粒与水之间的物理、化学作用,因此土中的毛细现象比规则圆柱状毛细管中的情况要复杂得多。实际工程中,一般砾石与粗砂土中的毛细水上升高度很小;粉细砂和粉土中的毛细水上升高度较大且上升速度也快,即毛细现象严重;在黏性土中结合水膜的存在会减小土中孔隙的有效直径,使毛细水在上升时受到很大阻力,故上升速度慢,上升高度也受到影响。

土中毛细水的上升易引起建筑物地面和墙体的返潮,加剧地基和路基的冻胀和融陷灾害,引起土的沼泽化或盐渍化,在工程中要予以足够的重视。

3.7　影响土渗透性的因素

影响土的渗透性的因素有土的粒度成分、土的孔隙比、土中的矿物成分、土的结构和构造、土的饱和度以及土中水的动力黏滞系数。

1. 土的粒度成分

土的粒度成分是土中孔隙直径大小的主要影响因素,因由粗颗粒形成的大孔隙可被细颗粒充填,故土体孔隙的大小一般由细颗粒所控制。因此,土的渗透系数常用有效粒径 d_{10}

来表示,如哈臣公式: $k = C_1 d_{10}^2$。

2. 土的孔隙比

土的孔隙比是单位土体中孔隙体积的直接度量,对于砂性土,常建立孔隙比 e 与渗透系数 k 之间的关系,如: $k = f(e^2)$; $k = f\left(\dfrac{e^2}{1+e}\right)$; $k = f\left(\dfrac{e^3}{1+e}\right)$ 。

3. 土中矿物成分

不同黏土矿物之间渗透系数相差极大,其渗透性大小的次序为:高岭石 > 伊利石 > 蒙脱石。当黏土中含有可交换的钠(Na)离子越多时,其渗透性将越低。塑性指数 I_P 综合反映土的颗粒大小和矿物成分,常是渗透系数的参数。

4. 土的结构和构造

层理、裂隙会影响孔隙系统的构成和方向性,对黏性土影响更大。在宏观构造上,天然沉积层状黏性土层,扁平状黏土颗粒常呈水平排列,常使得水平渗透系数大于竖直渗透系数。在微观结构上,当孔隙比相同时,凝聚的结构将比分散的结构具有更大的透水性。

5. 土的饱和度

封闭气泡对渗透系数 k 的影响很大,它可以减小有效渗透面积,还可以堵塞孔隙的通道,故渗透性随着饱和度降低而降低。

6. 土中水的动力黏滞系数

当温度升高时,土中水的黏滞性降低,渗透性提高。

(一)思考题

1. 影响土渗透性的主要因素有哪些?
2. 何谓达西定律,达西定律成立的条件有哪些?
3. 渗透理论定义的渗流流速通常指什么流速,它与实际流速是否相同?
4. 实验室内测定渗透系的方法有几种,它们之间又什么不同?
5. 发生管涌的条件是什么? 如何防治管涌现象?
6. 产生流土或流沙现象的条件是什么? 如何防治流土或流沙现象?
7. 管涌和流土或流沙的特征是什么?
8. 分析毛细水的运动对土的性质的影响。
9. 流网有什么特征?
10. 孔隙水应力在静水条件下和在稳定渗流作用下有什么不同?

(二)计算题

1. 某渗透试验装置如图 3-20 所示。砂 I 的渗透系数 $k_1 = 2 \times 10^{-1}$ cm/s;砂 II 的渗透系数 $k_2 = 1 \times 10^{-1}$ cm/s,砂样断面积 $A = 200$ cm²。试求:①若在砂 I 与砂 II 分界面处安装一测压管,则测压管中水面将升至右端水面以上多高? ②砂 I 与砂 II 界面处的单位渗流量 q

为多大?

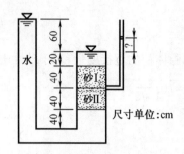

图 3-20　计算题 1 图

2. 常水头渗透试验中,已知渗透仪直径 $D = 75$ mm,在 $L = 200$ mm 渗流途径上的水头损失 $h = 75$ mm,在 60 s 时间内的渗水量 $Q = 73.1$ cm^3,求土的渗透系数。

3. 设做变水头渗透试验的黏土试样的截面积为 30 cm^3,厚度为 4 cm,渗透仪细玻璃管的内径为 0.4 cm,试验开始时的水位差 114 cm,7 min 25 s 后观察水位差为 93 cm,试求试样的渗透系数。

4. 如图 3-21 所示,观测孔 a,b 的水位标高分别为 23.50 m 和 23.20 m,两孔的水平距离为 20 m。求:①确定 ab 段的平均水头梯度 i;②如果该土层为细砂,渗透系数 $k = 5.0 \times 10^{-2}$ mm/s,试确定 ab 段的地下水渗流速度 v;③若该土层为粉质黏土,渗透系数 $k = 5.0 \times 10^{-5}$ mm/s,起始水头梯度 $i_b = 0.005$,试求 ab 段的地下水渗流速度 v。

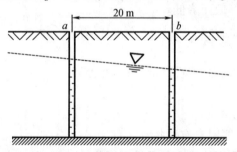

图 3-21　计算题 4 图

5. 有一黏土层位于两砂层之间,其中砂土层的重度 $\gamma = 17.6$ kN/m^3,饱和重度 $\gamma_{sat} = 19.6$ kN/m^3,黏土层的饱和重度 $\gamma_{sat} = 20.6$ kN/m^3,土层的厚度如图 3-22 所示。地下水位保持在地面以下 1.5 m 处,若下层砂层中有承压水,其测压管水位高出地面 3 m,试计算:①黏土层内的孔隙水应力及有效应力随深度的变化并绘出分布图(假定承压水头全部损失在黏土层中);②要使黏土层发生流土,则下层砂中的承压水引起的测压管水位应当高出地面多少米?

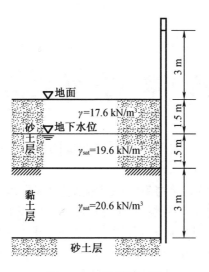

图 3 - 22 计算题 5 图

第 4 章 土 中 应 力

4.1 土中应力概述

土体在自身重力、建筑物或构筑物荷载、交通荷载、地震及其他因素作用下均可产生应力。地基土中的应力计算是地基基础设计的一项十分重要的内容。例如,计算地基的变形、验算地基的强度和稳定性以及选择地基处理方案等,都需要知道地基土中应力的大小及分布规律。

土中的应力按其产生的原因不同,分为自重应力和附加应力两种。由土的自重在地基中产生的应力称为自重应力,由建筑物的荷载或其他外荷载(如车辆、堆放在地面的材料重量等)在地基土中产生的应力称为附加应力。对于形成年代比较久远的土,在自重作用下其固结变形已经完成,自重应力不再引起地基土的变形;而对于新近沉积土和近期人工填土,土体在自重作用下的固结变形尚未完成,自重应力仍会引起地基土的变形。附加应力则不同,它是地基土中新增加的应力,是引起地基土变形的主要原因。

在计算土中应力时,一般采用弹性半空间模型。弹性半空间模型假定天然地面为无限大水平面,地面向下为无限深的地基空间,地基土为均质的线性、弹性变形体。尽管这种假设是对真实土体性质的高度简化,但理论分析和实践表明,只要土中应力不大,那么按弹性理论公式求解土中应力虽有误差,但仍可满足工程需要。因此,目前工程界计算土中应力大都是以此理论为依据的。

土中自重应力和附加应力产生的原因、分布规律及对工程的影响均是不同的,其计算方法亦不相同。本章重点介绍地基土中的自重应力和附加应力的计算原理和方法。分别计算自重应力和附加应力后,将其叠加,就可得到土中的总应力。

4.2 土中自重应力

自重应力是由于地基土体本身的有效重力而产生的。研究地基的自重应力是为了确定地基土体的应力状态。计算地基土中的自重应力时,一般将地基作为半无限弹性体来考虑,地基中的自重应力状态属于侧限应力状态,其内部任一水平面和竖直面上,均只有正应力而无剪应力。

按照弹性半空间模型,假设地基是半无限空间线性变形体,则在土体自重作用下,任意竖直平面均为对称面。因此,在地基中任意竖直平面上,土的自重不会产生切应力。根据切应力互等定理,在任意水平面上的切应力应为零。以下只讨论由于土的自重在水平面和竖直平面上产生的法向应力的计算。

4.2.1 均质土中的自重应力

如图 4-1 所示,以天然地面上某点为坐标原点 O,坐标轴 z 竖直向下为正。设土的天然重度为 γ,则天然地面以下任意深度 z 处的水平面上的竖向自重应力 σ_{cz},可取单位面积

以上土柱的自重来计算,即

$$\sigma_{cz} = \frac{G}{A} = \frac{\gamma z A}{A} = \gamma z \qquad (4-1)$$

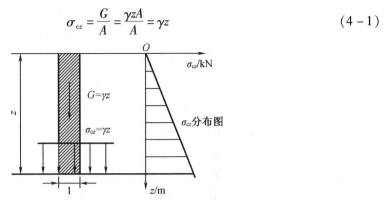

图4-1 均质土中竖向自重应力示意图

由式(4-1)可知,均质土中的竖向自重应力,在任意水平面上都是均匀分布的,而且与深度 z 成正比,即沿深度按直线分布。

土中除作用在水平面上的竖向自重应力 σ_{cz} 外,在竖直平面上还作用有水平自重应力 σ_{cx} 和 σ_{cy}。根据弹性理论可以推得

$$\sigma_{cx} = \sigma_{cy} = \frac{\mu}{1-\mu}\sigma_{cz} = K_0\sigma_{cz} \qquad (4-2)$$

式中　μ——土的泊松比,见表4-1;

　　　K_0——土的静止侧压力系数,可按由土的泊松比计算或由试验测定。

表4-1 土的泊松比参考值

土的种类与状态		μ
碎石土		0.15~0.20
砂土		0.20~0.25
粉土		0.25
粉质黏土	坚硬状态	0.25
	可塑状态	0.30
	软塑及流塑状态	0.35
黏土	坚硬状态	0.25
	可塑状态	0.35
	软塑及流塑状态	0.42

关于水平自重应力 σ_{cx} 和 σ_{cy} 将在第7章和第8章中重点讨论,其他各章重点讨论竖向自重应力,为简便起见,在不致混淆时,以后将竖向自重应力简称为自重应力,改用 σ_c 表示。

4.2.2　成层土中的自重应力

实际工程中,地基往往是由多层土组成的,各层土具有不同的重度。假设各土层交界

面亦为无限大水平面,各层内的土为均质弹性体。如图4-2所示,设天然地面以下自上而下各层土厚度依次为 $h_1,h_2,\cdots,h_n$,重度分别为 $\gamma_1,\gamma_2,\cdots,\gamma_n$。自重应力仍按单位面积上土柱的重力计算。则第一层土下界面处的自重应力为 $\gamma_1 h_1$;第二层土下界面处的自重应力为 $\gamma_1 h_1 + \gamma_2 h_2$;第 i 层土下界面处的自重应力为 $\gamma_1 h_1 + \gamma_2 h_2 + \cdots + \gamma_i h_i$。依此类推,则深度 z 处的水平面上的自重应力应为单位面积上的全部土柱的重力之和,即

$$\sigma_c = \gamma_1 h_1 + \gamma_2 h_2 + \cdots + \gamma_n h_n = \sum_{i=1}^{n} \gamma_i h_i \qquad (4-3)$$

式中 n——天然地面以下深度 z 范围内的土层数;

γ_i——第 i 层土的重度,kN/m^3;

h_i——第 i 层土的厚度,m。

按式(4-3)计算结果绘出的自重应力分布图(亦称自重应力曲线),如图4-2所示。

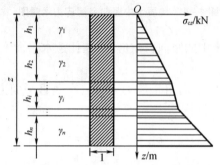

图4-2　成层地基土中自重应力分布图

工程实际中,计算土中自重应力时应注意以下两点:

(1)若计算范围内存在地下水,则按式(4-1)和式(4-3)计算时,应根据土的性质确定是否需要考虑水的浮力作用,如果需要考虑,则地下水位以下应采用浮重度指标。通常水下的砂性土是应该考虑浮力作用的。

黏性土则视其物理状态而定,可分为如下几种情况:

①若水下的黏性土其液性指数 $I_L > 1$,则土处于流塑(液态)状态,土颗粒之间存在着大量自由水,故认为土体受到水浮力作用;

②若 $I_L \leqslant 0$,则土处于坚硬(固态)状态,土中自由水受到土颗粒间结合水膜的阻碍不能传递静水压力,故认为土体不受水的浮力作用;

③若 $0 < I_L \leqslant 1$,土处于塑性状态,土颗粒是否受到水的浮力作用就较难肯定,在工程实践中一般按土体受到水浮力作用来考虑。

(2)若计算范围内存在不透水层(如岩层或干硬的黏土层),则不透水层面上的自重应力应等于该面内单位面积上饱和土柱体的重力,即相当于地下水位以下各透水层采用饱和重度计算。

4.2.3　存在不透水层时土的自重应力

当地基中存在不透水层时,不透水层中的静水压力为0,该层的重度取天然重度,层顶面处的自重应力为

$$\sigma_c = \sum_{i=1}^{n} \gamma_i h_i + \gamma_w h_w \qquad (4-4)$$

式中 h_w——地下水到不透水层顶面的距离,m。

例1 试绘出如图4-3所示土体的自重应力 σ_c 分布图。

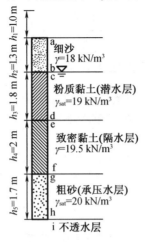

图4-3 例1图

解 各点自重应力如下:

a 点处:$\sigma_{c,a} = 0$

b 点处:$\sigma_{c,b} = 18 \times 1.3 = 23.4$ kPa

c 点处:$\sigma_{c,c} = \sigma_{c,b} = 23.4$ kPa

d 点处:$\sigma_{c,d} = \sigma_{s,c} + (19-10) \times 1.8 = 39.6$ kPa

e 点处:$\sigma_{c,e} = \sigma_{c,d} + 10 \times 1.8 = 57.6$ kPa

f 点处:$\sigma_{c,f} = \sigma_{c,e} + 19.5 \times 2 = 96.6$ kPa

g 点处:$\sigma_{c,g} = \sigma_{c,f} - 10 \times (2 + 1.8 + 1.3 + 1) = 35.6$ kPa

h 点处:$\sigma_{c,h} = \sigma_{c,g} + (20-10) \times 1.7 = 52.6$ kPa

i 点处:$\sigma_{c,i} = \sigma_{c,h} + 10 \times (6.1 + 1.7) = 130.6$ kPa

自重应力分布图如图4-4所示。

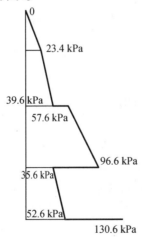

图4-4 例1自重应力 σ_c 分布图

分析图4-4中的自重应力曲线,可以看出土中自重应力呈现如下分布规律:

①总体上看,自重应力随深度的增加而增大;

②成层土的自重应力分布图呈折线型,同一层土的自重应力按直线变化,折线的拐点在土层交界处(上下两个土层重度不同时)和地下水位处;

③在不透水层与上覆透水层的交界面处,自重应力出现台阶状变化。

4.2.4　土坝和路堤的自重应力问题

土坝和路堤通常为一定宽度的条状构筑物,其断面形状并非半无限体。若考虑堤坝的边界条件和地基的变形条件,要精确求解堤坝及其地基土的应力是个较复杂的问题。

实际工程中,对于简单的中小型土坝或路堤,允许采用半无限体模型进行简化计算,即堤坝内任何一点的竖向应力仍可用式(4-3)计算,故任意水平面上自重应力的分布图形状与堤坝断面形状相似,如图4-5所示。

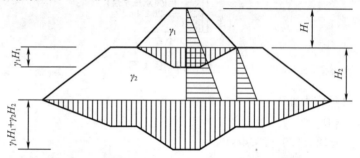

图4-5　中小型土坝或路堤中的竖向自重应力分布图

4.3　基底压力和基底附加压力

作用在地基表面的各种分布荷载,都是通过建筑物的基础传到地基中的。基础底面传递给地基表面的压力称为基底压力,简称基底压力。基底压力和基底反力是一对作用力与反作用力。基底压力的大小和分布状况,对地基内部的附加应力有着非常重要的影响;同时,基底压力的大小和分布状况又与荷载的大小和分布、基础的埋深、基础的刚度以及土的性质等因素有关。

4.3.1　基底压力的分布

基础压力的分布受上部结构的刚度与载荷大小、土的性质、基础埋深及地基与基础的相对刚度等多种因素的影响。

实测资料表明,对于柔性基础(如薄板基础、土堤),由于它的刚度很小,能够适应地基土的变形,所以基底压力的分布与作用在基础上的荷载分布完全一致。荷载均布时,基底压力(常用基底反力形式表示,下同)也将是均布的,当荷载为梯形分布时,基底压力也为梯形分布。柔性基础可近似看成是由一个相互无约束的板条组成的,若基础承受中心荷载作用,各板条上受到的荷载均为 p,传给地基的基底压力也为 p,地基变形后,尽管各板条的沉降不等,但基底压力仍为 p,如图4-6所示。

刚性基础(如砖石基础)的刚度远大于土的刚度,可看作是绝对刚体,即基础本身不变形。基础在中心荷载作用下,为保持土体与基础底面的接触,地基表面各点的竖向位移必须相等,这样就导致基底压力不是均匀分布的。实测资料表明,基底压力与基础的刚度、荷载大小和土的性质有关。对于黏性土,刚性基础底面上的压力在外荷载较小时,接近弹性理论解;荷载增大后,基底压力呈马鞍形,如图4-7(a)所示;当荷载继续增大时,基底压力呈抛物线形,如图4-7(b)所示;再继续增大,基底压力将呈倒钟形,如图4-7(c)所示。对于无黏性土,基础的刚度远大于土的刚度时,基底压力呈抛物线形。

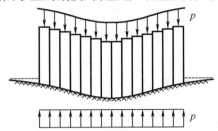

图4-6 柔性基础的基底压力分布图

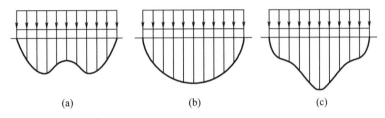

图4-7 黏性土地基上刚性基础的基底压力分布图

(a)马鞍形;(b)抛物线形;(c)倒钟形

基底压力的分布形式是十分复杂的。但由于基底压力都是作用在地表面附近,基底压力的具体分布形式对地基应力计算的影响仅局限于一定深度范围,超出此范围以后,地基中附加应力的分布与基底压力的分布关系不大,只取决于荷载的大小、方向和合力的位置。因此,目前在地基计算中,常采用材料力学的简化方法,即根据圣维南原理(Saint Venant's Principle)假定基底压力按直线分布。由此引起的误差在工程计算中是允许的,也是工程中经常采用的计算方法。

4.3.2 基底压力的简化计算

当基底尺寸较小或基础相对于地基土刚度较大时,可近似认为基底压力呈线性分布,按静力平衡条件计算。

1. 中心受压的基础

当基础所受荷载(包括自重)通过基础底面形心时,假定基底压力 p 呈均匀分布,按下式计算,即

$$p = \frac{F + G}{A} \tag{4-5}$$

式中　F——基础顶面的竖向荷载,kN;

G——基础及其上覆土的自重,kN; $G = \gamma_G A d$,其中 γ_G 为基础及其上覆土的平均重度,一般取 20 kN/m^3,d 为基础埋置深度,m;

A——基础底面积，m^2。

应注意的是，对条形基础（基础长度 l 大于宽度 b 的 10 倍时），可取 1 m 长的基础按平面应变问题计算，此时式（4 - 5）中的 F，G 分别为每延米的荷载，A 则用基础宽度 b 替代。

2. 单向偏心受压的基础

对矩形基础，当只在一个方向受偏心荷载作用时，通常沿偏心方向布置基础的长边 l。此时，基底压力沿短边方向呈均匀分布，而在长边方向上两端分别出现最大和最小基底压力。矩形基础的平均基底压力按式（4 - 5）计算，最大、最小基底压力按式（4 - 6）计算，即

$$\frac{p_{max}}{p_{min}} = \frac{F + G}{A} \pm \frac{M}{W} = \frac{F + G}{lb}(1 \pm \frac{6e}{l}) \tag{4 - 6}$$

式中　p_{max}，p_{min}——最大、最小基底压力，kPa；

M——基础顶面的力矩，$\text{kN} \cdot \text{m}$；

W——弯矩抵抗矩，m^3；

l，b——基础底面长边、短边的长度，m；

e——偏心矩，m，按式（4 - 7）计算，即

$$e = \frac{\sum M}{F + G} \tag{4 - 7}$$

式中　$\sum M$——作用于基础底面中心点处的合力矩，$\text{kN} \cdot \text{m}$。

如图 4 - 8 所示，当偏心矩 $e < l/6$ 时，最小基底压力 $p_{min} > 0$，基底压力沿长边方向呈梯形分布；当 $e = l/6$ 时，$p_{min} = 0$，基底压力沿长边方向呈三角形分布；当 $e > l/6$ 时，按式（4 - 6）得 $p_{min} < 0$，表示基底出现拉应力，但实际上基础与地基之间不可能产生拉力，故此时基底压力将重新分布，基础局部与地基脱离接触。根据力的平衡原理，得到重新分布后的最大基底压力 p_{max} 为

$$p_{max} = \frac{2(F + G)}{3bk} \tag{4 - 8}$$

式中　k——偏心荷载作用点至最大压力边缘的距离，$k = l/2 - e$，m。

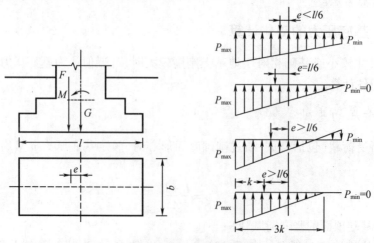

图 4 - 8　单向偏心受压矩形基础基底压力分布图

一般情况下,为安全考虑,设计基础时,应使合力矩 $e < l/6$。

3. 双向偏心受压的基础

当矩形基础同时承受沿长边和短边方向的弯矩作用时(见图 4-9),最大、最小基底压力按式(4-9)计算,即

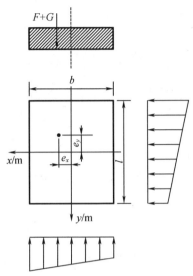

图 4-9　双向偏心受压矩形基础基底压力分布图

$$\begin{matrix} p_{\max} \\ p_{\min} \end{matrix} = \frac{F+G}{A} \pm \frac{M_x}{W_x} \pm \frac{M_y}{W_y} = \frac{F+G}{A}\left(1 \pm \frac{6e_x}{l_x} \pm \frac{6e_y}{l_y}\right) \tag{4-9}$$

式中　M_x,M_y——沿 x,y 方向的力矩,$kN \cdot m$;

　　W_x,W_y——基底对 x 及 y 轴的抵抗矩,m^3。

在式(4-9)中,正、负号的选用应根据具体计算点的位置分析后确定。

4. 倾斜荷载作用下的基底压力

工程实际中,承受水压力或土压力的建筑物,基础常常受到斜荷载的作用。斜荷载除了引起竖直方向基底压力 p_v 外,还会引起水平方向应力 p_h。计算时,可将斜向荷载分解为竖直方向荷载 F 和水平方向荷载 H,由 H 引起的基底方水平应力 p_h 一般假定为均匀分布于整个基础底面。

故对于矩形基础有

$$p_h = \frac{H}{A} \tag{4-10}$$

对于条形基础有

$$p_h = \frac{H}{A} = \frac{H}{b} \tag{4-11}$$

4.3.3　基底附加压力

基底附加压力是指由于建筑物的荷载作用而产生的且作用在基底平面处附加于原有

自重应力之上的压力。

在基础底面处，修建基础以前就存在着土的自重应力 σ_c，而修建基础以后又作用有基底压力 p，故基底处的附加压力为

$$p_0 = p - \sigma_c = p - \gamma_0 d \qquad (4-12)$$

式中　p_0——基底附加压力，kPa；

　　　　d——基础的埋置深度，m；

　　　　γ_0——基底以上土的重度，kN/m^3，如果是成层土，按式（4 – 13）计算，即

$$\gamma_0 = \frac{\gamma_1 h_1 + \gamma_2 h_2 + \cdots + \gamma_n h_n}{d} \qquad (4-13)$$

式中　$h_1, h_2, \cdots, h_n$——基础埋深范围内自上至下各层土的厚度，m；

　　　　$\gamma_1, \gamma_2, \cdots, \gamma_n$——基础埋深范围内自上至下各层土的重度，$kN/m^3$，地下水位以下取浮重度。

4.4　均质地基中的附加应力

地基附加应力是由于建筑物的荷载作用在地基中引起的，附加于原有自重应力之上的那部分应力。对一般天然土层，由自重应力引起的压缩变形已经趋于稳定，不会再引起地基的沉降。由于附加应力是土层上部的建筑物在地基内新增的应力，因此，它是使地基变形、沉降的主要原因。因此要计算地基的变形，必须首先计算地基的附加应力。

在均质地基中，通常采用弹性半空间模型，一般假定地基土是连续的、均质的且各向同性的完全弹性体，然后根据弹性理论的基本公式进行计算。

4.4.1　集中荷载作用下的地基附加应力

1. 竖向集中力作用

（1）布辛奈斯克公式

1885 年，布辛奈斯克利用弹性理论推导出了在弹性半空间表面上作用竖向集中力 P 时弹性体内任意点的应力和位移的解析解，如图 4 – 10 所示。

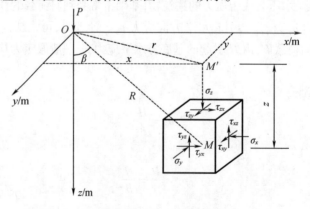

图 4 – 10　竖向集中力作用下的地基附加应力示意图

以 P 的作用点 O 为原点建立空间坐标系，则 $M(x, y, z)$ 点的六个应力分量和三个位移

分量的布辛奈斯克解如下：

$$\sigma_x = \frac{3P}{2\pi}\left\{\frac{x^2 z}{R^5} + \frac{1-2\mu}{3}\left[\frac{1}{R(R+z)} - \frac{(2R+z)x^2}{R^3(R+z)^2} - \frac{z}{R^3}\right]\right\} \qquad (4-14)$$

$$\sigma_y = \frac{3P}{2\pi}\left\{\frac{y^2 z}{R^5} + \frac{1-2\mu}{3}\left[\frac{1}{R(R+z)} - \frac{(2R+z)y^2}{R^3(R+z)^2} - \frac{z}{R^3}\right]\right\} \qquad (4-15)$$

$$\sigma_z = \frac{3P}{2\pi} \cdot \frac{z^3}{R^5} = \frac{3P}{3\pi R^2}\cos^3\beta \qquad (4-16)$$

$$\tau_{xy} = \frac{3P}{2\pi} \cdot \left[\frac{xyz}{R^5} - \frac{1-2\mu}{3} \cdot \frac{(2R+z)xy}{R^3(R+z)^2}\right] \qquad (4-17)$$

$$\tau_{yz} = \frac{3P}{2\pi} \cdot \frac{yz^2}{R^5} \qquad (4-18)$$

$$\tau_{zx} = \frac{3P}{2\pi} \cdot \frac{xz^2}{R^5} \qquad (4-19)$$

$$u = \frac{P}{4\pi G}\left[\frac{xz}{R^3} - (1-2\mu)\frac{x}{R(R+z)}\right] \qquad (4-20)$$

$$v = \frac{P}{4\pi G}\left[\frac{yz}{R^3} - (1-2\mu)\frac{y}{R(R+z)}\right] \qquad (4-21)$$

$$w = \frac{P}{4\pi G}\left[\frac{z^2}{R^3} - 2(1-\mu)\frac{1}{R}\right] \qquad (4-22)$$

式中　$\sigma_x,\sigma_y,\sigma_z$——$M$ 点处 x,y,z 方向的正应力，kPa；

　　　$\tau_{xy},\tau_{yz},\tau_{zx}$——$M$ 点的剪应力，kPa；

　　　u,v,w——M 点沿 x,y,z 方向的位移，m；

　　　G——土的剪切模量，$G = E/2(1+\mu)$，MPa；

　　　E——土的弹性模量，MPa；

　　　μ——土的泊松比；

　　　R——M 点至坐标原点 O 的距离，$R = \sqrt{x^2 + y^2 + z^2} = \sqrt{r^2 + z^2}$，m；

　　　β——OM 与 z 轴的夹角，(°)，如图 4-10 所示。

在上述六个应力分量中，对计算地基沉降意义最大的是竖向正应力 σ_z，故以下主要讨论 σ_z 的计算及其分布规律。

将图 4-10 中的几何关系 $R^2 = r^2 + z^2$ 代入式(4-16)，得

$$\sigma_z = \frac{3P}{2\pi} \cdot \frac{z^3}{R^5} = \frac{3P}{2\pi\left[1 + \left(\frac{r}{z}\right)^2\right]^{\frac{5}{2}} z^2} = K\frac{P}{z^2} \qquad (4-23)$$

式中　K——竖向集中力作用下的竖向附加应力系数，见表 4-2，$K = \dfrac{3}{2\pi\left[1 + \left(\dfrac{r}{z}\right)^2\right]^{\frac{5}{2}}}$。

竖向集中力作用下的地基附加应力是轴对称空间问题，通过 P 作用线切出的任意竖直面的应力分布，可以分析 σ_z 的分布特征如下（见图 4-11）：

表 4 – 2　竖向集中力作用下的竖向附加应力系数 K

r/z	K	r/z	K	r/z	K	r/z	K	r/z	K
0.00	0.477 5	0.50	0.273 3	1.00	0.084 4	1.50	0.025 1	2.00	0.008 5
0.05	0.474 5	0.55	0.246 6	1.05	0.074 5	1.55	0.022 4	2.20	0.005 8
0.10	0.465 7	0.60	0.221 4	1.10	0.065 8	1.60	0.020 0	2.40	0.004 0
0.15	0.451 6	0.65	0.197 8	1.15	0.058 1	1.65	0.017 9	2.60	0.002 8
0.20	0.432 9	0.70	0.176 2	1.20	0.051 3	1.70	0.016 0	2.80	0.002 1
0.25	0.410 3	0.75	0.156 5	1.25	0.045 4	1.75	0.014 4	3.00	0.001 5
0.30	0.384 9	0.80	0.138 6	1.30	0.040 2	1.80	0.012 9	3.50	0.000 7
0.35	0.357 7	0.85	0.122 6	1.35	0.035 7	1.85	0.011 6	4.00	0.000 4
0.40	0.329 5	0.90	0.108 3	1.40	0.031 7	1.90	0.010 5	4.50	0.000 2
0.45	0.301 1	0.95	0.095 6	1.45	0.028 2	1.95	0.009 4	5.00	0.000 1

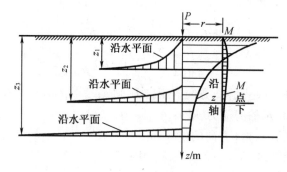

图 4 – 11　集中力作用下的 σ_z 分布示意图

①在集中力 P 的作用线上（$r = 0$）：当 $z = 0$ 时，$\sigma_z = \infty$，这是由于将集中力作用面积看成零所致，也说明布辛奈斯克公式不适用于集中力作用点处及其附近的应力计算；当 $z = \infty$ 时，$\sigma_z = 0$，表明沿 P 的作用线上 σ_z 是随深度增加而减小的。

②在 $r > 0$ 的竖直线上：当 $z = 0$ 时，$\sigma_z = 0$，但 σ_z 随着 z 的增加而逐渐增大，至一定深度后又随着 z 的增加而逐渐减小。

③在任意水平面上，σ_z 值在集中力作用线上最大，并随着 r 的增加而逐渐减小。随着深度 z 增加，水平面上的应力 σ_z 分布趋于均匀。

若在空间上将 σ_z 相同的点连接成曲面，可以得到 σ_z 的等值线，其空间曲面的形状如泡状，故也称应力泡，如图 4 – 12 所示。由此可见，竖向集中力 P 在地基中引起的附加应力 σ_z 具有向下且向四周无限扩散的规律。

（2）等代荷载法

如果地基中某点 M 与局部荷载的距离比荷载面尺寸大很多，则局部荷载可以近似地用一个集中力 P 等量代替，然后用式（4 – 16）计算该点的附加应力 σ_z。

当地基表面同时作用有几个竖向集中力时，可分别计算各集中力在地基中引起的附加应力，然后根据应力叠加原理求出附加应力的总和。如图 4 – 13 所示，曲线 a 表示集中力 P_1 在深度 z 处的水平面上引起的附加应力分布，曲线 b 表示集中力 P_2 在同一水平面上引起的附加应力分布,由曲线 a,b 叠加得到的曲线 c 即为 P_1 和 P_2 共同作用下该水平面上的总应力分布。

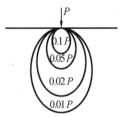

图 4 – 12　集中力作用下 σ_z 的等值线示意图

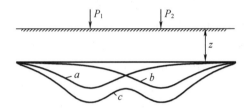

图 4 – 13　两个集中力作用下地基中 σ_z 的叠加示意图

在实际工程中,基底压力是作用在一定形状的基础底面上的分布荷载。对于在任意形状面积上作用的分布荷载,可以将荷载划分成若干个单元,每个单元上的分布荷载以集中力近似代替。先按布辛奈斯克公式计算出每一个等代集中力在计算点引起的附加应力,然后进行叠加,即得到面荷载在计算点所引起的附加应力,这种方法称为等代荷载法。

如图 4 – 14 所示,将任意形状的荷载面积划分成若干个网格单元,设第 i 个单元的面积为 A_i,其上的分布荷载用作用于单元形心的等代集中力 P_i 近似代替,则整个面荷载在地面下深度 z 处的 M 点引起的附加应力 σ_z 应为各等代集中力在 M 点所引起的附加应力之和,即

$$\sigma_z = \sum_{i=1}^{n} K_i \frac{P_i}{z^2} = \frac{1}{z^2} \sum_{i=1}^{n} K_i P_i \qquad (4-24)$$

式中　z——计算点的深度,m;

　　　n——荷载面内划分的网格单元数;

　　　P_i——第 i 个网格单元上的等代集中力,kN;

　　　K_i——集中力 P_i 作用下的附加应力系数,按 r_i/z 由表 4 – 2 查取;

　　　r_i——P_i 的作用点到 M 点的水平距离,m。

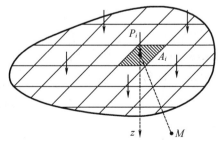

图 4 – 14　任意面荷载作用时的等代荷载法示意图

等代荷载法的计算精度取决于划分的网格单元的数量和面积。若荷载面积为规则的矩形或圆形等,叠加过程则可简单地用积分来完成。由于集中力作用点附近的 σ_z 为无限大,所以这种方法不适用于过于靠近荷载面的计算点。

2. 水平集中力作用

1882 年,意大利数学家西罗提(V. Cerruti)给出了当地基表面作用有平行于 Oxy 面的水平集中力 P_h 时,地基中任意点 M 应力的弹性理论解,如图 4 – 15 所示。其中点的竖向附加应力 σ_z 为

$$\sigma_z = \frac{3P_h}{2\pi} \cdot \frac{xz^2}{R^5} \tag{4-25}$$

式中 P_h——作用于坐标原点的水平集中力,kN;

   x,z——计算点的坐标,m;

   R——计算点至集中力作用点的距离,m。

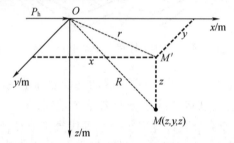

图 4 – 15   水平集中力作用下的附加应力示意图

4.4.2   矩形面积上各种分布荷载作用下的附加应力

任何建筑物都要通过一定尺寸的基础底面将荷载传给地基。矩形基础是最常用的基础形式,在不同分布形式的基底附加压力作用下,地基中的附加应力均可按等代荷载法原理通过积分方法求得。

1. 矩形面积上竖向均布荷载作用

设地基表面的矩形面积基础长度为 l,宽度为 b,其上作用有竖向均布荷载(基底附加压力)p_0,则可以先利用布辛奈斯克公式和等代荷载法求出矩形角点下的附加应力,再利用"角点法"求出任意点下的附加应力。

(1)角点下的附加应力

如图 4 – 16 所示,对受均布荷载作用的矩形面积的四个角点 O,A,C,D,其下同一深度处的竖向附加应力是大小相等的。以角点 O 为坐标原点建立图示的空间坐标系,在荷载面积内任一点 (x,y) 处取微面积 $dA = dxdy$,将微面积上的分布荷载以集中力 dP 代替,$dP = p_0dA = p_0dxdy$。则在 O 点以下深度 z 处的 M 点,由 dP 所引起的竖直向附加应力 $d\sigma_z$ 可利用式(4 –26)求得。

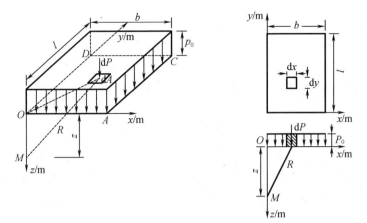

图4-16 矩形面积均布荷载作用时角点下点的应力示意图

$$d\sigma_z = \frac{3dP z^3}{2\pi R^5} = \frac{3p_0}{2\pi} \cdot \frac{z^3}{(x^2 + y^2 + z^2)^{\frac{5}{2}}} dx dy \qquad (4-26)$$

将上式对矩形 $OACD$ 的面积积分,即得矩形面积上均布荷载 p_0 作用下 M 点的附加应力 σ_z,即

$$\sigma_z = \int_0^l \int_0^b \frac{3p_0}{2\pi} \cdot \frac{z^3}{(x^2 + y^2 + z^2)^{\frac{5}{2}}} dx dy$$

$$= \frac{p_0}{2\pi} \left[\arctan \frac{m}{n\sqrt{1+m^2+n^2}} + \frac{mn}{\sqrt{1+m^2+n^2}} \left(\frac{1}{m^2+n^2} + \frac{1}{1+n^2} \right) \right] \qquad (4-27)$$

式中 p_0——在矩形面积上作用的竖向均布荷载,$m = l/b$,$n = z/b$,其中 l 为矩形的长边,b 为矩形的短边。

为计算方便,可将式(4-27)简写成

$$\sigma_z = K_c p_0 \qquad (4-28)$$

式中 K_c——矩形面积上竖向均布荷载作用时角点下的竖向附加应力系数(简称角点附加应力系数),见表4-3。

表4-3 矩形面积上竖向均布荷载作用时角点下的竖向附加应力系数 K_c

$n = z/b$	$m = l/b$										
	1.0	1.2	1.4	1.6	1.8	2.0	3.0	4.0	5.0	6.0	10.0
0.0	0.250 0	0.250 0	0.250 0	0.250 0	0.250 0	0.250 0	0.250 0	0.250 0	0.250 0	0.250 0	0.250 0
0.2	0.248 6	0.248 9	0.249 0	0.249 1	0.249 1	0.249 1	0.249 2	0.249 2	0.249 2	0.249 2	0.249 2
0.4	0.240 1	0.242 0	0.242 9	0.243 4	0.243 7	0.243 9	0.244 2	0.244 3	0.244 3	0.244 3	0.244 3
0.6	0.222 9	0.227 5	0.230 1	0.231 5	0.232 4	0.233 0	0.233 9	0.234 1	0.234 2	0.234 2	0.234 2
0.8	0.199 9	0.207 5	0.212 0	0.214 7	0.216 5	0.217 6	0.219 6	0.220 0	0.220 2	0.220 2	0.220 2
1.0	0.175 2	0.185 1	0.191 4	0.195 5	0.198 1	0.199 9	0.203 4	0.204 2	0.204 4	0.204 5	0.204 6
1.2	0.151 6	0.162 8	0.170 5	0.175 7	0.179 3	0.181 8	0.187 0	0.188 2	0.188 5	0.188 7	0.188 8

表 4-3(续)

$n = z/b$	$m = l/b$										
	1.0	1.2	1.4	1.6	1.8	2.0	3.0	4.0	5.0	6.0	10.0
1.4	0.130 5	0.142 3	0.150 8	0.156 9	0.161 3	0.164 4	0.171 2	0.173 0	0.173 5	0.173 8	0.174 0
1.6	0.112 3	0.124 1	0.132 9	0.139 6	0.144 5	0.148 2	0.156 6	0.159 0	0.159 8	0.160 1	0.160 4
1.8	0.096 9	0.108 3	0.117 2	0.124 0	0.129 4	0.133 4	0.143 4	0.146 3	0.147 4	0.147 8	0.148 2
2.0	0.084 0	0.094 7	0.103 4	0.110 3	0.115 8	0.120 2	0.131 4	0.135 0	0.136 3	0.136 8	0.137 4
2.2	0.073 2	0.083 2	0.091 5	0.098 3	0.103 9	0.108 4	0.120 5	0.124 8	0.126 4	0.127 1	0.127 7
2.4	0.064 2	0.073 4	0.081 3	0.087 9	0.093 4	0.097 9	0.110 8	0.115 6	0.117 5	0.118 4	0.119 2
2.6	0.056 6	0.065 1	0.072 5	0.078 8	0.084 2	0.088 6	0.102 0	0.107 3	0.109 6	0.110 6	0.111 6
2.8	0.050 2	0.058 0	0.064 9	0.070 9	0.076 0	0.080 5	0.094 1	0.099 9	0.102 4	0.103 6	0.104 8
3.0	0.044 7	0.051 9	0.058 3	0.064 0	0.068 9	0.073 2	0.087 0	0.093 1	0.095 9	0.097 3	0.098 7
3.2	0.040 1	0.046 7	0.052 6	0.057 9	0.062 7	0.066 8	0.080 6	0.087 0	0.090 1	0.091 6	0.093 2
3.4	0.036 1	0.042 1	0.047 7	0.052 7	0.057 1	0.061 1	0.074 9	0.081 7	0.084 7	0.086 4	0.088 2
3.6	0.032 6	0.038 2	0.043 3	0.048 0	0.052 3	0.056 1	0.069 4	0.076 3	0.079 8	0.081 6	0.083 7
3.8	0.029 6	0.034 8	0.039 5	0.043 9	0.047 9	0.051 6	0.064 6	0.071 7	0.075 3	0.077 3	0.079 6
4.0	0.027 0	0.031 8	0.036 2	0.040 3	0.044 1	0.047 5	0.060 3	0.067 4	0.071 2	0.073 4	0.075 8
4.2	0.024 7	0.029 1	0.033 2	0.037 1	0.040 7	0.043 9	0.056 3	0.063 4	0.067 4	0.069 6	0.072 4
4.4	0.022 7	0.026 8	0.030 6	0.034 2	0.037 6	0.040 7	0.052 6	0.059 8	0.063 9	0.066 2	0.069 2
4.6	0.020 9	0.024 7	0.028 3	0.031 7	0.034 8	0.037 8	0.049 3	0.056 4	0.060 6	0.063 0	0.066 3
4.8	0.019 3	0.022 8	0.026 2	0.029 4	0.032 4	0.035 2	0.046 3	0.053 3	0.057 5	0.060 1	0.063 5
5.0	0.017 9	0.021 2	0.024 3	0.027 3	0.030 1	0.032 8	0.043 5	0.050 4	0.054 7	0.057 3	0.061 0
6.0	0.012 7	0.015 1	0.017 4	0.019 6	0.021 7	0.023 8	0.032 5	0.038 8	0.043 1	0.046 0	0.050 6
7.0	0.009 4	0.011 2	0.013 0	0.014 7	0.016 4	0.018 0	0.025 1	0.030 6	0.034 7	0.037 6	0.042 8
8.0	0.007 3	0.008 7	0.010 1	0.011 4	0.012 7	0.014 0	0.019 8	0.024 6	0.028 3	0.031 2	0.036 7
9.0	0.005 8	0.006 9	0.008 0	0.009 1	0.010 2	0.011 2	0.016 1	0.020 2	0.023 5	0.026 2	0.031 9
10.0	0.004 7	0.005 6	0.006 5	0.007 4	0.008 3	0.009 2	0.013 2	0.016 8	0.019 8	0.022 2	0.027 9

（2）任意点下的附加应力——角点法

当计算点不在矩形荷载面积的角点下时,可以利用式(4-28)和应力叠加原理来计算地基中任意点的附加应力,这种方法称为角点法。角点法的基本步骤是:先在基底平面内作辅助线,将计算点的投影点转化为若干个矩形的公共角点,再利用角点附加应力公式计算各矩形荷载在计算点所引起的附加应力,然后进行代数迭加,即得到整个矩形面荷载在计算点所引起的附加应力。

对矩形基础,根据计算点的位置的不同,角点法的具体应用可分为如图4-17所示的四种情形。对应于这四种情形,在竖向均布荷载 p_0 作用下,M 点下深度为 z 处的附加应力分别按式(4-29)~式(4-32)计算,即

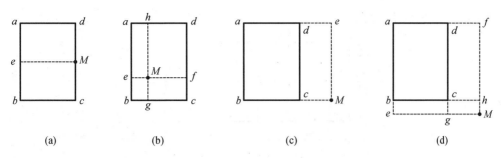

图 4 – 17　角点法计算简图

(a)M 在矩形的边上；(b)M 在矩形内部；(c)M 在矩形边外；(d)M 在矩形的角点外

$$情形（a）：\sigma_z = (K_{c,Mead} + K_{c,Mebc})p_0 \tag{4-29}$$

$$情形（b）：\sigma_z = (K_{c,Meah} + K_{c,Mebg} + K_{c,Mhdf} + K_{c,Mgcf})p_0 \tag{4-30}$$

$$情形（c）：\sigma_z = (K_{c,Meab} - K_{c,Medc})p_0 \tag{4-31}$$

$$情形（d）：\sigma_z = (K_{c,Meaf} - K_{c,Mebh} - K_{c,Mgdf} + K_{c,Mgch})p_0 \tag{4-32}$$

式中　p_0——基础底面面积 $abcd$ 上竖向均布荷载；

　　　$K_{c,Mead}$——矩形 $Mead$ 的角点附加应力系数，按矩形 $Mead$ 的 m,n 查表 4 – 3。查表时，b 恒指矩形的短边，l 恒指长边。其余系数的意义同理。

如图 4 – 17(b) 所示，若 M 为基础的中心点 O（见图 4 – 18），则得竖向均布荷载作用下矩形面积中心点下的附加应力计算公式为

$$\sigma_{z0} = 4K_{c,I}p_0 \tag{4-33}$$

式中　$K_{c,I}$——矩形 I 的角点附加应力系数。

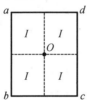

图 4 – 18　矩形基础中心点的附加应力示意图

实际工程中，当基础底面为若干矩形组成的不规则形状时，仍可利用角点法原理计算任意点下的附加应力。如图 4 – 19 所示，在竖向均布荷载作用下 M 点下深度 z 处的附加应力为

$$\sigma_z = (K_{c,Miaf} + K_{c,Mibg} + K_{c,Mgch} - K_{c,Medh})p_0$$

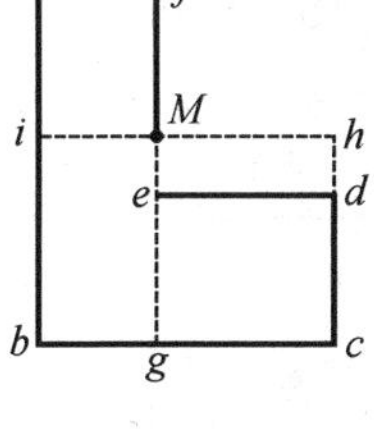

图 4 – 19　不规则形状面荷载作用时的角点法示意图

例 2　如图 4 – 20 所示，某矩形基础底面 $ABCD$，$l = 2$ m，$b = 1$ m，均布的基底附加压力为 $p_0 = 100$ kPa。试分别计算基础的角点 A，边点 E，中心点 O 以及基底外 F 和 G 点等各点

下深度 $z = 1$ m 处的附加应力。

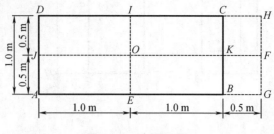

图 4-20 例题 2 图

解 角点 A 下的附加应力。按 $m = l/b = 2, n = z/b = 1$,查表 4-3 得矩形 $ABCD$ 的角点附加应力系数 $K_c = 0.1999$,则

$$\sigma_{zA} = K_c p_0 = 0.1999 \times 100 = 19.99 \text{ kPa}$$

边点 E 下的附加应力。如图 4-20 所示,通过 E 点作辅助线 EI,将矩形面积 $ABCD$ 分为两个相等的矩形 $AEID$ 和 $EBCI$。按 $m = l/b = 1, n = z/b = 1$,查表 4-3 得矩形 $AEID$ 的角点附加应力系数 $K_c = 0.1752$,则

$$\sigma_{zE} = 2K_c p_0 = 2 \times 0.1752 \times 100 = 35.04 \text{ kPa}$$

中心点 O 下的附加应力。通过 O 点作辅助线将矩形面积 $ABCD$ 分为四个相等的矩形 $AEOJ, JOID, OKCI$ 和 $EBKO$。按 $m = l/b = 2, n = z/b = 2$,查表 4-3 得矩形 $AEOJ$ 的角点附加应力系数 $K_c = 0.1202$,则

$$\sigma_{zO} = 4K_c p_0 = 4 \times 0.1202 \times 100 = 48.08 \text{ kPa}$$

F, G 点下的附加应力。过 F 点作辅助线得两组对称矩形 $AGFJ$ 和 $JFHD$,$BGFK$ 和 $KFHC$。查表 4-3 分别得:$K_{c1} = 0.1363, K_{c1} = 0.0840$,则

$$\sigma_{zF} = 2(K_{c1} - K_{c2})p_0 = 2 \times (0.1363 - 0.0840) \times 100 = 10.46 \text{ kPa}$$

通过 G 点作矩形 $AGHD$ 和 $BGHC$,查表 4-3 分别得:$K_{c1} = 0.2016, K_{c1} = 0.1202$,则

$$\sigma_{zF} = 2(K_{c1} - K_{c2})p_0 = 2 \times (0.2016 - 0.1202) \times 100 = 8.14 \text{ kPa}$$

从计算结果可以看出:①矩形面积受竖向均布荷载作用时,不仅在受荷面积垂直下方的土中产生附加应力,还会在荷载面积以外的土中也产生附加应力;②在地基中同一深度处,矩形面积中心点处附加应力最大,离受荷面积中心点越远的点,σ_z 值越小;③在矩形中心点下,随着深度的增加,附加应力逐渐减小;④在矩形面积以外的点下,附加应力从 0 开始,先随深度的增加而增大,然后再逐渐减小。例题 2 的计算结果进一步表明了土中附加应力的扩散规律。

例 3 三个基底尺寸和所受荷载完全相同的相邻矩形基础,如图 4-21 所示,基础净间距为 2 m,基底以上回填土的重度 $\gamma_0 = 18$ kN/m³。试求基础甲的中心 O 点下深度 2 m 处的地基附加应力。

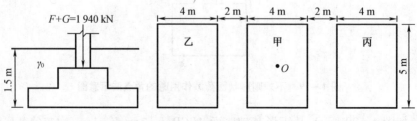

图 4-21 例题 3 图

解　基础的基底附加压力为

$$p_0 = p - \sigma_c = \frac{F+G}{lb} - r_0 d = \frac{1\,940}{5 \times 4} - 18 \times 1.5 = 70 \text{ kPa}$$

基础甲的基底附加压力在 O 点下 2 m 深处产生的附加应力，按 $m = l/b = 1.25$, $n = z/b = 1$，查表 4 – 3 得 $K_c = 0.186\,6$，则

$$\sigma_{z0\text{甲}} = 4K_c p_0 = 4 \times 0.186\,6 \times 70 = 52.3 \text{ kPa}$$

基础乙、丙相对于 O 点是对称的，其基底附加压力在 O 点下产生的附加应力相同。对于基础乙，O 点在其基础底面外侧，采用角点法，如图 4 – 22 所示，经计算查表 4 – 3 得 $K_{c1} = 0.219\,7$，$K_{c2} = 0.214\,7$，故

$$\sigma_{z0\text{乙}} = \sigma_{z0\text{丙}} = 2(K_{c1} - K_{c2})p_0 = 2 \times (0.219\,7 - 0.214\,7) \times 70 = 0.7 \text{ kPa}$$

O 点下 2 m 深处总的附加应力为

$$\sigma_{z0} = \sigma_{z0\text{甲}} + \sigma_{z0\text{乙}} + \sigma_{z0\text{丙}} = 52.3 + 2 \times 0.7 = 53.7 \text{ kPa}$$

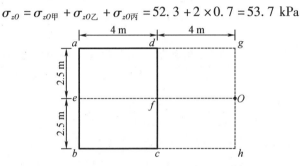

图 4 – 22　基础乙对 O 点下附加应力的影响示意图

2. 矩形面积上竖向三角形荷载作用

如图 4 – 23 所示，在矩形面积上作用有竖向三角形分布荷载，最大荷载强度为 p_0。规定矩形的零荷载边的两角点用点 1 表示，最大荷载边的两角点用点 2 表示。以角点 1 为坐标原点 O 建立图示的空间坐标系，在矩形面积内任一点 (x,y) 处取微面积 $dA = dxdy$，微面积上的分布荷载用集中力 $dP = (p_0 x/b)dxdy$ 代替，则 dP 在 O 点下任意深度 z 处的 M 点引起的竖向附加应力利用式（4 – 16）求得，为

$$d\sigma_z = \frac{3p_0}{2\pi b} \cdot \frac{xz^3}{(x^2+y^2+z^2)^{\frac{5}{2}}}dxdy$$

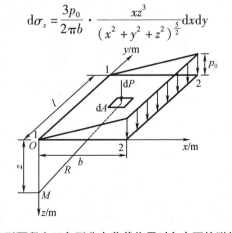

图 4 – 23　矩形面积上三角形分布荷载作用时角点下的附加应力示意图

将 $\mathrm{d}\sigma_z$ 沿矩形面积积分,即得整个矩形面积上竖向三角形荷载作用下角点 1 下任意深度 z 处的竖向附加应力 σ_z,为

$$\sigma_z = \frac{mn}{2\pi}\left[\frac{1}{\sqrt{m^2+n^2}} - \frac{n^2}{(1+n^2)\sqrt{1+m^2+n^2}}\right]p_0 = K_{t1}p_0 \qquad (4-34)$$

式中 $m = \dfrac{l}{b}, n = \dfrac{z}{b}$。

若以角点 2 为坐标原点建立坐标系,同理可得到矩形面积上竖向三角形荷载作用下角点 2 下任意深度 z 处的竖向附加应力 σ_z 为

$$\sigma_z = (K_c - K_{t1})p_0 = K_{t2}p_0 \qquad (4-35)$$

K_{t1} 和 K_{t2} 分别为矩形面积上竖向三角形分布荷载作用下角点 1,2 下的附加应力系数,其值可根据 m 和 n 由表 4-4 和表 4-5 查得。应特别注意的是,表中 b 是指荷载呈三角形分布的矩形边的长度(但在实际工程设计计算时,该方向一般是长边)。

表 4-4　矩形面积上竖向三角形荷载作用下的角点竖向附加应力系数 K_{t1}

$n=z/b$	$m=l/b$							
	0.2	0.4	0.6	0.8	1.0	1.2	1.4	1.6
0.0	0.000 0	0.000 0	0.000 0	0.000 0	0.000 0	0.000 0	0.000 0	0.000 0
0.2	0.022 3	0.028 0	0.029 6	0.030 1	0.030 4	0.030 5	0.030 5	0.030 6
0.4	0.026 9	0.042 0	0.048 7	0.051 7	0.053 1	0.053 9	0.054 3	0.054 5
0.6	0.025 9	0.044 8	0.056 0	0.062 1	0.065 4	0.067 3	0.068 3	0.069 0
0.8	0.023 2	0.042 1	0.055 3	0.063 7	0.068 8	0.072 0	0.073 9	0.075 1
1.0	0.020 1	0.037 5	0.050 8	0.060 2	0.066 6	0.070 8	0.073 5	0.075 3
1.2	0.017 1	0.032 4	0.045 0	0.054 6	0.061 5	0.066 4	0.069 8	0.072 1
1.4	0.014 5	0.027 8	0.039 2	0.048 3	0.055 4	0.060 6	0.064 4	0.067 2
1.6	0.012 3	0.023 8	0.033 9	0.042 4	0.049 2	0.054 5	0.058 6	0.061 6
1.8	0.010 5	0.020 4	0.029 4	0.037 1	0.043 5	0.048 7	0.052 8	0.056 0
2.0	0.009 0	0.017 6	0.025 5	0.032 4	0.038 4	0.043 4	0.047 4	0.050 7
2.5	0.006 3	0.012 5	0.018 3	0.023 6	0.028 4	0.032 5	0.036 2	0.039 3
3.0	0.004 6	0.009 2	0.013 5	0.017 6	0.021 4	0.024 9	0.028 0	0.030 7
5.0	0.001 8	0.003 6	0.005 4	0.007 1	0.008 8	0.010 4	0.012 0	0.013 4
7.0	0.000 9	0.001 9	0.002 8	0.003 8	0.004 7	0.005 6	0.006 4	0.007 3
10.0	0.000 5	0.000 9	0.001 4	0.001 9	0.002 3	0.002 8	0.003 2	0.003 7

表 4-5　矩形面积上竖向三角形荷载作用下的角点附加应力系数 K_{t2}

$n=z/b$	$m=l/b$							
	1.8	2.0	3.0	4.0	5.0	6.0	8.0	10.0
0.0	0.000 0	0.000 0	0.000 0	0.000 0	0.000 0	0.000 0	0.000 0	0.000 0
0.2	0.030 6	0.030 6	0.030 6	0.030 6	0.030 6	0.030 6	0.030 6	0.030 6
0.4	0.054 6	0.054 7	0.054 8	0.054 9	0.054 9	0.054 9	0.054 9	0.054 9

表 4 − 5（续）

$n = z/b$	$m = l/b$							
	1.8	2.0	3.0	4.0	5.0	6.0	8.0	10.0
0.6	0.069 4	0.069 6	0.070 1	0.070 2	0.070 2	0.070 2	0.070 2	0.070 2
0.8	0.075 9	0.076 4	0.077 3	0.077 5	0.077 6	0.077 6	0.077 6	0.077 6
1.0	0.076 6	0.077 4	0.079 0	0.079 4	0.079 5	0.079 5	0.079 6	0.079 6
1.2	0.073 8	0.074 9	0.077 4	0.077 9	0.078 1	0.078 2	0.078 2	0.078 3
1.4	0.069 2	0.070 7	0.073 9	0.074 8	0.075 1	0.075 2	0.075 2	0.075 3
1.6	0.063 9	0.065 6	0.069 7	0.070 8	0.071 2	0.071 4	0.071 5	0.071 5
1.8	0.058 5	0.060 4	0.065 2	0.066 6	0.067 1	0.067 3	0.067 5	0.067 5
2.0	0.053 3	0.055 3	0.060 7	0.062 4	0.063 1	0.063 4	0.063 6	0.063 6
2.5	0.041 9	0.044 0	0.050 4	0.052 9	0.053 9	0.054 3	0.054 7	0.054 8
3.0	0.033 1	0.035 2	0.041 9	0.044 9	0.046 2	0.046 9	0.047 4	0.047 6
5.0	0.014 8	0.016 1	0.021 4	0.024 8	0.027 0	0.028 3	0.029 6	0.030 1
7.0	0.008 1	0.008 9	0.012 4	0.015 2	0.017 2	0.018 6	0.020 4	0.021 2
10.0	0.004 1	0.004 6	0.006 6	0.008 4	0.009 8	0.011 1	0.012 8	0.013 9

若要计算竖向三角形分布荷载作用下矩形中心点下的附加应力,则可按如图 4 − 24 所示的形式,将三角形分布荷载分解为两个三角形分布荷载与一个均匀分布荷载的叠加,则中心点 O 下的附加应力即为三个分布荷载在 O 点产生的附加应力的叠加,为

$$\sigma_z = 2(K_{t2,I} + K_{t1,II} + K_{c,II})\frac{p_0}{2} = 2(K_{c,I} - K_{t1,I} + K_{t1,II} + K_{c,II})\frac{p_0}{2} = 2K_{c,t}p_0$$

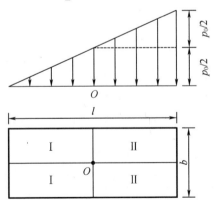

图 4 − 24 矩形面积上三角形分布荷载作用时中心点下的附加应力示意图

3. 矩形面积上竖向梯形荷载作用

如图 4 − 25 所示,若矩形面积上的竖向荷载呈梯形分布,最大、最小荷载强度分别为 p_{0max},p_{0min},则可将此梯形荷载分解为三角形分布荷载与均布荷载的共同作用,分别计算这两种分布荷载产生的地基附加应力,然后叠加,叠加后的结果即为梯形分布荷载产生的附

加应力。

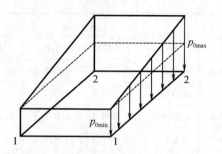

图 4-25 矩形面积上竖向梯形荷载作用下的附加应力计算示意图

4. 矩形面积上水平均布荷载作用

当矩形面积上作用有水平方向的均布荷载时(见图 4-26),可利用公式(4-25)对矩形面积积分,求出矩形的角点下任意深度 z 处的附加应力 σ_z。在地表下同一深度 z 处,四个角点下的附加应力 σ_z 绝对值相同,但应力符号有正负之分,c,a 点下取负值,b,d 点下取正值。即

$$\sigma_z = \pm \frac{m}{2\pi}\left[\frac{1}{\sqrt{m^2+n^2}} - \frac{n^2}{(1+n^2)\sqrt{1+m^2+n^2}}\right]p_h = \pm K_h p_h \qquad (4-36)$$

式中 $m = \dfrac{l}{b}, n = \dfrac{z}{b}$,其中 l 和 b 分别为垂直和平行于水平荷载作用方向的边长;

K_h——矩形面积上水平均布荷载作用时角点下的附加应力系数,可按表 4-6 查得。

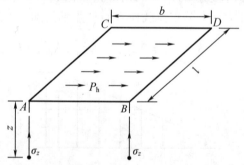

图 4-26 矩形面积上水平均布荷载作用时角点下的附加应力示意图

表 4-6 矩形面积上水平均布荷载作用时角点下的附加应力系数 K_h

$n = z/b$	$m = l/b$										
	1.0	1.2	1.4	1.6	1.8	2.0	3.0	4.0	5.0	6.0	10.0
0.0	0.159 2	0.159 2	0.159 2	0.159 2	0.159 2	0.159 2	0.159 2	0.159 2	0.159 2	0.159 2	0.159 2
0.2	0.151 8	0.152 3	0.152 6	0.152 8	0.152 9	0.152 9	0.153 0	0.153 0	0.153 0	0.153 0	0.153 0
0.4	0.132 8	0.134 7	0.135 6	0.136 2	0.136 5	0.136 7	0.137 1	0.137 2	0.137 2	0.137 2	0.137 2
0.6	0.109 1	0.112 1	0.113 9	0.115 0	0.115 6	0.116 0	0.116 8	0.116 9	0.117 0	0.117 0	0.117 0

表 4-6(续)

$n = z/b$	$m = l/b$										
	1.0	1.2	1.4	1.6	1.8	2.0	3.0	4.0	5.0	6.0	10.0
0.8	0.086 1	0.090 0	0.092 4	0.093 9	0.094 8	0.095 5	0.096 7	0.096 9	0.097 0	0.097 0	0.097 0
1.0	0.066 6	0.070 8	0.073 5	0.075 3	0.076 6	0.077 4	0.079 0	0.079 4	0.079 5	0.079 5	0.079 6
1.2	0.051 2	0.055 3	0.058 1	0.060 1	0.061 5	0.062 4	0.064 5	0.064 9	0.065 1	0.065 2	0.065 2
1.4	0.039 5	0.043 3	0.046 0	0.048 0	0.049 4	0.050 5	0.052 8	0.053 4	0.053 6	0.053 7	0.053 8
1.6	0.030 8	0.034 1	0.036 6	0.038 5	0.040 0	0.041 0	0.043 6	0.044 3	0.044 5	0.044 6	0.044 7
1.8	0.024 2	0.027 0	0.029 3	0.031 1	0.032 5	0.033 6	0.036 2	0.037 0	0.037 3	0.037 4	0.037 5
2.0	0.019 2	0.021 7	0.023 7	0.025 3	0.026 6	0.027 7	0.030 3	0.031 2	0.031 5	0.031 7	0.031 8
2.5	0.011 3	0.013 0	0.014 5	0.015 7	0.016 7	0.017 5	0.020 2	0.021 1	0.021 6	0.021 7	0.021 9
3.0	0.007 1	0.008 3	0.009 3	0.010 2	0.011 0	0.011 7	0.014 0	0.015 0	0.015 4	0.015 6	0.015 9
5.0	0.001 8	0.002 1	0.002 4	0.002 7	0.003 0	0.003 2	0.004 3	0.005 0	0.005 4	0.005 7	0.006 0
7.0	0.000 7	0.000 8	0.000 9	0.001 0	0.001 2	0.001 3	0.001 8	0.002 2	0.002 5	0.002 7	0.003 0
10.0	0.000 2	0.000 3	0.000 3	0.000 4	0.000 4	0.000 5	0.000 7	0.000 8	0.001 0	0.001 1	0.001 4

同样,利用角点法原理,可以计算水平均布荷载作用时矩形面积内、外任意点下的附加应力。

4.4.3 条形荷载作用下的附加应力

当一定宽度的无限长条形面积上承受在各个截面上分布都相同的荷载时,土中的应力状态即为平面应力状态,即垂直于长度方向的任一截面内附加应力的大小及分布规律都是相同的,而与所取截面的位置无关。实际工程中当然没有无限长的条形荷载面积,但研究表明,当截面长度方向上荷载延伸长度超过截面宽度五倍时,该截面内的应力分布与无限长条形荷载时的土中应力相差甚少。因此像墙基、路基、挡墙及堤坝等条形基础和构筑物,通常均可按平面应变问题计算地基中的附加应力。

1. 无限长均布线荷载作用

如图 4-27 所示,当地表面作用有无限长均布线荷载 $\bar{p}$ 时,地基中任意点 M 处的附加应力分量只有 σ_z、σ_x 和 τ_{xz}。按等代荷载法原理,沿线荷载分布方向取微段 dy,微段上的线荷载用集中力 $\bar{p}dy$ 近似代替,$\bar{p}dy$ 在 M 点引起的附加应力 $d\sigma_z$ 按式(4-16)计算,积分便可得到无限长均布线荷载在地基中 M 点引起的附加应力,即

$$\sigma_z = \int_{-\infty}^{+\infty} \frac{3\bar{p}z^3}{2\pi(x^2 + y^2 + z^2)^{\frac{5}{2}}} dy = \frac{2\bar{p}z^3}{\pi(x^2 + z^2)^2} \tag{4-37}$$

同理可推得

$$\sigma_x = \frac{2\bar{p}x^2 z}{\pi(x^2 + z^2)^2} \tag{4-38}$$

$$\tau_{xz} = \tau_{zx} = \frac{2\bar{p}xz^2}{\pi(x^2 + z^2)^2} \tag{4-39}$$

式中 x,z——点 M 至荷载所在的竖直面和地基表面的距离,m。

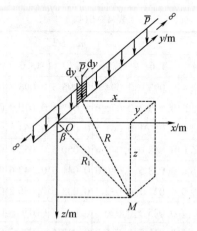

图4-27 均布线荷载作用下的地基附加应力示意图

上述均布线荷载作用下的地基附加应力解首先由法国学者弗拉曼（A. Flamant）于1892年解出，故又称弗拉曼解。

此外，按广义虎克定律和 $\varepsilon_y = 0$ 的条件，有

$$\sigma_y = \mu(\sigma_x + \sigma_z)$$

虽然在实际工程中线荷载是不存在的，但可以将它看成是条形面积在宽度趋于零时的特殊情况。且以弗拉曼解为基础，利用等代荷载法原理可以推导出条形面积上各种分布荷载作用时的附加应力计算公式。

2. 条形面积上均布荷载作用

如图4-28所示，当地基表面作用有宽度为 b 的条形均布荷载 p_0 时，在条形荷载的宽度方向上取微宽度 $\mathrm{d}\xi$，将其上作用的微宽度条形荷载用线荷载 $\mathrm{d}\overline{p} = p_0\mathrm{d}\xi$ 代替，由式（4-33），$\mathrm{d}\overline{p}$ 在地基内任意点 M 引起的竖向附加应力 $\mathrm{d}\sigma_z$ 为

$$\mathrm{d}\sigma_z = \frac{2z^3 p_0}{\pi\left[(x-\xi)^2 + z^2\right]^2}\mathrm{d}\xi \tag{4-40}$$

将上式沿宽度 b 积分，即可得条形荷载在 M 点引起的附加应力 σ_z 为

$$
\begin{aligned}
\sigma_z &= \int_0^b \frac{2z^3 p_0}{\pi\left[(x-\xi)^2 + z^2\right]^2}\mathrm{d}\xi \\
&= \frac{p_0}{\pi}\left[\arctan\frac{m}{n} - \arctan\frac{m-1}{n} + \frac{mn}{m^2 + n^2} - \frac{n(m-1)}{n^2 + (m-1)^2}\right] = K_{sz}p_0
\end{aligned}
\tag{4-41}
$$

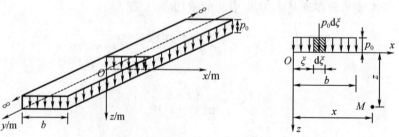

图4-28 均布条形荷载作用下的地基附加应力示意图

同理可求得条形均布荷载作用下地基内 M 点的水平方向附加应力 σ_x 和剪应力 τ_{xz} 为

$$\sigma_x = \frac{p_0}{\pi}\left[\arctan\frac{m}{n} - \arctan\frac{m-1}{n} - \frac{mn}{m^2+n^2} + \frac{n(m-1)}{n^2+(m-1)^2} \right] = K_{sx}p_0 \quad (4-42)$$

$$\tau_{xz} = \frac{p_0 n^2}{\pi}\left[\frac{1}{n^2+(m-1)^2} - \frac{1}{m^2+n^2} \right] = K_{sxz}p_0 \quad (4-43)$$

式中 K_{sz}, K_{sx}, K_{sxz} ——条形面积上均布荷载作用时的竖直方向附加应力系数、水平方向附加应力系数和剪应力系数。

其值可按 $m = x/b$ 和 $n = z/b$ 分别由表 4 – 7、表 4 – 8 和表 4 – 9 查得，b 为条形荷载的分布宽度。

表 4 – 7　条形面积上均布荷载作用时的附加应力系数 K_{sz}

$n=z/b$	$m=x/b$									
	-1.00	-0.50	-0.25	0.00	0.25	0.50	0.75	1.00	1.25	1.50
0.01	0.000 0	0.000 0	0.000 0	0.500 0	1.000 0	1.000 0	1.000 0	0.500 0	0.000 0	0.000 0
0.10	0.000 2	0.001 6	0.011 2	0.499 8	0.988 2	0.996 8	0.988 2	0.499 8	0.011 2	0.001 6
0.20	0.001 4	0.010 9	0.058 7	0.498 4	0.936 8	0.977 3	0.936 8	0.498 4	0.058 7	0.010 9
0.40	0.009 7	0.055 8	0.172 9	0.488 6	0.797 1	0.881 0	0.797 1	0.488 6	0.172 9	0.055 8
0.50	0.017 2	0.083 9	0.213 7	0.479 7	0.734 7	0.818 3	0.734 7	0.479 7	0.213 7	0.083 9
0.60	0.026 4	0.111 0	0.243 1	0.468 4	0.679 2	0.755 4	0.679 2	0.468 4	0.243 1	0.111 0
0.80	0.048 1	0.155 3	0.276 3	0.440 5	0.585 6	0.641 7	0.585 6	0.440 5	0.276 3	0.155 3
1.00	0.070 6	0.184 8	0.287 6	0.409 2	0.510 5	0.549 8	0.510 5	0.409 2	0.287 6	0.184 8
1.20	0.090 7	0.201 8	0.286 6	0.377 7	0.449 8	0.477 4	0.449 8	0.377 7	0.286 6	0.201 8
1.40	0.107 2	0.209 7	0.278 8	0.348 0	0.400 4	0.420 0	0.400 4	0.348 0	0.278 8	0.209 7
2.00	0.134 2	0.204 7	0.242 1	0.274 9	0.297 6	0.305 8	0.297 6	0.274 9	0.242 1	0.204 7

表 4 – 8　条形面积上均布荷载作用时的附加应力系数 K_{sx}

$n=z/b$	$m=x/b$									
	-1.00	-0.50	-0.25	0.00	0.25	0.50	0.75	1.00	1.25	1.50
0.01	0.003 2	0.008 5	0.020 3	0.493 6	0.966 1	0.974 5	0.966 1	0.493 6	0.020 3	0.008 5
0.10	0.031 5	0.081 7	0.180 2	0.436 8	0.685 2	0.751 9	0.685 2	0.436 8	0.180 2	0.081 7
0.20	0.060 8	0.147 0	0.269 9	0.376 0	0.467 8	0.538 2	0.467 8	0.376 0	0.269 9	0.147 0
0.40	0.106 8	0.207 9	0.274 3	0.269 1	0.246 6	0.259 9	0.246 6	0.269 1	0.274 3	0.207 9
0.50	0.122 0	0.211 2	0.248 9	0.225 1	0.186 2	0.181 7	0.186 2	0.225 1	0.248 9	0.211 2
0.60	0.132 1	0.204 5	0.220 7	0.187 5	0.142 6	0.129 2	0.142 6	0.187 5	0.220 7	0.204 5
0.80	0.139 2	0.177 1	0.168 5	0.130 0	0.086 7	0.069 5	0.086 7	0.130 0	0.168 5	0.177 1
1.00	0.134 2	0.145 7	0.126 9	0.090 8	0.055 1	0.040 5	0.055 1	0.090 8	0.126 9	0.145 7
1.20	0.123 0	0.117 3	0.095 6	0.064 6	0.036 6	0.025 3	0.036 6	0.064 6	0.095 6	0.117 3
1.40	0.109 2	0.093 8	0.072 7	0.046 9	0.025 2	0.016 7	0.025 2	0.046 9	0.072 7	0.093 8
2.00	0.070 6	0.049 0	0.034 3	0.020 3	0.010 0	0.006 2	0.010 0	0.020 3	0.034 3	0.049 0

表 4 – 9　条形面积上均布荷载作用时的附加应力系数 K_{sxz}

$n = z/b$	$m = x/b$									
	− 1.00	− 0.50	− 0.25	0.00	0.25	0.50	0.75	1.00	1.25	1.50
0.01	0.000 0	− 0.000 1	− 0.000 5	− 0.318 3	− 0.000 5	0.000 0	0.000 5	0.318 3	0.000 5	0.000 1
0.10	− 0.002 4	− 0.010 8	− 0.041 9	− 0.315 2	− 0.038 3	0.000 0	0.038 3	0.315 2	0.041 9	0.010 8
0.20	− 0.009 1	− 0.038 3	− 0.116 3	− 0.306 1	− 0.103 1	0.000 0	0.103 1	0.306 1	0.116 3	0.038 3
0.40	− 0.031 7	− 0.103 1	− 0.199 3	− 0.274 4	− 0.158 4	0.000 0	0.158 4	0.274 4	0.199 3	0.103 1
0.50	− 0.044 9	− 0.127 3	− 0.210 7	− 0.254 6	− 0.156 7	0.000 0	0.156 7	0.254 6	0.210 7	0.127 3
0.60	− 0.058 0	− 0.144 0	− 0.211 6	− 0.234 1	− 0.147 0	0.000 0	0.147 0	0.234 1	0.211 6	0.144 0
0.80	− 0.080 3	− 0.158 4	− 0.197 5	− 0.194 1	− 0.120 6	0.000 0	0.120 6	0.194 1	0.197 5	0.158 4
1.00	− 0.095 5	− 0.156 7	− 0.175 4	− 0.159 2	− 0.095 9	0.000 0	0.095 9	0.159 2	0.175 4	0.156 7
1.20	− 0.103 6	− 0.147 0	− 0.152 4	− 0.130 5	− 0.076 2	0.000 0	0.076 2	0.130 5	0.152 4	0.147 0
1.40	− 0.106 1	− 0.134 1	− 0.131 4	− 0.107 5	− 0.061 1	0.000 0	0.061 1	0.107 5	0.131 4	0.134 1
2.00	− 0.095 5	− 0.095 9	− 0.084 5	− 0.063 7	− 0.034 3	0.000 0	0.034 3	0.063 7	0.084 5	0.095 9

如图 4 – 29 所示,绘出了均布条形荷载下附加应力 σ_z,σ_x 和 τ_{xz} 的等值线图。比较条形荷载和方形荷载下的竖向附加应力 σ_z 等值线[见图 4 – 29(a)和图 4 – 29(b)]不难发现,条形荷载下 σ_z 的影响深度要比方形荷载下的小得多。由条形荷载下的 σ_x 等值线[见图 4 – 29(c)]可以看出,σ_x 的影响范围较浅,故地基土的侧向变形主要发生于基础下浅层;由条形荷载下 τ_{xz} 的等值线[见图 4 – 29(d)]可见,τ_{xz} 的最大值出现于荷载作用区的边缘,因此位于基础边缘下的地基容易最先发生剪切滑动而出现塑性变形区。

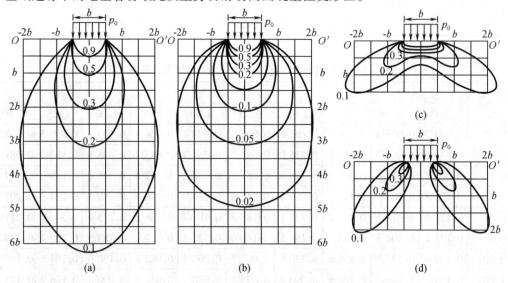

图 4 – 29　地基附加应力等值线图

(a)等 σ_z 线(条形荷载);(b)等 σ_z 线(方形荷载);(c)等 σ_x 线(条形荷载);(d)等 τ_{xz} 线(条形荷载)

4.4.4 圆形面积上竖向均布荷载作用下的附加应力

如图 4-30 所示,设作用在地表圆形面积上的竖向均布荷载为 p_0,圆的半径为 r,则圆心 O 点下任意深度 z 处的附加应力仍可通过布辛奈斯克公式在圆面积内积分求得。以圆心 O 作为柱坐标原点,在圆面积内任意点 (ρ, θ) 处取微面积 $\mathrm{d}A = \rho\mathrm{d}\rho\mathrm{d}\theta$,将微面积上的分布荷载用集中力 $\mathrm{d}P = p_0\mathrm{d}A = p_0\rho\mathrm{d}\rho\mathrm{d}\theta$ 代替,$\mathrm{d}P$ 作用点与 M 点的距离为 $R = \sqrt{\rho^2 + z^2}$,则由式 (4-16) 得 $\mathrm{d}P$ 在 M 点引起的附加应力 $\mathrm{d}\sigma_z$ 为

$$\mathrm{d}\sigma_z = \frac{3p_0z^3\rho}{2\pi(\rho^2 + z^2)^{\frac{5}{2}}}\mathrm{d}\rho\mathrm{d}\theta$$

将上式在圆形面积上积分,便得到均布荷载在圆心 O 下任意点 M 处引起的竖向附加应力为

$$\sigma_z = \int_0^{2\pi}\int_0^r \frac{3p_0z^3\rho}{2\pi(\rho^2 + z^2)^{\frac{5}{2}}}\mathrm{d}\rho\mathrm{d}\theta = \left[1 - \frac{1}{\left(1 + \frac{r^2}{z^2}\right)^{\frac{3}{2}}}\right]p_0 = K_r p_0 \qquad (4-44)$$

式中 K_r——圆形面积上均布荷载作用时圆心下的竖向附加应力系数,可由表 4-10 查得。

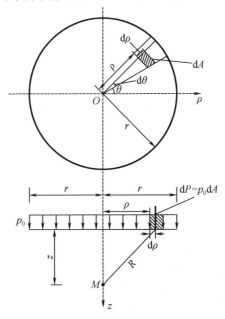

图 4-30 圆形均布荷载中心点下的附加应力示意图

表 4-10 圆形面积上均布荷载作用时圆心下的附加应力系数 K_r

z/r	K_r	z/r	K_r	z/r	K_r	z/r	K_r	z/r	K_r	z/r	K_r
0.0	1.000 0	0.8	0.756 2	1.6	0.390 2	2.4	0.213 5	3.2	0.130 4	4.0	0.086 9
0.1	0.999 0	0.9	0.700 6	1.7	0.359 6	2.5	0.199 6	3.3	0.123 5	4.2	0.079 4
0.2	0.992 5	1.0	0.646 4	1.8	0.332 0	2.6	0.186 9	3.4	0.117 0	4.4	0.072 8
0.3	0.976 3	1.1	0.594 9	1.9	0.307 0	2.7	0.175 4	3.5	0.111 0	4.6	0.066 9

表4-10(续)

z/r	K_r	z/r	K_r	z/r	K_r	z/r	K_r	z/r	K_r	z/r	K_r
0.4	0.948 8	1.2	0.546 6	2.0	0.284 5	2.8	0.164 8	3.6	0.105 5	4.8	0.061 7
0.5	0.910 6	1.3	0.502 0	2.1	0.264 0	2.9	0.155 1	3.7	0.100 4	5.0	0.057 1
0.6	0.863 8	1.4	0.461 2	2.2	0.245 5	3.0	0.146 2	3.8	0.095 6	6.0	0.040 3
0.7	0.811 4	1.5	0.424 0	2.3	0.228 7	3.1	0.138 0	3.9	0.091 1	10.0	0.014 8

4.5　非均质地基中的附加应力

前面介绍的地基附加应力计算都是以弹性理论为基础的,适用于地基土为均质且各向同性的情况。但是实际工程中,有些地基土的变形模量随深度增加而增大,有的地基土具有明显的层状构造,有的则是由不同压缩性土层组成的成层土等。对于这些明显的非均质或各向异性地基土中的附加应力问题,若仍按前文所述的弹性理论和公式来计算,可能会出现较大的误差。

从大量的工程实践来看,以地基内某一深度处的竖向正应力为例,与按弹性理论计算的结果相比,非均质和各向异性的影响一般有两种结果:一种是发生应力集中的现象;另一种则是发生应力扩散的现象,如图4-31所示。

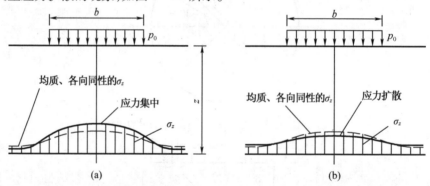

图4-31　非均质和各向异性对地基附加应力 σ_z 的影响示意图
(a)应力集中现象;(b)应力扩散现象

4.5.1　双层地基

天然形成的双层地基可能有两种:一种为上软下硬的情况,即持力层为松软土体,而下卧层为坚硬的土体或岩体;另一种是上硬下软的情况,即持力层为坚硬的土层或岩层,下卧层则为相对软弱的土层。

如图4-32所示为均布荷载的中心点 O 下的竖向附加应力分布,曲线1为均质地基中的附加应力分布图,曲线2为上层软弱、下层坚硬时的附加应力分布图,曲线3则表示上层坚硬、下层软弱时的附加应力分布图。由此可见,与均质土情况相比,在荷载作用的中心线下,上软下硬的双层地基中发生应力集中现象,而上硬下软的双层地基中发生应力扩散现象。

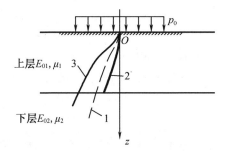

图4-32 双层地基在荷载中心线下的竖向附加应力分布

1—均质地基中的附加应力分布;2—上层软弱、下层坚硬时的附加应力分布;3—上层坚硬、下层软弱时的附加应力分布

1. 上软下硬的双层地基

在上软下硬的双层地基中,应力集中的程度与下卧坚硬土(岩)层的埋藏深度有关,坚硬土(岩)层埋藏越浅,应力集中的现象越显著。在上软下硬的双层地基中,应力集中的程度与双层地基的变形模量 E_0 和泊松比 μ 有关,并随下列参数 f 的增加而加剧。

$$f = \frac{E_{01}(1 - \mu_2^2)}{E_{02}(1 - \mu_1^2)} \tag{4-45}$$

式中 E_{01},E_{02}——上、下土层的变形模量,MPa;

μ_1,μ_2——上、下土层的泊松比。

由于各种土的泊松比差别不大,故参数 f 值主要取决于上、下土层的变形模量之比 E_{02}/E_{01}。一般来说,当 $E_{02}/E_{01} < 3$ 时,我们认为应力集中的程度不明显,可按均质地基计算。

2. 上硬下软的双层地基

上硬下软的双层地基中应力扩散的程度随着上层持力层厚度的增加而变得显著。通常,持力层的厚度在荷载宽度的 1/4 以内时,可忽略应力扩散的影响,按大面积荷载下的薄压缩层考虑,即持力层中各点的竖向附加应力均近似等于地基表面荷载值。

当上下土层的变形模量之比 $E_{01}/E_{02} \geq 3$ 且持力层的厚度大于荷载宽度的 1/4 时,双层地基中的应力扩散现象则不能被忽略,地基的附加应力可以按照应力扩散简化理论近似计算。

如图4-33所示,当地基表面在长度为 l、宽度为 b 的矩形面积上受均布荷载 p_0 作用时,假设 p_0 在沿其分布的长度和宽度方向均以一定的扩散角,在坚硬持力层中向软弱下卧层顶面扩散,软弱下卧层顶面处的附加应力 σ_z 在长度为 $l+2z\tan\theta$,宽度为 $b+2z\tan\theta$ 的矩形面积上呈均匀分布。由于扩散前的基底总压力等于扩散后的软弱下卧层顶面上的总压力,故得软弱下卧层顶面处的附加应力为

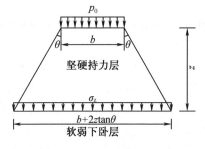

图4-33 上硬下软的双层地基的附加应力扩散简化计算示意图

$$\sigma_z = \frac{p_0 lb}{(b + 2z\tan\theta)(l + 2z\tan\theta)} \tag{4-46}$$

式中　p_0——持力层表面的均布荷载，kPa；

l,b——均布荷载 p_0 的矩形分布面积的长、宽，m；

z——持力层的厚度，m；

θ——应力扩散角，(°)。

如果地基表面宽度为 b 的条形面积上受均布荷载 p_0 作用，地基附加应力只沿荷载宽度方向向下扩散。取 1 m 长条形荷载计算，则软弱下卧层顶面处的附加应力为

$$\sigma_z = \frac{p_0 b}{b + 2z\tan\theta} \tag{4-47}$$

4.5.2　变形模量随深度增大的地基

土的变形模量 E_0 随地基深度的增大而增大，这种现象在砂土中尤为显著。试验和理论上都已证实，与均质地基相比，沿荷载中心线下，这类地基的附加应力 σ_z 会出现应力集中现象。目前，对于集中力 P 作用下的地基附加应力 σ_z，可采用奥地利学者费罗列希(O. K. Fröhlich)等在 1934 年建议的半经验公式计算，即

$$\sigma_z = \frac{\nu P}{2\pi R^2}\cos^\nu\theta \tag{4-48}$$

式中　ν——大于 3 的集中因素，其值随 E_0 与地基深度的关系及泊松比 μ 的变化而变化。

当 $\nu = 3$ 时，上式与布辛奈斯克公式完全相同。

(一)思考题

1. 什么是土的自重应力和附加应力，其分布规律有何不同？

2. 何谓自重应力？计算自重应力应注意些什么？

3. 何谓附加应力？空间问题和平面问题各有几个附加应力分量？计算附加应力时对地基做了怎样的假定？

4. 为什么通常情况下不考虑自重应力引起的地基沉降，什么情况下要考虑？

5. 基底压力和基底附加压力的概念有何不同？

6. 地基中竖向附加应力的分布有什么规律？相邻两基础下附加应力是否会彼此影响？

7. 附加应力的计算结果与地基中实际的附加应力能否一致，为什么？

8. 布辛奈斯克公式中 P 是作用于地表的集中力，而实际基础都有一定的埋深，这对计算附加应力的结果有无影响？

9. 非均质地基中的实际附加应力分布与按弹性均质地基计算的结果有何差别？

(二)计算题

1. 已知柱下矩形独立基础的底面边长 $l \times b = 4\ m \times 2\ m$，埋深 $d = 1.8\ m$，基顶荷载设计值 $F = 1\ 000\ kN$，$M = 340\ kN \cdot m$，基底以上回填土的重度 $\gamma_0 = 18\ kN/m^3$。试求该基础的基底压力和基底附加压力及其分布图。

2. 某建筑物地基由多层土组成，土层自上而下分别为：第一层杂填土，厚 1.5 m，$\gamma = 17\ kN/m^3$；第二层粉土，厚 3 m，$\gamma = 19\ kN/m^3$，$\gamma' = 9.2\ kN/m^3$，地下水位在地面以下

2.5 m深处;第三层淤泥质土,厚 6 m,$\gamma' = 9.4$ kN/m^3;第四层黏性土,厚 3 m,$\gamma' = 9.5$ kN/m^3;第五层砂岩(不透水)未钻穿。试计算各层交界面处的竖向自重应力 σ_c,并绘制 σ_c 沿深度的分布图。

　　3.某矩形基础的底面尺寸为 4 m×2.4 m,如图 4 - 34 所示,埋深为设计地面下 1.2 m (设计地面高于天然地面0.2 m),基础顶面上的荷载为 $F = 1\ 200$ kN,基底以上土的平均重度为 $\gamma_0 = 18$ kN/m^3。试分别计算基底平面上 1,2 点下深度 3.6 m 处的地基竖向附加应力。

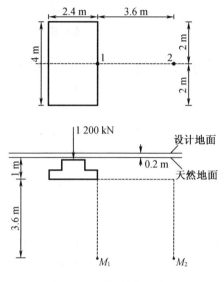

图 4 - 34　计算题 3 图

　　4.某基础平面形状如图 4 - 35 所示,均匀分布的基底压力 $p = 200$ kPa,基础埋深 $d = 2$ m,回填土的平均重度为 $\gamma = 18$ kN/m^3。试求:A,B,C 三点下深度为 6 m 处的竖向附加应力 σ_z。

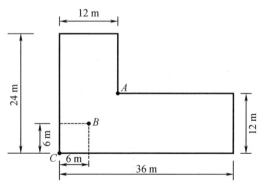

图 4 - 35　计算题 4 图

　　5.某轴心受压的条形基础,基底宽 $b = 1.2$ m,基底均布的附加压力 $p_0 = 100$ kPa,地基为双层地基,上层为粉质黏土,下层为淤泥质土,土性参数如图 4 - 36 所示,试计算上下土层交界面上的竖向附加应力(取 $\theta = 23°$)。

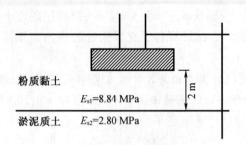

粉质黏土

E_{s1}=8.84 MPa

2 m

淤泥质土　E_{s2}=2.80 MPa

图 4 - 36　计算题 5 图

6. 如图 4 - 37 所示为某地基剖面图,各土层的重度及地下水位如图,试求土的自重应力,并绘出它们的分布图。

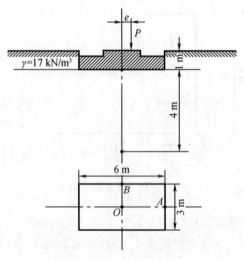

2 m　γ=18.5 kN/m³　黏土层

1 m 1 m　▽ 地下水位　γ=18 kN/m³　细砂层

γ_{sat}=20 kN/m³

3 m　γ_{sat}=19 kN/m³　黏土层

2 m　γ_{sat}=19.5 kN/m³　砂砾层

图 4 - 37　计算题 6 图

7. 如图 4 - 38 所示为一矩形基础,埋深 1 m,上部结构传至设计地面标高处的荷载为 $P = 2\,016$ kN,荷载为单偏心,偏心矩为 $e = 0.3$ m,试求基底中心 O,边点 A 和 B 下 4 m 深处的竖向附加应力。

e

P

γ=17 kN/m³　1 m

4 m

6 m

B

A　3 m

O

图 4 - 38　计算题 7 图

8. 甲乙两个基础,它们的尺寸和相应位置及每个基底下的基底净压力如图 4 - 39 所示,

试求甲基础 O 点下 2 m 深处的竖向附加应力。

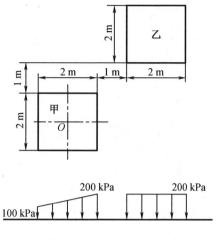

图 4 – 39 计算题 8 图

9. 某建筑场地的地层分布均匀，第一层杂填土厚 1.5 m，$\gamma = 17$ kN/m³；第二层粉质黏土厚 4 m，$\gamma = 19$ kN/m³，$d_s = 2.73$，$\omega = 31\%$，地下水位在地面下 2 m 深处；第三层淤泥质黏土厚 8 m，$\gamma = 18.2$ kN/m³，$d_s = 2.74$，$\omega = 41\%$；第四层粉土厚 3 m，$\gamma = 19.5$ kN/m³，$d_s = 2.72$，$\omega = 27\%$；第五层为基岩。试计算各层交界处的竖向自重应力 σ_c，并绘出 σ_c 沿深度分布图。

10. 某构筑物基础如图 4 – 40 所示，在设计地面标高处作用有偏心荷载 680 kN，偏心距 1.31 m，基础埋深为 2 m，底面尺寸为 4 m × 2 m。试求基底平均压力 p 和边缘最大压力 p_{max}，并绘出沿偏心方向的基底压力分布图。

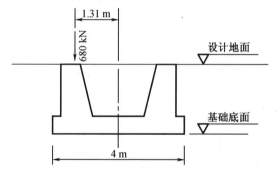

图 4 – 40 计算题 10 图

11. 如图 4 – 41 所示，某矩形基础的底面尺寸为 4 m × 2.4 m，设计地面下埋深为 1.2 m（高于天然地面 0.2 m），设计地面以上的荷载为 1 200 kN，基底标高处原有土的加权平均重度为 $\gamma = 18$ kN/m³。试求基底水平面 A 点及 B 点下各 3.6 m 深度 M_A 点及 M_B 点处的地基附加应力 σ_z 值。

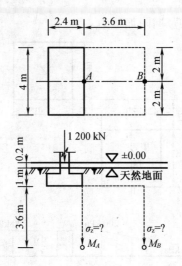

图 4 − 41　计算题 11 图

第5章 土的压缩性及地基沉降

5.1 土的压缩性概述

天然土体一般是由土颗粒、水和气体组成的三相体。土是一种多孔介质材料,土颗粒相互接触或胶结形成土骨架,而水和气体则充填于土骨架(或颗粒间)的孔隙中。在压力作用下,土骨架发生变形,土中孔隙减少,导致土体体积缩小,这一现象称为压缩。饱和土压缩时,随着孔隙体积的减小,土中孔隙水被挤出。

与金属等其他连续介质材料不同,土在受到压力作用后的压缩并非瞬间能完成的,而是随时间逐步发展并趋于稳定的。土体的压缩随时间发展的这一过程称为固结。土的压缩和固结是密不可分的,压缩是固结的外在表现,而固结是压缩的内在本质。如果说外荷载是引起地基变形的外因,那么土的压缩性和固结特性就是地基变形的根本内因,因此研究土的压缩性和固结规律是合理计算地基变形的前提。

土的压缩和固结会引起地基的沉降。沉降是指在附加应力作用下,地基土产生体积缩小,从而引起建筑物基础的竖直方向的位移。如果地基土各部分的竖向变形不相同,则在基础的不同部位会产生沉降差,会使建筑物基础发生不均匀沉降。基础的沉降量或沉降差(不均匀沉降)过大不但会降低建筑物的使用价值,而且往往会造成建筑物的毁坏。在土木工程建设中,因基础沉降量或不均匀沉降量过大而影响建筑物或结构物正常使用甚至造成工程事故的例子屡见不鲜。为了保证建筑物的安全和正常使用,我们必须预先对建筑物基础可能产生的最大沉降量和沉降差进行估算。如果建筑物基础可能产生的最大沉降量和沉降差在规定的允许范围之内,那么该建筑物的安全和正常使用一般是有保证的;否则,是没有保证的。所以地基沉降问题是土力学的基本课题之一,对建筑工程、高等级公路或机场等工程尤为重要。

本章主要介绍土的压缩性、饱和土的有效应力原理、太沙基单向固结理论以及地基最终沉降量的计算方法以及应力历史对地基沉降的影响等内容。

5.2 土的压缩性

从宏观上看,土体的压缩是由于土颗粒、水和气体三相的压缩以及水和气体从土中排出所造成的。外因是:①建筑物荷载作用,这是普遍存在的因素;②地下水位大幅度下降,相当于施加大面积荷载;③施工影响,基槽持力层土的结构扰动;④振动影响,产生震沉;⑤温度变化影响,如冬季冰冻,春季融化;⑥浸水下沉,如黄土湿陷,填土下沉等。内因是:①固相矿物本身压缩;②土中液相水的压缩;③土中孔隙的压缩。但试验研究表明,在一般压力(100 kPa ~ 600 kPa)作用下,土颗粒和水的压缩量在土体总压缩量中所占的比例很小

（一般不足 1/300），可以忽略不计。因此，土的压缩可以看成是由于水和气体的排出造成土中孔隙体积的减小，对饱和土体来说就是土中孔隙水的排出造成土中孔隙体积减小。从微观上看，土体受压力作用后，土颗粒在压缩过程中不断调整位置，重新排列压紧，直至达到新的平衡和稳定状态。

土的压缩性常用土的压缩系数、压缩模量和压缩指数等指标来评价。这些压缩性指标可通过室内或现场试验来确定。

5.2.1 压缩曲线

压缩试验是室内测定土的压缩性的基本途径。如图 5-1 所示为室内侧限压缩仪（又称固结仪）。在环刀的保护下，压缩仪中的土样只能竖向压缩，不能侧向变形。

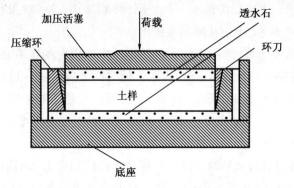

图 5-1 室内侧限压缩仪示意图

设在压力 p_1 作用下土样的高度为 h_1，孔隙比为 e_1；当压力增至 p_2 后，土样发生压缩，孔隙比减至 e_2，高度降至 h_2。则土样高度的压缩变形量为 $s = h_1 - h_2$。土样在压缩前后横截面积和土颗粒体积不变。

设土样中土颗粒体积 $V_s = 1$，则按三相比例指标的定义和关系有：压力 p_1 作用下的孔隙体积为 e_1，土样总体积为 $1 + e_1$；p_2 作用下的孔隙体积为 e_2，土样总体积为 $1 + e_2$。再由土样横截面积不变的条件有

$$\frac{1 + e_1}{h_1} = \frac{1 + e_2}{h_2}$$

由此得土样在荷载增量 $\Delta p = p_2 - p_1$ 作用下的压缩变形量为

$$s = \frac{e_1 - e_2}{1 + e_1} h_1 \qquad\qquad (5-1)$$

试验时，通过施加不同的荷载 p，可以得到压缩稳定时相对的孔隙比 e，表示 e 随 p 变化的关系曲线称为压缩曲线。通常，压缩曲线有两种表示方法，即 $e-p$ 曲线和 $e-\lg p$ 曲线，如图 5-2 所示。

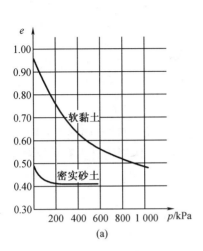

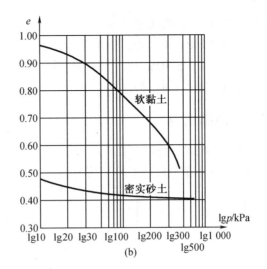

图5-2 土的压缩曲线

$(a)e-p$曲线;$(b)e-\lg p$曲线

5.2.2 压缩系数

土的压缩系数是土体在侧限条件下孔隙比的减少量与对应的压应力增量之比。如图5-3所示,在压力变化范围不大(从p_1到p_2)时,土的$e-p$曲线上对应的两点1和2之间的曲线可近似用直线代替,其斜率即为压缩系数,用a表示(单位 MPa^{-1}),即

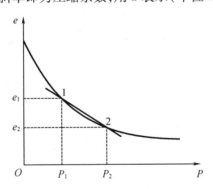

图5-3 土的压缩系数图

$$a = \frac{e_1 - e_2}{p_2 - p_1} \qquad (5-2)$$

式中 p_1,p_2——土单位面积上的压力,单位为 MPa;

e_1,e_2——压力 p_1,p_2 作用下相应的孔隙比。

当1,2两点非常趋近时,压缩系数就是过该点的切线的斜率,即

$$a = -\frac{\mathrm{d}e}{\mathrm{d}p}$$

计算地基变形时,取 p_1 为土层自重应力,p_2 为自重应力与附加应力之和。

显然,压缩系数越大,表示土的压缩性越高。压缩曲线不是直线,即使是同一种土,其压缩系数也不是常量。工程上为了便于统一比较,习惯采用 $p_1 = 100$ kPa,$p_2 = 200$ kPa 时的

压缩系数 a_{1-2} 来评判土的压缩性大小：

当 $a_{1-2} < 0.1$ MPa^{-1} 时,为低压缩性土；

当 $0.1 \leqslant a_{1-2} < 0.5$ MPa^{-1} 时,为中压缩性土；

当 $a_{1-2} \geqslant 0.5$ MPa^{-1} 时,为高压缩性土。

5.2.3 压缩指数

若将土的压缩曲线绘成 $e - \lg p$ 曲线时,曲线的后段通常接近于直线,如图 5-4 所示。$e - \lg p$ 曲线被广泛用于分析研究应力历史对土的压缩性的影响,对沉降的计算有重要意义。

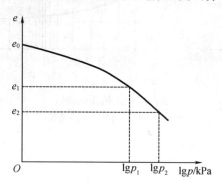

图 5-4　$e - \lg p$ 压缩曲线

土的压缩指数是土体在侧限条件下孔隙比的减少量与对应的压应力常用对数增量的比值,一般取图 5-4 中后段曲线的斜率,用 C_c 表示为

$$C_c = \frac{e_1 - e_2}{\lg p_2 - \lg p_1} = \frac{e_1 - e_2}{\lg \dfrac{p_2}{p_1}} \tag{5-3}$$

同压缩系数一样,压缩指数的值越大,说明土的压缩性越高。一般来说：

$C_c \leqslant 0.2$ 时,为低压缩性土；

$0.2 < C_c \leqslant 0.4$ 时,为中压缩性土；

$C_c > 0.4$ 时,为高压缩性土。

5.2.4 压缩模量

压缩模量 E_s 是土体在侧限条件下的竖向应力增量(附加应力)与竖向应变的比值,即

$$E_s = \frac{\sigma_z}{\varepsilon_z} = \frac{\Delta p}{\varepsilon} = \frac{p_2 - p_1}{\dfrac{s}{h_1}} \tag{5-4}$$

将式(5-1)和式(5-2)代入式(5-4),可得压缩模量与压缩系数的关系为

$$E_s = \frac{1 + e_1}{a} \tag{5-5}$$

与压缩系数 a 一样,压缩模量 E_s 也是一个随压力而变化的量。工程上常用从 $p_1 = 100$ kPa, $p_2 = 200$ kPa 时的压缩模量 $E_{s,1-2}$ 来评价土的压缩性。压缩模量越大,表示土的压缩性越低：

当 $E_{s,1-2} \leqslant 4$ MPa 时,为高压缩性土；

当 4 MPa $< E_{s,1-2} \leqslant 20$ MPa 时,为中等压缩性土；

当 $E_{s,1-2} > 20$ MPa 时,为低压缩性土。

相应地,土的变形模量 E 是土体在无侧限条件下的竖向应力增量(附加应力)与竖向应变的比值。相当于理想弹性体的弹性模量,但由于土体不是理想的弹性体,竖向应变中包括弹性应变和塑性应变,称之为变形模量。

变形模量与压缩模量之间存在如下关系

由广义胡克定律,有

$$\varepsilon_z = \frac{\sigma_z}{E} - \frac{\mu}{E}(\sigma_x + \sigma_y)$$

将式(4-2)代入上式,有

$$\varepsilon_z = \left(1 - \frac{2\mu^2}{1-\mu}\right)\frac{\sigma_z}{E}$$

与式(5-4)比较,有

$$E = \left(1 - \frac{2\mu^2}{1-\mu}\right)E_s$$

5.2.5　体积压缩系数

体积压缩系数 m_v 表示单位应力作用下单位体积的变化,即

$$m_v = \frac{a}{1+e_1} = \frac{1}{E_s} \tag{5-6}$$

5.3　有效应力原理及太沙基单向渗透固结理论

5.3.1　饱和土的有效应力原理

饱和土体是由土颗粒和孔隙水两相组成的。两相中和两相间存在着多种力的传递和相互作用,主要包括孔隙水之间传递的水压力,颗粒之间通过接触传递的压力,水作用于土颗粒上的力及土颗粒对水的反作用力。其中,孔隙水之间传递的应力称为超静孔隙水压力(简称孔隙水压力,用 u 表示),土颗粒之间接触传递的应力称为有效应力(用 σ' 表示)。

如图5-5所示,在 $L-L$ 断面上,设作用在土体面积 A 上的总压力为 P,A_c 是颗粒接触面积,则 P 由两相共同承担:一是颗粒间的接触压力 P',二是孔隙水压力之合力 $u(A-A_c)$,即

$$P = P' + (A - A_c)u$$

上式两侧同时除以面积 A,得

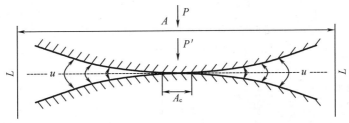

图5-5　饱和土的颗粒间接触示意图

$$\frac{P}{A} = \frac{P'}{A} + \frac{A - A_c}{A}u$$

即

$$\sigma = \sigma' + (1 - \frac{A_c}{A})u \ 或 \ \sigma = \sigma' + (1 - \alpha)u$$

式中　σ——作用在土体上的总应力。

　　一般地,土颗粒间实际直接接触的面积很小(不超过土体横截面积的3%),故可近似取 $A_c = 0$ 或者 $\alpha = 0$,则上式变为

$$\sigma = \sigma' + u \tag{5-7}$$

　　这就是太沙基所提出的饱和土的有效应力原理。它表明:作用于饱和土体上的总应力 σ 由孔隙水压力 u 和作用在土骨架上的有效应力 σ' 共同承担。孔隙水压力使土中的孔隙自由水逐渐排出。由于土的强度取决于颗粒间的连结力和摩擦力,土的变形主要表现在颗粒间的滑移与颗粒变形、破碎。引起土的体积压缩和抗剪强度发生变化的,不是作用在土体上的全部外力,而是总外力与孔隙水压力之差,即有效应力。孔隙水压力本身不能使土发生变形和强度的变化,这是因为水压力各方向相等,均衡地作用于每个土颗粒周围,不会使土颗粒移动。孔隙水压力除了使土颗粒受到浮力外,只能使土颗粒受到静水压力。由于固体颗粒的弹性模量 E 很大,故固体颗粒本身的压缩可以忽略不计。此外,水不能承受剪应力,因此孔隙水压力自身的变化也不会引起土的抗剪强度的变化。

　　其中,σ 可以是自重应力,也可以是附加应力。孔隙水压力 u 包括两类:静孔隙水压力和超静孔隙水压力。静孔隙水压力不随时间发生变化,即 $\partial u / \partial t = 0$,如静水条件和稳定渗流条件这两种情况;超静孔隙水压力是由外荷载引起,大小随时间发生变化,即 $\partial u / \partial t \neq 0$。

　　下面是几种情况下的自重应力。

　　(1)静水条件下的自重应力

　　如图 5-6(a)所示,A 点的总应力为

$$\sigma = \gamma_1 h_1 + \gamma_{sat} h_2$$

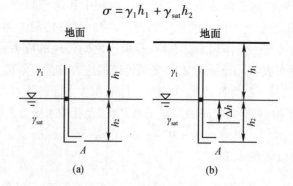

图 5-6　静水条件下的自重应力示意图
(a)水位下降前;(b)水位下降后

A 点的孔隙水压力为

$$u = \gamma_w h_2$$

A 点处的有效应力为

$$\sigma' = \sigma - u = \gamma_1 h_1 + (\gamma_{sat} - \gamma_w)h_2 = \gamma_1 h_1 + \gamma' h_2$$

此时,σ'就是A点的自重应力。

假设地下水位面下降了Δh,如图5-6(b)所示,A点总应力为
$$\sigma = \gamma_1(h_1 + \Delta h) + \gamma_{\text{sat}}(h_2 - \Delta h)$$

A点的孔隙水压力为
$$u = \gamma_{\text{w}}(h_2 - \Delta h)$$

A点的有效应力为
$$\sigma' = \sigma - u = (h_1 + \Delta h)\gamma_1 + (h_2 - \Delta h)\gamma' = \gamma_1 h_1 + \gamma' h_2 + (\gamma_1 - \gamma')\Delta h$$

此时,有效应力减小了$(\gamma_1 - \gamma')\Delta h$,可见城市抽取地下水是使地面下沉的原因之一。

(2)向上渗流时的自重应力

如图5-7所示,向上渗流时,$a-a$面上的总应力为
$$\sigma = \gamma_{\text{w}} h_1 + \gamma_{\text{sat}} h_2$$

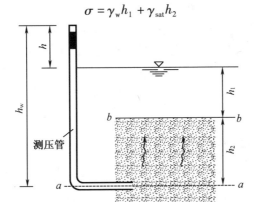

图5-7　向上渗流时的自重应力示意图

$a-a$面上的孔隙水压力
$$u = \gamma_{\text{w}} h_{\text{w}} = \gamma_{\text{w}}(h_1 + h_2 + h)$$

$a-a$面上的有效应力为
$$\sigma' = \sigma - u = \gamma' h_2 - \gamma_{\text{w}} h$$

显然,与静水条件下的σ'相比减少了$\gamma_{\text{w}} h$。当$\sigma' = 0$时,则土处于悬浮状态,也就是流沙或流土条件,即
$$\frac{h}{h_2} = \frac{\gamma'}{\gamma_{\text{w}}} \equiv i_{\text{cr}}$$

(3)向下渗流时的自重应力

如图5-8所示,向下渗流时,$a-a$面上的总应力为
$$\sigma = \gamma_{\text{w}} h_1 + \gamma_{\text{sat}} h_2$$

$a-a$面上的孔隙水压力
$$u = \gamma_{\text{w}}(h_1 + h_2 - h)$$

$a-a$面上的有效应力为
$$\sigma' = \sigma - u = \gamma' h_2 + \gamma_{\text{w}} h$$

显然,与静水条件下的σ'相比增加了$\gamma_{\text{w}} h$(渗透压力),导致土层压缩,故称渗流压密,这是抽吸地下水引起地面下沉的又一个原因。

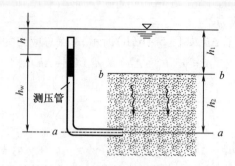

图 5-8　向下渗流时的自重应力示意图

工程实际中,土的有效应力原理,常用于预估建筑物基础的沉降稳定时间和沉降随时间的变化关系;也用于研究土体的抗剪强度和稳定性。因为根据库仑定律,土的抗剪强度是随剪切面上法向应力的增加而增大,饱和土体在固结过程中剪切面上的法向应力同样由孔隙水压力和有效应力来分担。而且随着孔隙水向外渗流,土的抗剪强度将随超静孔隙水压力逐渐消散和有效应力逐渐增强而加大,即孔隙水压力逐渐消散的过程,也就是抗剪强度逐渐增强的过程。因此,在测定土的抗剪强度指标和研究土体稳定性时,必须考虑土的固结程度和抗剪强度的影响。

5.3.2　饱和土的渗透固结

当土的饱和度达到80%以上时,土中虽有少量气体存在,但大都是封闭气体,一般可视为饱和土。饱和土在孔隙水压力作用下,孔隙中自由水逐渐被排出,同时孔隙体积也随着缩小,这个过程称为饱和土的渗透固结或主固结。

饱和土的渗透固结,可用弹簧活塞模型来形象地说明。如图5-9所示,在一个盛满水的圆筒中装有一个带弹簧的多孔活塞,弹簧上下端分别连接活塞和筒底。当在活塞上施加外压力的一瞬间,弹簧没有受压时全部压力由圆筒内的水所承担,水受到超静水压力后开始经活塞小孔排出,受压活塞随之下降,使得弹簧受压变形;随着筒内水的逐渐排出,活塞继续下降,弹簧变形量逐渐增加,而筒内超静水压力不断减小;当筒内超静水压力减至0时,水不再排出,活塞不再下降,此时外压力全部由弹簧承担。

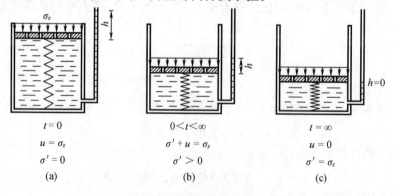

图 5-9　饱和土的渗透固结模型示意图
(a)活塞受压瞬间;(b)活塞下降过程中;(c)活塞不再下降时

设想以弹簧来模拟土骨架,圆筒内的水相当于土中孔隙水,则此模型可以用来说明饱和土在渗透固结过程中土骨架和孔隙水对应力的分担作用。对饱和土体,在附加应力 σ_z 作用的瞬间,土中水来不及排出,附加应力全部由孔隙水承担,此时的孔隙水压力 $u = \sigma_z$;随着土孔隙中自由水被挤出,孔隙水压力 u 逐渐减小,附加应力逐渐转嫁给土骨架承担,即有效应力 σ' 逐渐增大;直到孔隙水压力 u 减小至 0,土中水不再排出,则附加应力全部由土颗粒承担,此时有效应力 $\sigma' = \sigma_z$。

根据有效应力原理,在饱和土固结过程中的任一时刻,有效应力 σ' 与孔隙水压力 u 之和总是等于土中附加应力 σ_z,即

$$\sigma' + u = \sigma_z$$

由此可见,只要土中还存在孔隙水压力,就意味着土的渗透固结变形尚未完成。换句话说,在一定压力作用下饱和土的渗透固结就是土体中孔隙水压力 u 向有效应力 σ' 转化的过程。或者说是孔隙水压力逐渐消减与有效应力逐渐增长的过程。只有有效应力才能使土体产生压缩和固结,土体中某点有效应力的增长程度反映该点土的固结完成程度。

5.3.3 太沙基单向渗透固结理论

饱和土的渗透固结速度是由土孔隙中自由水的排出速度决定的。一般情况下,地基土在渗透固结过程中任意时刻的变形,通常可采用太沙基提出的一维固结理论进行计算。其基本思路是,通过一定的假设,利用渗流连续条件,建立饱和土的单向固结微分方程,再利用饱和单向渗透时的初始条件和边界条件,求出微分方程的特解,从而得到饱和土的渗透固结与时间的关系。

求解变形体力学问题需要的三类基本关系如下:

(1)力类量之间的平衡关系——力的平衡方程;

(2)位移类量之间的协调关系——几何协调方程;

(3)力类量和位移类量之间的物理关系——物理方程。

一般来说满足这三类基本关系方可求得力学问题唯一解,称为求解力学问题的唯一性定理。

对于一维固结(即单向渗透)的情况,厚度为 H 的饱和黏性土层的顶面透水,底面则是不透水的。假设该土层在自重作用下的固结已经完成,只是由于透水面上一次施加的连续均布荷载 P 才引起土层的固结。一维固结理论的基本假设如下:

(1)土是均质、各向同性和完全饱和的;

(2)土粒和土中水都是不可压缩的;

(3)土中附加应力沿水平面是无限均匀分布的,因此土层的压缩和渗流都是竖向的;

(4)土中水的渗流服从达西定律;

(5)在渗透固结中,土的渗透系数 k 和压缩系数 a 都是不变的常数;

(6)外荷载是一次骤然施加的,且在固结过程中保持不变;

(7)土体变形完全是孔隙水压力消散引起的。

设在饱和土体中取出微单元体 $\mathrm{d}x\mathrm{d}y\mathrm{d}z$,如图 5 – 10 所示,则微单元体的孔隙体积变化等于排出的孔隙水的体积。这便是位移类量间的协调关系。

图 5-10 饱和土体微单元体示意图

固体体积为

$$V_s = \frac{1}{1 + e_1} \mathrm{d}x\mathrm{d}y\mathrm{d}z$$

根据孔隙比的定义,得到孔隙体积为

$$V_v = eV_s = e\left(\frac{1}{1 + e_1}\mathrm{d}x\mathrm{d}y\mathrm{d}z\right)$$

孔隙体积的变化量为

$$\mathrm{d}V_v = \mathrm{d}\left(\frac{e}{1 + e_1}\mathrm{d}x\mathrm{d}y\mathrm{d}z\right) = \frac{\partial}{\partial t}\left(\frac{e}{1 + e_1}\mathrm{d}x\mathrm{d}y\mathrm{d}z\mathrm{d}t\right) = \frac{1}{1 + e_1} \cdot \frac{\partial e}{\partial t}\mathrm{d}x\mathrm{d}y\mathrm{d}z\mathrm{d}t$$

孔隙水的体积变化量为

$$\mathrm{d}Q = \left(\frac{\partial q}{\partial z}\mathrm{d}z\right)\mathrm{d}t$$

由于

$$\mathrm{d}Q = \mathrm{d}V_v$$

则有

$$\frac{\partial q}{\partial z} = \frac{1}{1 + e_1} \cdot \frac{\partial e}{\partial t}\mathrm{d}x\mathrm{d}y \tag{5-8}$$

这就是位移类量之间的协调关系。

由压缩系数的定义(或压密定律),有

$$\mathrm{d}e = -a\mathrm{d}p$$

当 p 为有效应力 $\sigma' = P - u$ 时,有

$$\mathrm{d}e = -a\mathrm{d}p = -a\mathrm{d}(P - u) = a\mathrm{d}u \tag{5-9}$$

对于该微单元体,达西定律表示为

$$q = vA = v\mathrm{d}x\mathrm{d}y = ki\mathrm{d}x\mathrm{d}y = k\frac{\partial h}{\partial z}\mathrm{d}x\mathrm{d}y \tag{5-10}$$

又知

$$u = \gamma_w h \tag{5-11}$$

将式(5-9)~式(5-11)代入式(5-8),经整理有

$$\frac{k(1 + e_1)}{a\gamma_w}\frac{\partial^2 u}{\partial z^2} = \frac{\partial u}{\partial t} \tag{5-12}$$

定义竖向渗透固结系数

$$C_v = \frac{(1 + e_1)k}{a\gamma_w}$$

则有

$$C_v \frac{\partial^2 u}{\partial z^2} = \frac{\partial u}{\partial t} \tag{5-13}$$

这就是太沙基单向固结理论的微分方程式。

其物理意义:饱和土体内任意一点的孔隙水压力 u 随时间 t 的变化率与孔隙水压力随深度 z 的梯度变化率成正比。

引入定解条件,即

初始条件$(0 < z < H)t = 0, u = \sigma_z$

边界条件$(0 < t < \infty) z = 0, u = 0; z = H, \frac{\partial u}{\partial z} = 0$

利用分离变量法(见附录),解得微分方程$(5-13)$的解

$$u_{z,t} = \frac{4}{\pi} \sigma_z \sum_{m=1}^{\infty} \frac{1}{m} \sin \frac{m\pi z}{2H} e^{-\frac{m^2 \pi^2}{4} T_v} \tag{5-14}$$

式中　$T_v = \dfrac{C_v t}{H^2}$——时间因数;

　　　m——正奇整数$(1, 3, 5, \cdots)$;

　　　e——自然对数的底(不是孔隙比)。

土体的有效应力

$$\sigma'_{z,t} = \sigma_z - u_{z,t} = \sigma_z \left(1 - \frac{4}{\pi} \sum_{m=1}^{\infty} \frac{1}{m} \sin \frac{m\pi z}{2H} e^{-\frac{m^2 \pi^2}{4} T_v} \right) \tag{5-15}$$

太沙基单向渗透固结理论及其公式的适用条件:荷载面积远大于压缩土层的厚度,地基中孔隙水主要沿竖向渗流。而对于堤坝及其地基,孔隙水主要沿两个方向渗流,属于二维固结问题;对于高层建筑地基,则应考虑三维固结问题。这些都需要将太沙基单向固结理论予以推广。

5.4　地基最终沉降量的计算

地基最终沉降量是指地基达到沉降稳定时的总沉降量,其大小主要取决于土的压缩性和地基附加应力的大小。目前,地基最终沉降量的计算模型主要有弹性半空间模型、线性变形层模型、单向压缩线性变形层模型和文克勒(E. Winkler)模型等,常用计算方法有分层总和法、弹性力学公式法、地基沉降三分量法、平均固结度法和按实测沉降推算法等。

5.4.1　单向压缩土层的沉降量计算

设地基中仅有一较薄的压缩土层,在建筑物荷载作用下,该土层只产生竖向的压缩变形,即相当于侧限压缩试验的情况。在进行工程建设前,认为地基土体在自重应力作用下已达到压缩稳定,建设后由外荷载在土层中引起的附加应力导致了土体的沉降。取模型如图5-11所示,土样高度为 h_0,孔隙比为 e_0,土粒体积为1,则土样的总体积为 $1 + e_0$;施加压力 p 后,土样高度为 h_1,孔隙比为 e,土粒体积在受压前后都不变,则压缩后土样的总体积为 $1 + e$。

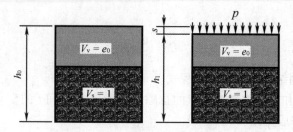

图 5-11　单向压缩微单元体示意图

设 A 为土体的受压面积，压缩前有

$$V_s = \frac{1}{1+e_0}h_0A \qquad (5-16)$$

压缩后有

$$V_s = \frac{1}{1+e}(h_0-s)A \qquad (5-17)$$

式中　s——沉降量，cm。

根据压缩前后土颗粒体积不变，联立式（5-16）和式（5-17）可得

$$e = e_0 - \frac{s}{h_0}(1+e_0) \text{ 或 } s = \frac{e_0-e}{1+e_0}h_0 = \frac{\Delta e}{1+e_0}h_0 \qquad (5-18)$$

e_0，e 可以通过土体的 $e-p$ 压缩曲线由初始应力和总应力确定。

若引入压缩系数 a，压缩模量 E_s 式（5-18）可变为

$$s = \frac{\Delta e}{1+e_0}h_0 = \frac{a}{1+e_0}ph_0 = \frac{ph_0}{E_s} \qquad (5-19)$$

5.4.2　分层总和法

分层总和法是一类方法的总称。这类方法的原理是将地基土分成若干层，分别计算各层的竖向压缩变形量，然后叠加求和得到地基的总竖向压缩变形量，即地基的总沉降量。按照计算各层竖向压缩变形量的方法和原理的不同，分层总和法主要分为单向压缩分层总和法、规范推荐公式法和考虑前期固结压力的沉降计算法等。

1. 单向压缩分层总和法

（1）基本原理

在荷载作用下，土中附加应力是随深度的增加而逐渐减小的。在一定的深度范围内附加应力较大，由此产生的竖向压缩变形也较大，对地基总沉降量有较明显的影响，这一深度称为地基的压缩层深度，用 z_n 表示。在压缩层以下，土中的附加应力和压缩变形很小，对地基沉降几乎不产生影响，可忽略不计。

单向压缩分层总和法的基本思路是：由于地基土层往往不是由单一土层组成，各土层的压缩性能不一样，在建筑的荷载作用下在压缩土层中所产生的附加应力的分布沿深度方向也非直线分布，为了计算地基最终沉降量 s，首先必须分层（见图 5-12），然后分层计算每一薄层的沉降量 s_i，再将各层的沉积量总和叠加起来，即得地基表面的最终沉降量 s。

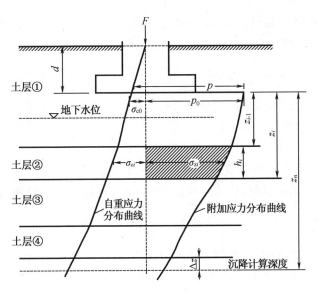

图 5 – 12　分层总和法示意图

在计算各层竖向压缩变形量时,由于各层厚度较小,在层面和层底土的内摩擦力作用下,可近似认为土层无侧向变形,即土层可看成是处于单向压缩条件下的薄压缩层。此时薄压缩层与单向压缩试验仪中土样的应力、变形条件是相吻合的。故由式(5 – 1)可得薄压缩层的竖向压缩变形量为

$$s_i = \frac{e_{1i} - e_{2i}}{1 + e_{1i}} h_i \qquad (5 – 20)$$

式中　s_i——第 i 层土的竖向压缩变形量,m;

　　　e_{1i}——第 i 层土在自重应力作用时的孔隙比;

　　　e_{2i}——第 i 层土在自重应力和附加应力共同作用时的孔隙比;

　　　h_i——第 i 层土的厚度,m。

考虑到压缩系数的定义和压缩模量与压缩系数间的关系,由式(5 – 20)可得

$$s_i = \frac{p_{2i} - p_{1i}}{E_{si}} h_i \qquad (5 – 21)$$

式中　p_{1i}——第 i 层土的自重应力,kPa;

　　　p_{2i}——第 i 层土的自重应力和附加应力之和,kPa;

　　　E_{si}——第 i 层土的压缩模量,MPa。

p_{1i} 和 p_{2i} 分别按下式计算,即

$$p_{1i} = \Delta \sigma_{ci} = \frac{\sigma_{c(i-1)} + \sigma_{ci}}{2} \qquad (5 – 22)$$

$$p_{2i} = \Delta \sigma_{ci} + \Delta \sigma_{zi} = \frac{\sigma_{c(i-1)} + \sigma_{ci}}{2} + \frac{\sigma_{z(i-1)} + \sigma_{zi}}{2} \qquad (5 – 23)$$

式中　$\sigma_{c(i-1)}$,σ_{ci},$\Delta \sigma_{ci}$——第 i 层顶面、底面处的自重应力及其平均值;

　　　$\sigma_{z(i-1)}$,σ_{zi},$\Delta \sigma_{zi}$——第 i 层顶面、底面处的附加应力及其平均值。

将式(5 – 22)和(5 – 23)代入,则式(5 – 21)变为

$$s_i = \frac{\Delta \sigma_{zi}}{E_{si}} h_i \qquad (5 – 24)$$

按式(5-20)和(5-24)计算各层的竖向压缩变形量后,则地基的最终沉降量即为各层竖向压缩变形量之和,即

$$s = \sum_{i=1}^{n} \Delta s_i = \sum_{i=1}^{n} \frac{\sigma_{1i} - \sigma_{2i}}{1 + e_{1i}} h_i = \sum_{i=1}^{n} \frac{\Delta \sigma_{zi}}{E_{si}} h_i \qquad (5-25)$$

式中　n——地基压缩层范围内的划分土层数。

（2）计算步骤及方法

①地基土分层

分层时,天然土层的界面和地下水位等土的性质或指标发生变化处应作为划分的层面。划分土层的厚度越小,则计算精度越高,但工作量也越大。一般地,分层厚度 $h_i \leq 0.4b$（b 为基础底面的宽度）。

②地基应力计算

计算各层顶面、底面处的自重应力和附加应力,并计算各层自重应力的平均值、附加应力的平均值 $\Delta \sigma_{ci}$ 和附加应力的平均值 $\Delta \sigma_{zi}$。必要时,按式(5-22)和(5-23)计算 p_{1i} 和 p_{2i} 后,由压缩曲线得到相应的孔隙比 e_{1i} 和 e_{2i}。

③确定地基压缩层的深度 z_n

通常按下式的原则确定,即

一般土层:$\sigma_z \leq 0.2\sigma_c$

高压缩性土:$\sigma_z \leq 0.1\sigma_c$

④计算各层的竖向压缩变形量 s_i

当已知 $e-p$ 曲线时,按式(5-20)计算;已知 E_{si} 时,按式(5-24)计算。

⑤计算地基最终沉降量 s

按式(5-25)计算。

需要说明的是,分层总和法计算部位为基础中心点 O 下土柱,以及对其所受附加应力 σ_z 进行计算,导致计算结果偏大;地基土的变形条件为侧限条件,导致计算结果偏小。两者在一定程度上相互抵消,但精确误差难以估计。分层总和法基本假定较多,理论上不够完备,缺乏统一理论;单向压缩分层总和法是一个半经验性方法。优点是可计算多层地基,可计算不同形状基础、不同分布的基底压力,参数的试验测定方法简单,已经积累了几十年应用的经验,只需要适当修正。缺点是精度相差比较大,对于坚硬地基,分层总和法计算的沉降量比实测值明显偏大;对于软弱地基,计算值比实测值明显偏小。

例1　某框架结构厂房,柱基底面尺寸为 $l \times b = 4.0 \text{ m} \times 4.0 \text{ m}$,基础埋置深度 $d = 1.0 \text{ m}$。上部结构传至基础顶面荷重 $P = 1\,440 \text{ kN}$。地基为粉质黏土,土的天然重度 $\gamma = 16.0 \text{ kN/m}^3$,天然孔隙比 $e = 0.97$。地下水位深3.4 m,地下水位以下土的饱和重度 $\gamma_{sat} = 18.2 \text{ kN/m}^3$。土的压缩系数:地下水位以上 $a_1 = 0.30 \text{ MPa}^{-1}$,地下水位以下 $a_2 = 0.25 \text{ MPa}^{-1}$,计算柱基中点的沉降量,如图5-13所示。

解　计算地基土的自重应力

基础底面处:$\sigma_{c,d} = \gamma_0 d = 16 \times 1 = 16 \text{ kPa}$

地下水位处:$\sigma_{c,w} = 16 \times 3.4 = 54.4 \text{ kPa}$

地面下7m处:$\sigma_{c,7} = 54.4 + (18.2 - 10) \times 3.6 = 83.9 \text{ kPa}$

基底压力

$$p = \frac{P}{lb} + \gamma_{G}d = \frac{1\,440}{4 \times 4} + 20 \times 1 = 110.0 \text{ kPa}$$

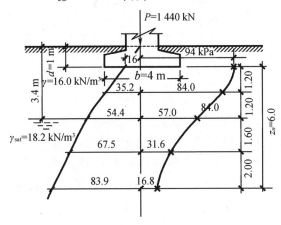

图 5 - 13 例 1 图

基底附加压力

$$p_0 = p - \sigma_{sz} = p - \gamma_0 d = 110 - 16.0 = 94.0 \text{ kPa}$$

地基沉降计算分层:计算分层的厚度 $h_i \leqslant 0.4b = 1.6$ m。地下水位以上分两层,各 1.2 m;第三层 1.6 m;第四层因附加应力很小,可取 2.0 m。

地基附加应力:基础底面为正方形,用角点法计算,分成相等的 4 小块,$l = b = 2.0$ m,见表 5 - 1。

表 5 - 1 例 1 地基附加应力

$z/$m	l/b	z/b	K_c	$\sigma_z = 4K_c p_0$
0	1.0	0	0.250 0	94.0
1.2	1.0	0.6	0.222 9	84.0
2.4	1.0	1.2	0.151 6	57.0
4.0	1.0	2.0	0.084 0	31.6
6.0	1.0	3.0	0.044 7	16.8

地基受压层深度 z_n

$\sigma_z = 16.8 \text{ kPa} \approx 0.2 \times \sigma_c = 83.9 \times 0.2 = 16.78 \text{ kPa}$

故取 $z_n = 6$ m。

地基沉降计算,见表 5 - 2。

表 5 - 2 例 1 各层沉降值

土层	$h_i/$m	$a_i/$MPa^{-1}	e_i	$\bar{\sigma}_z/$kPa	$s_i/$mm
1	1.20	0.30	0.97	89.0	16.3
2	1.20	0.30	0.97	70.5	12.9

表 5-2(续)

土层	h_i/m	a_i/MPa^{-1}	e_i	$\overline{\sigma}_z/kPa$	s_i/mm
3	1.60	0.25	0.97	44.3	9.0
4	2.00	0.25	0.97	24.2	6.1

总沉降量 $\qquad\qquad\qquad s = \sum s_i = 44.3\ \text{mm}$

例2 某框架结构厂房,柱基底面尺寸为 $l \times b = 4.0\ \text{m} \times 4.0\ \text{m}$,基础埋置深度 $d = 1.0\ \text{m}$。上部结构传至基础顶面荷重 $P = 1\ 440\ \text{kN}$。地基为粉质黏土,土的天然重度 $\gamma = 16.0\ \text{kN/m}^3$,天然孔隙比 $e = 0.97$。地下水位深 $3.4\ \text{m}$,地下水位以下土的饱和重度 $\gamma_{\text{sat}} = 18.2\ \text{kN/m}^3$。土的压缩试验 $e-p$ 曲线如图,计算柱基中点的沉降量,如图 5-14 所示。

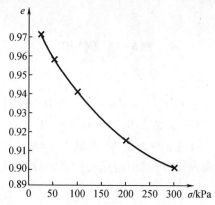

图 5-14 例2图

解 分层、自重应力、地基附加应力和地基受压层深度同例1。

地基沉降计算,见表 5-3。

表 5-3 例2各层沉降值

土层	h_i/m	$\overline{\sigma}_{ci}/kPa$	$\overline{\sigma}_{zi}/kPa$	$\overline{\sigma}_{ci} + \overline{\sigma}_{zi}/kPa$	e_{i1}	e_{i2}	$\dfrac{e_{i1}-e_{i2}}{1+e_{i1}}$	s_i/mm
1	1.20	25.6	89.0	114.6	0.970	0.937	0.016 8	20.16
2	1.20	44.8	70.5	115.3	0.960	0.936	0.012 2	14.64
3	1.60	61.0	44.3	105.3	0.954	0.940	0.007 2	11.46
4	2.00	75.7	24.2	99.9	0.948	0.941	0.003 6	7.18

总沉降量 $\qquad\qquad\qquad s = \sum s_i = 53.3\ \text{mm}$。

2. 规范法

这里将《规范》推荐的沉降计算方法简称为规范法,它属于分层总和法的一种。

(1)基本方法

与单向压缩分层总和法一样,规范法也是假定地基无侧向变形,其基本思路也是将压缩层范围内地基分成若干层,分层计算各层的压缩变形量,然后叠加得到地基的最终沉降量。

①各层的竖向压缩变形量计算

第 i 层的竖向压缩变形量按式(5-16)计算

$$\Delta s_i' = \frac{p_0}{E_{si}}(z_i\,\overline{\alpha}_i - z_{i-1}\overline{\alpha}_{i-1}) \qquad (5-26)$$

式中　$\Delta s_i'$——第 i 层的计算变形量,m;

　　　p_0——对应荷载标准值的基底附加压力,kPa;

　　　z_i, z_{i-1}——第 i 层底面、顶面至基础底面的距离,m;

　　　$\overline{\alpha}_i, \overline{\alpha}_{i-1}$——第 i 层底面、顶面处基础中心点下的平均附加应力系数,见表 5-4。

表 5-4　矩形面积上均布荷载作用下中心点下的平均附加应力系数 $\overline{\alpha}$

$n = z/b$	$m = l/b$												
	1.0	1.2	1.4	1.6	1.8	2.0	2.4	2.8	3.2	3.6	4.0	5.0	10.0
0.0	0.2500	0.2500	0.2500	0.2500	0.2500	0.2500	0.2500	0.2500	0.2500	0.2500	0.2500	0.2500	0.2500
0.2	0.2496	0.2497	0.2497	0.2498	0.2498	0.2498	0.2498	0.2498	0.2498	0.2498	0.2498	0.2498	0.2498
0.4	0.2474	0.2479	0.2481	0.2483	0.2483	0.2484	0.2484	0.2485	0.2485	0.2485	0.2485	0.2485	0.2485
0.6	0.2423	0.2437	0.2444	0.2448	0.2451	0.2452	0.2454	0.2455	0.2455	0.2455	0.2455	0.2455	0.2456
0.8	0.2346	0.2372	0.2387	0.2395	0.2400	0.2403	0.2407	0.2408	0.2409	0.2409	0.2410	0.2410	0.2410
1.0	0.2252	0.2291	0.2313	0.2326	0.2335	0.2340	0.2346	0.2349	0.2351	0.2352	0.2352	0.2353	0.2353
1.2	0.2149	0.2199	0.2229	0.2248	0.2260	0.2268	0.2278	0.2282	0.2285	0.2286	0.2287	0.2288	0.2289
1.4	0.2043	0.2102	0.2140	0.2164	0.2180	0.2191	0.2204	0.2211	0.2215	0.2217	0.2218	0.2220	0.2221
1.6	0.1939	0.2006	0.2049	0.2079	0.2099	0.2113	0.2130	0.2138	0.2143	0.2146	0.2148	0.2150	0.2152
1.8	0.1840	0.1912	0.1960	0.1994	0.2018	0.2034	0.2055	0.2066	0.2073	0.2077	0.2079	0.2082	0.2084
2.0	0.1746	0.1822	0.1875	0.1912	0.1938	0.1958	0.1982	0.1996	0.2004	0.2009	0.2012	0.2015	0.2018
2.2	0.1659	0.1737	0.1793	0.1833	0.1862	0.1883	0.1911	0.1927	0.1937	0.1943	0.1947	0.1952	0.1955
2.4	0.1578	0.1657	0.1715	0.1757	0.1789	0.1812	0.1843	0.1862	0.1873	0.1880	0.1885	0.1890	0.1895
2.6	0.1503	0.1583	0.1642	0.1686	0.1719	0.1745	0.1779	0.1799	0.1812	0.1820	0.1825	0.1832	0.1838
2.8	0.1433	0.1514	0.1574	0.1619	0.1654	0.1680	0.1717	0.1739	0.1753	0.1763	0.1769	0.1777	0.1784
3.0	0.1369	0.1449	0.1510	0.1556	0.1592	0.1619	0.1658	0.1682	0.1698	0.1708	0.1715	0.1725	0.1733
3.2	0.1310	0.1390	0.1450	0.1497	0.1533	0.1562	0.1602	0.1628	0.1645	0.1657	0.1664	0.1675	0.1685
3.4	0.1256	0.1334	0.1394	0.1441	0.1478	0.1508	0.1550	0.1577	0.1595	0.1607	0.1616	0.1628	0.1639
3.6	0.1205	0.1282	0.1342	0.1389	0.1427	0.1456	0.1500	0.1528	0.1548	0.1561	0.1570	0.1583	0.1595
3.8	0.1158	0.1234	0.1293	0.1340	0.1378	0.1408	0.1452	0.1482	0.1502	0.1516	0.1526	0.1541	0.1554
4.0	0.1114	0.1189	0.1248	0.1294	0.1332	0.1362	0.1408	0.1438	0.1459	0.1474	0.1485	0.1500	0.1516
4.2	0.1073	0.1147	0.1205	0.1251	0.1289	0.1319	0.1365	0.1396	0.1418	0.1434	0.1445	0.1462	0.1479
4.4	0.1035	0.1107	0.1164	0.1210	0.1248	0.1279	0.1325	0.1357	0.1379	0.1396	0.1407	0.1425	0.1444

表 5 - 4（续）

$n = z/b$	$m = l/b$												
	1.0	1.2	1.4	1.6	1.8	2.0	2.4	2.8	3.2	3.6	4.0	5.0	10.0
4.6	0.1000	0.1070	0.1127	0.1172	0.1209	0.1240	0.1287	0.1319	0.1342	0.1359	0.1371	0.1390	0.1410
4.8	0.0967	0.1036	0.1091	0.1136	0.1173	0.1204	0.1250	0.1283	0.1307	0.1324	0.1337	0.1357	0.1379
5.0	0.0935	0.1003	0.1057	0.1102	0.1139	0.1169	0.1216	0.1249	0.1273	0.1291	0.1304	0.1325	0.1348
5.2	0.0906	0.0972	0.1026	0.1070	0.1106	0.1136	0.1183	0.1217	0.1241	0.1259	0.1273	0.1295	0.1320
5.4	0.0878	0.0943	0.0996	0.1039	0.1075	0.1105	0.1152	0.1186	0.1211	0.1229	0.1243	0.1265	0.1292
5.6	0.0852	0.0916	0.0968	0.1010	0.1046	0.1076	0.1122	0.1156	0.1181	0.1200	0.1215	0.1238	0.1266
5.8	0.0828	0.0890	0.0941	0.0983	0.1018	0.1047	0.1094	0.1128	0.1153	0.1172	0.1187	0.1211	0.1240
6.0	0.0805	0.0866	0.0916	0.0957	0.0991	0.1021	0.1067	0.1101	0.1126	0.1146	0.1161	0.1185	0.1216
6.2	0.0783	0.0842	0.0891	0.0932	0.0966	0.0995	0.1041	0.1075	0.1101	0.1120	0.1136	0.1161	0.1193
6.4	0.0762	0.0820	0.0869	0.0909	0.0942	0.0971	0.1016	0.1050	0.1076	0.1096	0.1111	0.1137	0.1171
6.6	0.0742	0.0799	0.0847	0.0886	0.0919	0.0948	0.0993	0.1027	0.1053	0.1073	0.1088	0.1114	0.1149
6.8	0.0723	0.0779	0.0826	0.0865	0.0898	0.0926	0.0970	0.1004	0.1030	0.1050	0.1066	0.1092	0.1129
7.0	0.0705	0.0761	0.0806	0.0844	0.0877	0.0904	0.0949	0.0982	0.1008	0.1028	0.1044	0.1071	0.1109
7.2	0.0688	0.0742	0.0787	0.0825	0.0857	0.0884	0.0928	0.0962	0.0987	0.1008	0.1023	0.1051	0.1090
7.4	0.0672	0.0725	0.0769	0.0806	0.0838	0.0865	0.0908	0.0942	0.0967	0.0988	0.1004	0.1031	0.1071
7.6	0.0656	0.0709	0.0752	0.0789	0.0820	0.0846	0.0889	0.0922	0.0948	0.0968	0.0984	0.1012	0.1054
7.8	0.0642	0.0693	0.0736	0.0771	0.0802	0.0828	0.0871	0.0904	0.0929	0.0950	0.0966	0.0994	0.1036
8.0	0.0627	0.0678	0.0720	0.0755	0.0785	0.0811	0.0853	0.0886	0.0912	0.0932	0.0948	0.0976	0.1020
8.2	0.0614	0.0663	0.0705	0.0739	0.0769	0.0795	0.0837	0.0869	0.0894	0.0914	0.0931	0.0959	0.1004
8.4	0.0601	0.0649	0.0690	0.0724	0.0754	0.0779	0.0820	0.0852	0.0878	0.0898	0.0914	0.0943	0.0988
8.6	0.0588	0.0636	0.0676	0.0710	0.0739	0.0764	0.0805	0.0836	0.0862	0.0882	0.0898	0.0927	0.0973
8.8	0.0576	0.0623	0.0663	0.0696	0.0724	0.0749	0.0790	0.0821	0.0846	0.0866	0.0882	0.0912	0.0959
9.2	0.0554	0.0599	0.0637	0.0670	0.0697	0.0721	0.0761	0.0792	0.0817	0.0837	0.0853	0.0882	0.0931
10.0	0.0514	0.0556	0.0592	0.0622	0.0649	0.0672	0.0710	0.0739	0.0763	0.0783	0.0799	0.0829	0.0880
10.4	0.0496	0.0537	0.0572	0.0601	0.0627	0.0649	0.0686	0.0716	0.0739	0.0759	0.0775	0.0804	0.0857
10.8	0.0479	0.0519	0.0553	0.0581	0.0606	0.0628	0.0664	0.0693	0.0717	0.0736	0.0751	0.0781	0.0834
11.2	0.0463	0.0502	0.0535	0.0563	0.0587	0.0609	0.0644	0.0672	0.0695	0.0714	0.0730	0.0759	0.0813
11.6	0.0448	0.0486	0.0518	0.0545	0.0569	0.0590	0.0625	0.0652	0.0675	0.0694	0.0709	0.0738	0.0793
12.0	0.0435	0.0471	0.0502	0.0529	0.0552	0.0573	0.0606	0.0634	0.0656	0.0674	0.0690	0.0719	0.0774
12.8	0.0409	0.0444	0.0474	0.0499	0.0521	0.0541	0.0573	0.0599	0.0621	0.0639	0.0654	0.0682	0.0739
13.6	0.0387	0.0420	0.0448	0.0472	0.0493	0.0512	0.0543	0.0568	0.0589	0.0607	0.0621	0.0649	0.0707
14.4	0.0367	0.0398	0.0425	0.0448	0.0468	0.0486	0.0516	0.0540	0.0561	0.0577	0.0592	0.0619	0.0677
15.2	0.0349	0.0379	0.0404	0.0426	0.0446	0.0463	0.0492	0.0515	0.0535	0.0551	0.0565	0.0592	0.0650
16.0	0.0332	0.0361	0.0385	0.0407	0.0425	0.0442	0.0469	0.0492	0.0511	0.0527	0.0540	0.0567	0.0625
18.0	0.0297	0.0323	0.0345	0.0364	0.0381	0.0396	0.0422	0.0442	0.0460	0.0475	0.0487	0.0512	0.0570
20.0	0.0269	0.0292	0.0312	0.0330	0.0345	0.0359	0.0383	0.0402	0.0418	0.0432	0.0444	0.0468	0.0524

②地基的最终沉降量计算

若地基压缩层范围内的划分土层数为 n，则按分层总和原理，地基的总竖向变形量 s' 为各层变形量之和，即

$$s' = \sum_{i=1}^{n} \Delta s'_i = \sum_{i=1}^{n} \frac{p_0}{E_{si}} (z_i \overline{\alpha}_i - z_{i-1} \overline{\alpha}_{i-1}) \qquad (5-27)$$

引入经验系数后，计算地基最终沉降量的规范法公式如下

$$s = \psi_s s' = \psi_s \sum_{i=1}^{n} \frac{p_0}{E_{si}} (z_i \overline{\alpha}_i - z_{i-1} \overline{\alpha}_{i-1}) \qquad (5-28)$$

式中　ψ_s——沉降计算经验系数，根据地区沉降观测资料及经验确定，也可采用表 5-5 的推荐值。表中 $\overline{E}_s$ 为沉降计算深度范围内压缩模量的当量值，按式(5-29)计算，即

$$\overline{E}_s = \frac{\sum\limits_{i=1}^{n} (z_i \overline{\alpha}_i - z_{i-1} \overline{\alpha}_{i-1})}{\sum\limits_{i=1}^{n} \dfrac{z_i \overline{\alpha}_i - z_{i-1} \overline{\alpha}_{i-1}}{E_{si}}} \qquad (5-29)$$

表 5-5　沉降计算经验系数 ψ_s 推荐值

$\overline{E}_s/\mathrm{MPa}$	2.5	4.0	7.0	15.0	20.0
$p_0 \geqslant f_{ak}$	1.4	1.3	1.0	0.4	0.2
$p_0 \leqslant 0.75 f_{ak}$	1.1	1.0	0.7	0.4	0.2

③压缩层深度 z_n 的确定

按《规范》规定，地基压缩层计算深度 z_n 的确定方法如下。

先凭经验假定某一深度值为压缩层的深度 z_n，按式(5-27)计算 z_n 深度范围内的总压缩变形量(用 s'_n 表示)，再由深度 z_n 处向上取厚度为 Δz 的土层(Δz 按表 5-6 规定取值)，按式(5-26)计算该土层的压缩变形量(用 $\Delta s'_n$ 表示)，然后比较 $\Delta s'_n$ 和 s'_n，若满足式(5-30)要求，则假定的深度值即可作为压缩层深度 z_n，否则，继续向深处取值。

表 5-6　计算厚度 Δz

b/m	$b \leqslant 2$	$2 < b \leqslant 4$	$4 < b \leqslant 8$	$b > 8$
$\Delta z/\mathrm{m}$	0.3	0.6	0.8	1.0

$$\frac{\Delta s'_n}{s'_n} \leqslant 0.025 \qquad (5-30)$$

当无相邻荷载影响，且基础宽度在 1～30 m 范围以内时，地基沉降计算的压缩层深度也可按下式计算

$$z_n = b(2.5 - 0.4 \ln b) \qquad (5-31)$$

式中　b——基础宽度，m。

（2）计算步骤

①地基土分层

与单向压缩分层总和法不同，规范法只需按天然土层分层，或按土的压缩性变化分层。

②查平均附加应力系数

按表 5 - 4 查得基础中心点下各层的顶面、底面处的平均附加应力系数。

③按式（5 - 26）和式（5 - 27）计算各层的竖向压缩变形量 $\Delta s_i'$ 和地基的总竖向压缩变形量 s'。

④按式（5 - 30）规定的原则确定地基压缩层的深度 z_n。

⑤确定沉降计算经验系数 ψ_s。

⑥按式（5 - 28）计算地基的最终沉降量 s。

例3 某矩形基础基底尺寸为 $l \times b = 6\ \text{m} \times 4\ \text{m}$，其上作用有均布荷载 $p_0 = 100\ \text{kPa}$，地基条件如图 5 - 15 所示，试用单向压缩分层总和法及规范法求地基的最终沉降量。

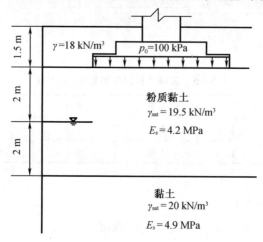

图 5 - 15　例题 3 图

解　（1）单向压缩分层总和法

分层：分层厚度 $h_i \leq 0.4b = 1.6\ \text{m}$，考虑到地下水位深 2 m，故分层厚度取为 1 m，如图 5 - 16 所示。

计算基底中心点下各层面处的自重应力 σ_{ci}，如图 5 - 16 所示。

计算基础中心点下地基中竖向附加应力 σ_{zi}，用角点法计算，$l/b = 1.5$，z 自基底处算起。并计算各层平均附加应力 $\Delta\sigma_{zi}$，如图 5 - 16 所示。

确定地基压缩层深度 z_n，由计算可知，$z = 6\ \text{m}$ 处

$$\frac{\sigma_z}{\sigma_c} = \frac{24.5}{125} < 0.2$$

故取 $z_n = 6\ \text{m}$。

计算最终沉降量，由公式（5 - 25）计算得最终沉降量为

$$s = \sum_{i=1}^{\infty} \frac{\Delta\sigma_{zi}}{E_{si}} h_i = \left(\frac{97.4 + 86.0 + 67.8 + 50.5}{4\ 200} + \frac{36.8 + 27.7}{4\ 900} \right) \times 1 = 0.085\ \text{m} = 85\ \text{mm}$$

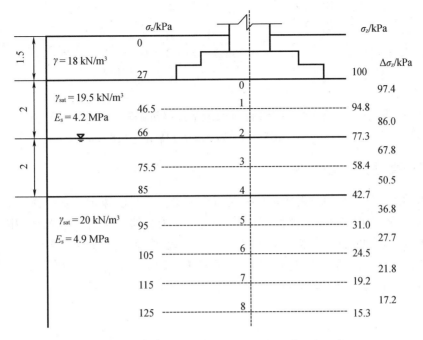

图 5 − 16　例题 3 自重应力及附加应力计算结果示意图

（2）规范法

分层：按 E_s 将地基土分为两层，第一层 $z_0 = 0$ m，$z_1 = 4$ m；第二层 $z_1 = 4$ m，$z_2 = z_n$，z_n 暂取 8 m。

各层面处基底中心点下平均附加应力系数如下。

第一层：$z_1 = 4$ m，由 $l/b = 6/4$，$z_1/b = 4/4$，查表 5 − 4 得 $\overline{\alpha}_1 = 0.7565$。

第二层：$z_2 = 8$ m，同理查得 $\overline{\alpha}_2 = 0.5084$。

由公式（5 − 26）计算各层变形量 Δs_i。

$$\Delta s_1 = \frac{p_0}{E_{s1}}(z_1 \overline{\alpha}_1 - z_0 \overline{\alpha}_0) = \frac{100}{4\,200} \times 4 \times 0.7565 = 0.0720 \text{ m}$$

$$\Delta s_2 = \frac{p_0}{E_{s2}}(z_2 \overline{\alpha}_2 - z_1 \overline{\alpha}_1) = \frac{100}{4\,900} \times (8 \times 0.5084 - 4 \times 0.7565) = 0.0212 \text{ m}$$

确定地基压缩层深度 z_n。假设 $z_n = 8$ m，则 z_n 范围内总变形量为

$$s_n' = 0.0720 + 0.0212 = 0.0932 \text{ m}$$

从 $z_n = 8$ m 处往上取 $\Delta z = 0.6$ m，$z_{n-1} = 7.4$ m 时，$\overline{\alpha}_{n-1} = 0.5364$；$z_n = 8$ m 时，$\overline{\alpha}_n = 0.5084$。

Δz 范围内的变形量为

$$\Delta s_n' = \frac{100}{4\,900} \times (8 \times 0.5084 - 7.4 \times 0.5364) = 0.00199 \text{ m}$$

由于 $\dfrac{\Delta s_n'}{s_n'} = \dfrac{0.00199}{0.0932} = 0.021 < 0.025$，所以取 $z_n = 8$ m。

确定 ψ_s。$z_n = 8$ m 范围内的压缩模量当量值计算如下：

$$\bar{E}_s = \frac{\sum\limits_{i=1}^{n}(z_i\,\bar{\alpha}_i - z_{i-1}\,\bar{\alpha}_{i-1})}{\sum\limits_{i=1}^{n}\dfrac{z_i\,\bar{\alpha}_i - z_{i-1}\,\bar{\alpha}_{i-1}}{E_{si}}} = \frac{8 \times 0.508\,4}{\dfrac{4 \times 0.756\,5}{4\,200} + \dfrac{8 \times 0.508\,4 - 4 \times 0.756\,5}{4\,900}} = 4.36\ \text{MPa}$$

由表 5-5 查得:$\psi_s = 1.265$。

计算最终沉降量。由公式(5-28)计算得地基最终沉降量为

$$s = \psi_s s_n' = 1.265 \times 0.039\,5 = 0.118\ \text{m} = 118\ \text{mm}$$

5.4.3 弹性力学公式法

弹性力学公式法是计算地基沉降的一种近似方法。该方法假定地基为弹性半空间,以弹性半空间表面作用竖向集中力时的布辛奈斯克公式为基础,从而求得基础的沉降量。

弹性半空间表面受到竖向集中力 P 作用时,在弹性半空间内任意点 $M(x, y, z)$ 处的竖向位移 $w(x, y, z)$ 已由布辛奈斯克公式给出,见式(4-22)。若取 $z = 0$,则得半空间表面任意点的竖向位移 $w(x, y, 0)$,即地表点的沉降 s 为

$$s = w(x, y, 0) = \frac{P(1 - \mu^2)}{\pi r E} \tag{5-32}$$

式中　s——竖向集中力 P 作用下地基表面任意点的沉降,m;

　　　r——地基表面任意点到竖向集中力作用点的距离,$r = \sqrt{x^2 + y^2}$,m;

　　　E——地基土的变形模量,MPa;

　　　μ——地基土的泊松比。

对于均质地基上的矩形或圆形基础,在均布的基底附加压力作用下,基础的沉降可利用式(5-32)通过积分和角点法求得,其弹性力学公式的一般形式为

$$s = \frac{1 - \mu^2}{E}\omega b p_0 \tag{5-33}$$

式中　s——基础的沉降量,m;

　　　p_0——柔性基础的均布基底附加压力或刚性基础的基底平均附加压力,kPa;

　　　b——矩形基础的宽度或圆形基础的直径,m;

　　　ω——沉降影响系数,按表 5-7 查取。表中 ω_c,ω_0 和 ω_m 分别为柔性基础角点、中心点和平均沉降影响系数,ω_r 为刚性基础沉降影响系数。

表 5-7　沉降影响系数 ω

计算点位置		荷载面形状												
		圆形	方形	矩形(l/b)										
				1.5	2.0	3.0	4.0	5.0	6.0	7.0	8.0	9.0	10.0	100.0
柔性基础	ω_c	0.64	0.56	0.68	0.77	0.89	0.98	1.05	1.11	1.16	1.20	1.24	1.27	2.00
	ω_0	1.00	1.12	1.36	1.53	1.78	1.96	2.10	2.22	2.32	2.40	2.48	2.54	4.01
	ω_m	0.85	0.95	1.15	1.30	1.52	1.70	1.83	1.96	2.04	2.12	2.19	2.25	3.70
刚性基础	ω_r	0.79	0.88	1.08	1.22	1.44	1.61	1.72	—	—	—	—	2.12	3.40

显然,用式(5-33)来估算矩形或圆形基础的最终沉降量是很简便的。但该公式是按均质的线性变形半空间假设得到的,而实际地基通常是非均质的成层土。即使是均质土层,其变形模量 E 一般会随深度的增加而增大(在砂土中尤为显著)。因此,上述弹性力学公式只能用于估算基础的最终沉降量,且计算结果往往偏大。在实际工程中,为了使 E 值能较好地反映地基变形的真实情况,常常利用已有建筑物的沉降观测资料,以弹性力学公式反算求得 E。

此外,上述弹性力学公式还可用于计算地基的瞬时沉降(见5.4.4节)。

5.4.4 地基沉降三分量法

在外荷载作用下,地基变形是随时间发展的。一般认为地基土的总沉降量 s 由瞬时沉降、主固结沉降和次固结沉降三个分量组成,即

$$s = s_d + s_c + s_s \tag{5-34}$$

式中 s_d——瞬时沉降量,m;

      s_c——主固结沉降量,m;

      s_s——次固结沉降量,m。

地基变形与时间的关系如图5-17所示。按照三分量之和计算总沉降量的方法是由斯肯普顿(A. W. Skempton)和比伦(L. Bjerrum)提出的,称为计算地基最终沉降量的变形发展三分量法,也称斯肯普顿-比伦法。

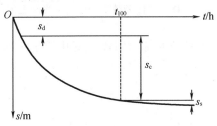

图5-17 地基沉降发展三分量曲线

1. 瞬时沉降

在很短的时间内,孔隙中的水来不及排出,加之土体中的土粒和水是不可压缩的,因而瞬时沉降是在没有体积变形的条件下发生的,它主要是由土体的侧向变形引起的。沉降计算时一般不考虑瞬时沉降,对于控制要求较高的建筑物,瞬时沉降可认为是弹性的、可恢复的,所以可以按弹性理论估算。

对饱和或接近饱和的黏性土地基,在受到中等的应力增量作用时,弹性模量可近似地假定为常数。因此,斯肯普顿提出黏性土的瞬时沉降可按弹性力学公式进行计算,即式(5-33)

$$s_d = \frac{1-\mu^2}{E} \omega b p_0$$

由式(5-32)得

$$s_d = \frac{P(1-\mu^2)}{\pi r E} = \frac{P(1-\mu^2)}{\pi E} \frac{1}{\sqrt{x^2+y^2}}$$

如图 5-18 所示,局部荷载 $p_0(\zeta,\eta)$ 作用下 $M(x,y)$ 点的沉降 s,有

$$s_d = s_d(x,y) = \frac{1-\mu^2}{\pi E} \iint_A \frac{p_0(\xi,\eta)\,\mathrm{d}\zeta\mathrm{d}\eta}{\sqrt{(x-\xi)^2 + (y-\eta)^2}}$$

$$= \frac{p_0(1-\mu^2)}{\pi E}\left[l\ln\frac{b + \sqrt{l^2 + b^2}}{l} + b\ln\frac{l + \sqrt{l^2 + b^2}}{b} \right]$$

设 $m = l/b$,上式变为

$$s_d = \frac{p_0(1-\mu^2)b\left[m\ln\dfrac{1 + \sqrt{m^2 + 1}}{m} + \ln(m + \sqrt{m^2 + 1}) \right]}{E} = \frac{1-\mu^2}{E}\omega b p_0$$

即式(5-33)。

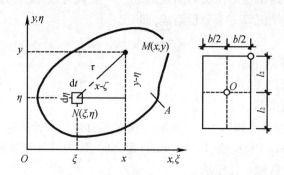

图 5-18 局部荷载下的地面沉降示意图

斯肯普顿考虑饱和黏性土在瞬时加荷时体积变化等于零的特点,并取 $\mu = 0.5$,从而将上式变为

$$s_d = 0.75\frac{\omega b p_0}{E} \tag{5-35}$$

要确定弹性模量 E 的值是较困难的,它必须在体积变化为零的条件下得到。通常可认为饱和黏性土不排水试验时体积变化为零。应用中,弹性模量一般可按三轴剪切试验或无侧限单轴压缩试验得到的应力-应变曲线上确定的初始切线模量 E_i 或现场载荷试验条件下的再加荷模量 E_r 取值,也可近似采用下式计算:

$$E = (250 \sim 500)(\sigma_1 - \sigma_3)_f = (500 \sim 1\ 000)c_u \tag{5-36}$$

式中 $(\sigma_1 - \sigma_3)_f$——饱和黏性土三轴剪切不排水试验中试样破坏时的主应力差,kPa;

c_u——饱和黏性土的不排水抗剪强度,kPa。

无黏性土地基的透水性大,加荷后沉降速度很快,瞬时沉降和固结沉降很难分开来。且其弹性模量明显地与其侧限条件有关,并随深度的增加而增大,因而一般不宜采用弹性力学公式分开求算瞬时沉降。

2. 主固结沉降

在荷载作用下随着时间的增加,饱和土体中孔隙水压力逐渐消散,有效应力逐渐增加,并最终达到一个稳定值。此时孔隙水压力消散为零,主固结沉降完成,这一过程所产生的沉降为固结沉降。主固结沉降是地基沉降的主要部分,是不可恢复的。

在单向压缩条件下,地基的主固结沉降通常需要用 $e-\lg p$ 曲线上得到的压缩指数 C_c,

按分层总和原理(见5.4.2节)计算。超固结、正常固结和欠固结的黏性土,其压缩曲线和 C_c 具有不同的特征,因而主固结沉降的具体计算有所差别。实际工程中,土的固结过程中有侧向变形,地基的固结往往并非简单的单向固结。按单向压缩性指标计算的主固结沉降常常与实际情况存在较大差异。斯肯普顿和比伦建议对计算主固结沉降量 s_c 进行以下修正

$$s'_c = \lambda s_c \tag{5-37}$$

式中　s_c——按单向压缩性指标计算的主固结沉降量,m;

　　　s'_c——修正后的主固结沉降量,m;

　　　λ——主固结沉降修正系数,一般取 $\lambda = 0.2 \sim 1.2$,可由孔隙压力系数 A 值从图5-19中查得。

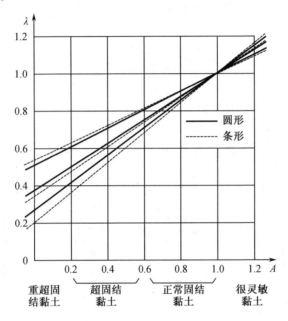

图5-19　固结沉降修正系数 λ 曲线

3. 次固结沉降

次固结沉降是在主固结沉降完成以后,由于土骨架的蠕变而引起的地基沉降。它在土中孔隙水压力完全消散、有效应力不变的情况下还会随时间的增长进一步产生沉降,称为次固结沉降。对于坚硬土或超固结土,次固结沉降量很小,而对厚的软土或有机质土地基,次固结沉降可能较大。

许多室内试验和现场测试的结果表明,次固结沉降时孔隙比与时间的关系在半对数图上接近于一条直线,如图5-20所示。次固结引起的孔隙比变化可近似地表示为

$$\Delta e = C_s \lg \frac{t}{t_{100}} \tag{5-38}$$

式中　C_s——土的次固结系数,即图5-20中直线段的斜率,无量纲;

　　　t_{100}——对应于主固结沉降完成100%的时间,h;

　　　t——所求次固结沉降的时间,$t > t_{100}$,h。

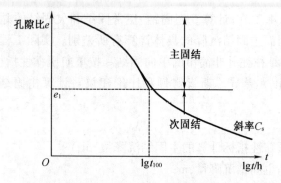

图 5-20 地基沉降时孔隙比与时间的关系曲线

地基次固结沉降一般也按单向压缩分层总和原理计算,将式(5-38)代入式(5-25),得次固结沉降量为

$$s_s = \sum_{i=1}^{n} \frac{C_{si} h_i}{1 + e_{1i}} \lg \frac{t}{t_{100}} \tag{5-39}$$

式中　e_{1i}——第 i 层土在主固结沉降完成 100% 时的孔隙比;

　　　C_{si}——第 i 层土的次固结系数;

　　　h_i——第 i 层土的厚度,m。

C_s 值主要取决于土的天然含水量 ω,近似计算时取 $C_s = 0.018\,\omega$,其一般范围见表5-8。

表 5-8　C_s 的一般值

土类	正常固结土	超固结土(OCR > 2)	高塑性黏土、有机土
C_s	0.005 ~ 0.020	<0.001	≥0.03

5.4.5　平均固结度法

由太沙基单向渗透固结理论可知,地基在某一时刻的沉降量是由有效应力引起的,故有

$$s_t = \int_0^H \frac{\sigma'_{z,t}}{E_s} \mathrm{d}z = \frac{a}{1+e_1} \int_0^H \sigma'_{z,t} \mathrm{d}z \tag{5-40}$$

由式(5-15)和式(5-40),取一阶近似,得到

$$s_t = \frac{a}{1+e_1} \sigma_z H \left(1 - \frac{8}{\pi^2} \sum_{m=1}^{\infty} \frac{1}{m^2} e^{\frac{m^2\pi^2}{4} T_v}\right) \approx \frac{a}{1+e_1} \sigma_z H \left(1 - \frac{8}{\pi^2} e^{-\frac{\pi^2}{4} T_v}\right) \tag{5-41}$$

定义固结度

$$U_t = 1 - \frac{8}{\pi^2} e^{-\frac{\pi^2}{4} T_v} \tag{5-42}$$

式(5-41)可表示为

$$s_t = \frac{a}{1+e_1} \sigma_z H U_t$$

考虑到最终沉降量

$$s = \int_0^H \frac{\sigma_z}{E_s} \mathrm{d}z = \frac{a}{1+e_1} \sigma_z \int_0^H \mathrm{d}z = \frac{a}{1+e_1} \sigma_z H$$

固结度可表示为

$$U_t = \frac{s_t}{s} \qquad (5-43)$$

即地基固结度为地基固结过程中任一时刻 t 的固结沉降量 s_t 与其最终固结沉降量 s 之比。其物理意义是在某一附加应力作用下,经某一时间 t 后,土体发生固结或孔隙水应力消散的程度。

式(5-43)等价于

$$U_t = \frac{u_0 - u_t}{u_t} \qquad (5-44)$$

式中　u_0——地基中的初始孔隙水压力,kPa;

　　　u_t——地基中 t 时刻的孔隙水压力,kPa。

由于地基中各点的孔隙水压力往往是不同的,按式(5-44)只能计算地基中某点的固结度。土中某点的固结度对于解决实际工程问题并不重要,故一般采用土层平均固结度的概念。

对于竖向排水情况,固结沉降与有效应力成正比。在某一时刻 t,地基一定厚度 z 范围内的平均固结度可以用 z 范围内 t 时刻的有效应力图面积与最终的有效应力图面积之比来表示。按有效应力原理,地基最终的有效应力图即为总附加应力图,故

$$U_t = \frac{t \text{时刻的有效应力面积}}{\text{总附加应力面积}} = 1 - \frac{\text{孔隙水压力面积}}{\text{总附加应力面积}} = 1 - \frac{\int_0^H u_{z,t}\,\mathrm{d}z}{\int_0^H \sigma_z\,\mathrm{d}z} \qquad (5-45)$$

式中　$u_{z,t}$——深度 z 处在时刻 t 的孔隙水压力,kPa;

　　　σ_z——深度 z 处的竖向附加应力,kPa;

　　　H——地基压缩层的最远排水距离,m,单面排水时取为土层厚,双面排水时取为土层厚度之一半。

在附加应力、土层性质和排水条件等已知的情况下, U_t 仅是时间 t 的函数,利用式(5-42)和式(5-43)及图5-21可方便地解决以下两类工程应用问题。

(1)已知地基的最终沉降量,求某一时刻的固结沉降量

已知地基的荷载作用时间 t 和最终沉降量 s(可按单向压缩分层总和法求得),则先计算 T_v,再计算或查图5-21得时间 t 的固结度 U_t,便可计算荷载作用时间为 t 时的地基沉降量 s_t。

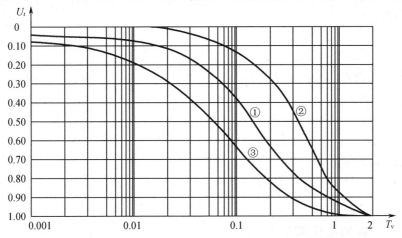

图5-21　平均固结度 U_t 和时间因数 T_v 的关系曲线

（2）已知地基的最终沉降量，求土层达到一定沉降量所需要的时间

已知地基的沉降量 s_t 和最终沉降量 s，则计算固结度 U_t 后，查图得 T_v，便可计算出完成沉降 s_t 所需的荷载作用时间 t。

例4 某饱和黏性土层厚 10 m，初始孔隙比 $e_0 = 1$，压缩系数 $a = 0.3\ \text{MPa}^{-1}$，压缩模量 $E_s = 6\ 600\ \text{kPa}$，渗透系数 $k = 1.8\ \text{cm/a}$。在大面积荷载 $p_0 = 120\ \text{kPa}$ 作用下，试就黏性土层在单面排水和双面排水两种条件，分别求：①加荷一年时的沉降量；②沉降量达 156 mm 所需的时间。

解 大面积荷载作用下，黏性土地基中附加应力沿深度近似为均布的，为

$$\sigma_z \approx p_0 = 120\ \text{kPa}$$

地基的最终沉降量近似按单向薄压缩层计算得

$$s = \varepsilon_z h = \frac{\sigma_z}{E_s} h = \frac{120}{6\ 600} \times 10 = 182\ \text{mm}$$

黏性土层的竖向固结系数为

$$C_v = \frac{k(1+e_0)}{a\gamma_w} = \frac{0.018 \times (1+1)}{0.3 \times 10^3 \times 10} = 12\ \text{m}^2/\text{a}$$

①求 $t = 1$ a 时的沉降量。

在单面排水条件下，竖向固结时间因数

$$T_v = \frac{C_v t}{H^2} = \frac{12 \times 1}{10^2} = 0.12$$

由图 5-21 中的 $U_t - T_v$ 曲线查得相应的固结度 $U_t = 0.39$，则得 $t = 1$ a 时的沉降量

$$s_t = U_t s = 0.39 \times 182 = 71\ \text{mm}$$

在双面排水条件下，竖向固结时间因数

$$T_v = \frac{C_v t}{H^2} = \frac{12}{5^2} = 0.48$$

查得固结度 $U_t = 0.75$，则 $t = 1$ a 时的沉降量

$$s_t = U_t s = 0.75 \times 182 = 71\ \text{mm}$$

②求沉降量达 $s_t = 156$ mm 所需的时间。

平均固结度为

$$U_t = \frac{s_t}{s} = \frac{156}{182} = 0.86$$

由 $U_t - T_v$ 曲线查得时间因数 $T_v = 0.71$。

在单向排水条件下

$$t = \frac{T_v H^2}{C_v} = \frac{0.71 \times 10^2}{12} = 5.9\ \text{a}$$

在双向排水条件下

$$t = \frac{T_v H^2}{C_v} = \frac{0.71 \times 5^2}{12} = 1.5\ \text{a}$$

5.4.6 几种地基沉降计算方法的讨论

上述各种计算地基最终沉降量的方法，分别是在一定的前提下提出的，在基本原理、计

算思路、公式以及适用条件等方面均存在差别。

分层总和法采用侧限条件下的压缩性指标,在有限压缩层范围内进行分层计算,以地基附加应力作为沉降计算的基本依据,并以基础中心点的沉降量代表基础的整体沉降量,模型假设较为合理,对于基底尺寸不大且形状简单的基础,其计算结果与实际较为吻合。其中,单向压缩分层总和法公式简单、计算方便;规范法引入了经验修正系数。这两种方法是目前应用最为广泛的沉降理论计算方法。一般工程中,往往需同时采用这两种方法分别计算,然后再进行分析比较、综合取值。这两种分层总和法的不足在于没有考虑土体侧向膨胀所引起的地基沉降。

弹性力学公式法假设地基为半无限弹性空间,而实际地基的可压缩层范围总是有限的,且地基土显然并非理想的均质、各向同性的弹性体,故计算模型与实际地基情况差别较大,导致计算结果误差较大。另外,该方法不能考虑相邻基础的影响问题。由于公式简单、运算简便,因而弹性力学公式法一般在沉降问题的定性分析中被采用,还可用于估算地基最终沉降量、计算刚性基础在短暂荷载作用下的相对倾斜以及地基的瞬时沉降,计算时必须注意所取用的模量为土的弹性模量。

地基沉降三分量法将瞬时沉降、主固结沉降和次固结沉降分开来计算后再进行叠加,全面考虑了地基变形发展的过程。其中,三分量分别按各自的性质和特点,采用不同的压缩性指标和方法进行计算,提高了计算精度。但由于无黏性土地基在加荷后的沉降速度很快,很难将瞬时沉降和固结沉降分开,且几乎无次固结沉降,故三分量方法只适用于计算黏性土地基的最终沉降量。

平均固结度法以太沙基单向渗透固结理论为基础,利用有效应力原理,采用固结度的概念计算地基沉降量。该方法认为地基的最终沉降量近似等于排水固结所引起的主固结沉降量,虽然有些误差,但可用于求解实际工程中地基沉降与时间的关系问题,方便实用。该法仅适用于计算单向渗透的地基,对于多维渗透的地基,其沉降计算方法还需从理论上做进一步研究。

5.5　应力历史对地基沉降的影响

5.5.1　土的回弹和再压缩

在压缩试验中,若加压至某一压力后不再加压,之后逐级进行卸荷,则可观察到土样的回弹。若测得其回弹稳定后的孔隙比,则可绘制相应的孔隙比与压力的关系曲线,称为回弹曲线,如图 5-22(a)所示 bc 段。由于土样已在压力 p_i 作用下产生压缩弹性变形和残余变形,完全卸荷后,弹性变形可以恢复,但残余变形不能恢复,故土样并不能完全恢复到初始孔隙比的状态。如重新逐级加压,则可测得土样在各级荷载下再压缩稳定后的孔隙比,得到再压缩曲线。其中 df 段近似为 ab 段的延续,犹如其间没有经过卸荷和再压缩过程一样。在半对数曲线图 5-22(b)中也同样可以看到这种现象。而再压缩曲线的 cd 段与回弹曲线 cb 并不重合,这就反映了不同的应力历史下土的压缩性是有差别的。

在实际工程中,当基础的底面尺寸和埋深较大时,开挖基坑后地基会受到较大的减压(卸荷)作用,造成坑底回弹。在预估基础沉降时,应适当考虑回弹和再压缩的影响。

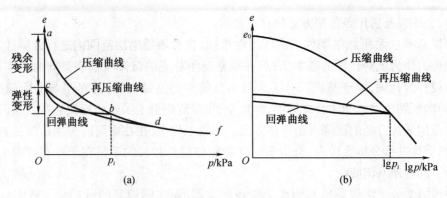

图 5－22　土的回弹曲线和再压缩曲线
(a)$e-p$ 曲线；(b)$e-\lg p$ 曲线

5.5.2　正常固结、超固结和欠固结土

　　土层的应力历史是指土层从形成至今所经受的应力变化情况。为了考虑受荷历史对土的压缩变形的影响,就必须知道土层受到过的前期固结压力。前期固结压力是指土层在历史上曾经受到过的最大固结压力,用 p_c 表示。不同应力历史的土,其工程性质也存在差别。前期固结压力 p_c 与现有自重应力 p_1 的比值称为超固结比 OCR(Over Consolidation Ration)。前期固结压力 p_c 可按下述作图法求出,如图 5－23 所示。步骤如下:先在 $e-\lg p$ 曲线上找到曲率半径最小的 A 点,过 A 点作水平线 $A1$,切线 $A2$,直线 $A1$ 与 $A2$ 夹角的角平分线 $A3$,$A3$ 与 $e-\lg p$ 曲线中直线段的反向延长线相交于 B 点,B 点所对应的压力即为土层的前期固结压力 p_c。这是美国土木工程师岩土工程师卡萨格兰德(A. Casagrande)于 1936年提出的,故称卡萨格兰德作图法。

　　应该指出,前期固结压力 p_c 只是反映土层压缩性能发生变化的一个界限值,其成因不一定都是由土的受荷历史所致。其他成因如黏土风化过程的结构变化,土粒间的化学胶结、土层的地质时代变老、地下水的长期变化以及土的干缩等作用均可能使黏土层的密实程度超过正常沉积情况下相对应的密实程度,从而呈现一种类似超固结的性状。因此,确定前期固结压力时,须结合场地的地质情况、土层的沉积历史以及自然地理环境变化等各种因素综合评定。

　　根据应力历史,土可分为正常固结土、超固结土和欠固结土三类。

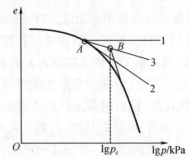

图 5－23　前期固结应力的确定曲线

1. 正常固结土

若天然土层经历了漫长的地质年代,逐渐沉积到现在的地面,在土的自重作用下已经达到固结稳定状态,则其前期固结压力 p_c 等于现有的土自重应力 p_1,这类土称为正常固结土,如图 5-24(a)所示。正常固结土的超固结比 OCR = 1。

2. 超固结土

若正常固结土受流水、冰川或人为开挖等的剥蚀作用而形成现在的地面,则前期固结压力 p_c 就超过了现有的土自重应力 p_1,如图 5-24(b)所示。这类历史上曾经受到过大于现有覆盖土重的前期固结压力的土称为超固结土。超固结土的超固结比 OCR > 1。

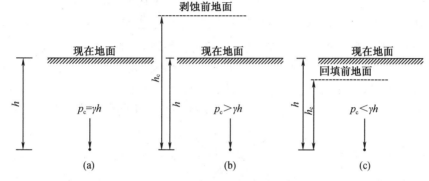

图 5-24　沉积土层按前期固结压力分类示意图
(a)正常固结土;(b)超固结土;(c)欠固结土

与正常固结土相比,超固结土的强度较高、压缩性较低,静止侧压力系数较大(可大于1)。软弱地基处理方法之一的堆载预压法就是通过堆载预压使软弱土成为超固结土,从而提高其强度,降低其压缩性。

3. 欠固结土

欠固结土主要指新近沉积黏性土、人工填土及地下水位下降后原水位以下的黏性土等。这类土层在自重作用下还没有完全固结,土中孔隙水压力仍在继续消散,土的前期固结压力 p_c 小于现有土的自重应力 p_1(这里 p_1 指的是土层固结完毕后的自重应力),如图 5-24(c)所示。欠固结土的超固结比 OCR < 1。由于欠固结土层的沉降尚未稳定,因此当地基主要受力层范围内有欠固结土层时,必须注意其沉降问题。

5.5.3　考虑应力历史时的沉降计算

不同的应力历史对地基沉降的计算是有影响的。一般来说,正常固结土的沉降计算值与实际值较为吻合,超固结土的沉降计算值比实际值偏大,而欠固结土沉降计算值则比实际值偏小。若要考虑应力历史的影响,则对具有不同应力历史的地基,其沉降计算要采用不同的压缩曲线和计算方法。

一般情况下,压缩曲线($e-p$ 或 $e-\lg p$)是由室内单向固结试验得到的,但由于目前钻探取样的技术条件不够理想、土样取出地面后应力的释放以及室内试验时切土人工扰动等因素的影响,室内的压缩曲线已经不能代表地基中现场压缩曲线(即原位土层承受建筑物荷载后的 $e - p$ 或 $e - \lg p$ 关系曲线)。即使试样的扰动很小,保持土的原位孔隙比基本不变,应力释放仍是无法完全避免的,所以,室内压缩曲线的起始段实际上已是一条再压缩曲线。因此,必须对室内单向固结试验得到的压缩曲线进行修正,才能得到符合原位土体压缩性的现场压缩曲线,由此计算得到的地基沉降才会更符合实际。利用室内 $e - \lg p$ 曲线可以推出现场压缩曲线,从而可进行更为准确的沉降计算。根据 $e - p$ 曲线,则不能做到这一点。另一方面,现场压缩曲线很直观地反映出前期固结应力 p_c,从而可以清晰地考虑地基的应力历史对沉降的影响;同时,现场压缩($e - \lg p$)曲线是由直线或折线组成,通过 C_c 或 C_s 两个压缩性指标即可进行计算,使用较为方便。

1. 正常固结土的沉降

(1)现场压缩曲线的推求

假定取样过程中,试样不发生体积变化:即实验室测定的试样初始孔隙比 e_0 就是取土深度 z 处的天然孔隙比。由 e_0 和 p_c 的值,在 $e - \lg p$ 坐标上定出 B 点,如图 5-25 所示,此即土在现场压缩的起点,也就是说,(e_0, p_c) 反映了原位土的应力-孔隙比的状态。然后,从纵坐标 $0.42e_0$ 处作一水平线交室内压缩曲线于 C 点。连接 B 点和 C 点,即得现场压缩曲线。

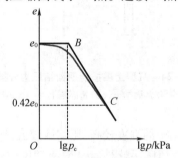

图 5-25　正常固结土现场压缩曲线

(2)沉降量计算

得到现场压缩曲线后,即可由应力的变化计算出孔隙比的变化,如图 5-26 所示,其斜率为压缩指数 C_c,因此有

$$e_1 - e_2 = C_c \lg \frac{p_2}{p_1} \tag{5-46}$$

式中　p_1——土的自重应力,kPa;

　　　p_2——土的自重应力与附加应力之和,kPa;

　　　e_1, e_2——对应于 p_1, p_2 时的孔隙比。

以单向压缩分层总和法为例,将式(5-46)代入式(5-20)和式(5-25),即得用原始压缩曲线计算正常固结土的最终沉降量的公式,即

$$s = \sum_{i=1}^{n} \frac{C_{ci} h_i}{1 + e_{1i}} \lg \frac{p_{2i}}{p_{1i}} \tag{5-47}$$

式中　C_{ci}——按原始压缩曲线确定的第 i 层土的压缩指数。

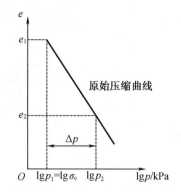

图 5 – 26　正常固结土的沉降计算曲线

2. 超固结土的沉降

(1) 现场压缩曲线的推求

假定取样过程中,试样不发生体积变化,即实验室测定的试样初始孔隙比 e_0 就是取土深度 z 处的天然孔隙比。由 e_0 和现有自重应力 p_0 的值,在 $e - \lg p$ 坐标上定出 D 点,如图 5 – 27 所示,此即土在现场压缩的起点,过 D 点作回弹 – 再压缩曲线构成回滞环的割线的平行线,交 p_c 的位置线于 B 点,DB 线即为现场再压缩线,从纵坐标 $0.42e_0$ 处作一水平线交室内压缩曲线于 C 点。连接 B 点和 C 点,即得现场压缩曲线。

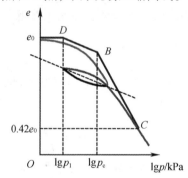

图 5 – 27　超固结土现场压缩曲线

(2) 沉降量计算

对于超固结土来说,考虑其应力历史的压缩曲线中存在原始回弹及原始压缩两个阶段,如图 5 – 28 所示。其中原始回弹和原始压缩曲线的斜率分别称为原始回弹指数和原始压缩指数。在建筑物或结构物荷载作用时,土中应力由 p_1(自重应力)增加至 p_2(自重应力与附加应力之和),根据 p_2 与 p_c 的大小关系,沉降计算分为以下两种情况。

① $p_2 > p_c$ 时

如图 5 – 28(a)所示,当土中自重应力与附加应力之和大于前期固结压力,即 $p_2 > p_c$ 时,土中应力由自重应力 p_1 增加至自重应力与附加应力之和 p_2 时,孔隙比变化为

$$e_1 - e_2 = \Delta e' + \Delta e'' = C_e \lg \frac{p_c}{p_1} + C_c \lg \frac{p_2}{p_c} \qquad (5 - 48)$$

式中　C_e——土的原始回弹指数;

C_c——土的原始压缩指数。

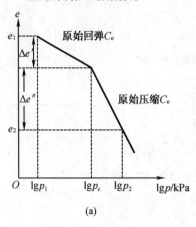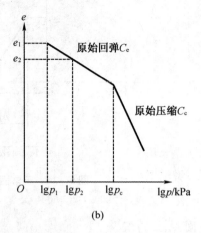

(a)   (b)

图 5 – 28　超固结土的沉降计算曲线

(a)$p_2 > p_c$ 时;(b)$p_2 > p_c$ 时

按单向压缩分层总和法,将式(5 – 48)代入式(5 – 20)和式(5 – 25),即得考虑应力历史时的沉降计算公式为

$$s = \sum_{i=1}^{n} \frac{h_i}{1 + e_{1i}} \left(C_{ei} \lg \frac{p_{ci}}{p_{1i}} + C_{ci} \lg \frac{p_{2i}}{p_{ci}} \right) \qquad (5-49)$$

式中　C_{ei},C_{ci}——第 i 层土的原始回弹指数和原始压缩指数;

　　　p_{ci}——第 i 层土的前期固结压力。

②$p_2 < p_c$ 时

如图 5 – 28(b)所示,当土中自重应力与附加应力之和小于前期固结压力,即 $p_2 < p_c$ 时,土中应力由 p_1 增加至 p_2 时,孔隙比变化为

$$e_1 - e_2 = C_c \lg \frac{p_2}{p_1} \qquad (5-50)$$

按单向压缩分层总和法,将式(5 – 50)代入式(5 – 20)和式(5 – 25),即得考虑应力历史时的沉降计算公式为

$$s = \sum_{i=1}^{n} \frac{C_{ei} h_i}{1 + e_{1i}} \lg \frac{p_{2i}}{p_{1i}} \qquad (5-51)$$

3. 欠固结土的沉降

对于欠固结土,在目前自重应力作用下土的固结尚未完成,而这部分固结会造成地基的沉降。如果仍按正常固结土计算而不考虑目前自重应力作用下引起的固结沉降,则势必会使计算结果比实际地基沉降量小,从而导致设计计算欠安全。

因此,对于欠固结土地基,其沉降计算必须考虑欠固结部分。如图 5 – 29 所示,即除了计算应力由 p_1 增加至 p_2 时附加应力引起的沉降外,还应考虑应力由前期固结压力 p_c 增加至目前自重应力 p_1 时的沉降量。故当土中应力由 p_c 增加至 p_2 时,孔隙比的变化量为

$$e_1 - e_2 = C_c \lg \frac{p_2}{p_c} \qquad (5-52)$$

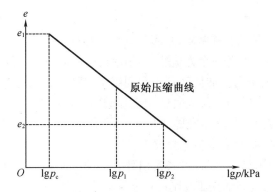

图 5 - 29 欠固结土的沉降计算曲线

按单向压缩分层总和法,将式(5 - 52)代入式(5 - 20)和式(5 - 25),得考虑应力历史时的欠固结土的沉降计算公式为

$$s = \sum_{i=1}^{n} \frac{C_{ci}h_i}{1 + e_{1i}} \lg \frac{p_{2i}}{p_{ci}} \tag{5 - 53}$$

用 $e - \lg p$ 曲线法来计算地基的沉降时,其基本方法与 $e - p$ 曲线法相似,都是以无侧向变形条件下压缩量的基本公式和分层总和法为前提,即每一分层的压缩量用公式(5 - 20)计算,所不同的是:①Δe 由现场压缩曲线求得;②初始孔隙比用 e_0;③对不同应力历史的土层,需要用不同的方法来计算 Δe,即对正常固结土、超固结土和欠固结土的计算公式在形式上稍有不同。因而,$e - \lg p$ 曲线法计算地基的沉降可按照如下步骤进行:

①选择沉降计算断面和计算点,确定基底压力;

②将地基分层;

③计算地基中各分层面的自重应力及土层平均自重应力 p_{0i};

④计算地基中各分层面的竖向附加应力及土层平均附加应力;

⑤用卡萨格兰德的方法,根据室内压缩曲线确定前期固结应力 p_{ci},判定土层是属于正常固结土、超固结土或欠固结土,推求现场压缩曲线;

⑥对正常固结土、超固结土和欠固结土分别用不同的方法求各分层的压缩量,然后将各分层的压缩量累加得总沉降量,即 $s = \sum_{i=1}^{n} s_i$。

(一)思考题

1. 什么是土的压缩性? 常用哪些指标表示土的压缩性?

2. 引起土体压缩的主要原因是什么?

3. 土的压缩系数和压缩模量是否为定值,为什么?

4. 试述土的各压缩性指标的意义和确定方法。

5. 为什么单向压缩分层总和法中分层厚度要求 $h_i \leqslant 0.4b$? 单向压缩分层总和法与规范法在计算地基最终沉降量时有哪些区别? 它们的计算结果与实际沉降量有何差别?

6. 在计算地基最终沉降量以及确定地基沉降计算深度时,为什么自重应力要用有效重度进行计算?

7. 两个基础,底面面积相同,基底附加压力相同,但埋置深度不同。若压缩层内土的性质相同,试问哪一个基础的沉降较大? 若基础的面积不同,但埋置深度相同,哪一个基础的沉降较大,为什么?

8. 建于均质地基上的两相邻基础,基底附加压力相同且都为均匀分布。问:若同时建造,两基础的沉降量是否相同? 若一个先建造,多年后再建造另一个,两基础沉降量是否一致?

9. 什么叫前期固结压力? 如何区别正常固结土、超固结土和欠固结土?

10. 什么是有效应力原理? 试说明饱和土渗透固结过程中的应力变化过程。

11. 什么是有效应力? 什么是孔隙水压力? 其中静孔隙水压力如何计算?

12. 什么是固结度,有何实际应用意义?

13. 地基沉降可分为哪三个阶段,各是由什么原因引起的,如何计算?

14. 分层总和法计算基础的沉降量时,若土层较厚,为什么一般应将地基土分层? 如果地基土为均质,且地基中自重应力和附加应力均为沿高度均匀分布,是否还有必要将地基分层?

15. 分层总和法中,对一软土层较厚的地基,用 $s_i = \dfrac{e_{1i} - e_{2i}}{1 + e_{1i}} h_i$ 或 $s_i = \dfrac{a_i}{1 + e_{1i}} \Delta p h_i$ 计算各分层的沉降时,用哪个公式的计算结果更准确,为什么?

16. 基础埋深 $d > 0$ 时,沉降计算为什么要用基底净压力?

17. 土层固结过程中,孔隙水压力和有效应力是如何转换的,他们之间有何关系?

18. 超固结土与正常固结土的压缩性有何不同,为什么?

(二)计算题

1. 某矩形基础的底面尺寸为 3.6 m×2 m,基础埋深为天然地面下 2 m。柱传给基础的荷载 $F = 900$ kN。地基土为均质的粉质黏土,$\gamma = 18$ kN/m³。地基承载力标准值 $f_k = 180$ kPa,压缩试验资料见表 5-9。试分别按单向压缩分层总和法和规范法计算基础的最终沉降量。

表 5-9 计算题 1 表

压力 p/kPa	0	50	100	200	400
孔隙比 e	0.870	0.780	0.730	0.660	0.620

2. 已知柱下独立矩形基础的底面尺寸为 2.8 m×2 m,基础所受荷载及地基条件如图 5-30 所示。试用适当的方法计算地基的最终沉降量。

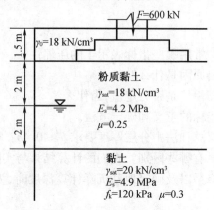

图 5-30 计算题 2 图

3. 由于建筑物传来的荷载,地基中某一饱和黏土层产生梯形分布的竖向附加应力,该层顶面和底面的附加应力分别为 $\sigma_z' = 240$ kPa 和 $\sigma_z'' = 160$ kPa,顶底面均透水,如图 5 – 31 所示,土的平均渗透系数 $k = 0.2$ cm/a,$e = 0.880$,$a = 0.39$ MPa^{-1},$E_s = 4.82$ MPa。试求:①该土层的最终沉降量;②当达到最终沉降量一半所需的时间;③当达到 120 mm 沉降所需的时间;④如果该饱和黏土层下卧不透水层,则达到 120 mm 沉降所需的时间。

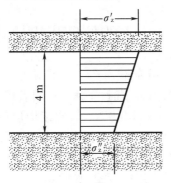

图 5 – 31 计算题 3 图

4. 有一黏土层位于两砂层之间,厚度为 5 m,现从黏土层中心取出一试样做固结试验(试样厚度为 2 cm,上下均放置了透水石),测得当固结度达到 60% 时需要 8 min,试问当天然黏土层的固结度达到 80% 时需要多少时间(假定黏土层内附加应力为直线分布)?

5. 一地基剖面图如图 5 – 32 所示,A 为原地面,在近期的人工建筑活动中已被挖去 2 m,即现在的地面为 B。设在开挖以后地面以下的土体允许发生充分回弹的情况下,再在现地面上大面积堆载,其强度为 150 kPa。试问黏土层将产生多少压缩量(黏土层的初始孔隙比为 1.00,$C_c = 0.36$,$C_s = 0.06$)?

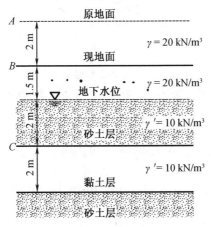

图 5 – 32 计算题 5 图

第6章 土的抗剪强度

6.1 土的抗剪程度概述

土的抗剪强度是指土体对于外荷载所产生的剪应力的极限抵抗能力。当土中某点在某一平面上的剪应力超过土的抗剪强度时,土体就会沿着剪应力作用方向发生一部分相对于另一部分的移动,该点便发生了剪切破坏。若继续增加荷载,土体中的剪切破坏点将随之增多,并最终形成一个连续的滑动面,导致土体失稳,进而造成工程事故。

工程实践和室内试验都验证在与土体稳定有关的实际工程中,无论是建筑物地基的失稳破坏、边坡土体的滑动,还是挡土墙的倾覆(见图6-1),都与土体的抗剪强度有关。与抗剪强度有关的工程问题包括:①土作为建筑物的地基问题,即地基承载力的问题;②土作为土工结构物的稳定性问题,如人工筑成的路堤、土坝的边坡以及天然土坡等的稳定性问题;③土作为工程结构的土压力问题,和边坡稳定问题有直接联系,若边坡较陡不能保持稳定,又由于场地或其他条件限制而不允许采用平缓边坡时,就可以修筑挡土墙来保持力的平衡,这类工程问题如挡土墙、桥台和地下隧道等。

土的抗剪强度是决定地基或土工建筑物稳定性的关键因素,所以研究土的抗剪强度的规律对于工程设计、施工和管理都具有非常重要的理论和实际意义。

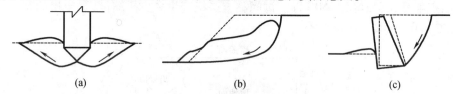

(a)   (b)   (c)

图6-1 土体工程破坏示意图
(a)地基失稳;(b)土体滑坡;(c)挡土墙倾覆

本章主要介绍土抗剪强度的基本概念、土的抗剪强度理论、土的极限平衡条件以及土的抗剪强度指标的测定方法及其在工程实际中的应用。

6.2 土的抗剪强度理论

长期以来,人们根据对材料破坏现象的分析,提出了各种不同的强度理论。其中适用于土的强度理论有很多种,不同的理论各有其优缺点。

1773年,库仑根据砂土的试验结果,如图6-2(a)所示,提出土的抗剪强度 τ_f 在应力变化不大的范围内,可表示为剪切滑动面上法向应力 σ 的线性函数,即

$$\tau_f = \sigma \tan\varphi \tag{6-1}$$

后来库仑又根据黏性土的试验结果,如图6-2(b)所示,提出更为普遍的抗剪强度公式,即

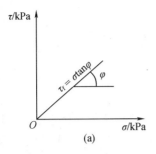

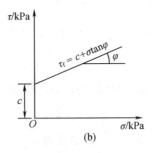

图 6 – 2　抗剪强度与法向应力的关系图

(a)无黏性土;(b)黏性土

$$\tau_f = c + \sigma\tan\varphi \tag{6-2}$$

式中　c——土的黏聚力,kPa;

　　　σ——作用在剪切面上的法向应力,kPa;

　　　φ——土的内摩擦角,(°)。

式(6-1)和式(6-2)就是土体的强度规律的数学表达式,表明在一定的荷载范围内土的抗剪强度与法向应力之间呈线性关系,其中 c,φ 称为土的强度指标。

1936 年,太沙基提出了有效应力原理。根据有效应力原理,土中总应力等于有效应力与孔隙水压力之和,只有有效应力的变化才会引起强度的变化。因此,土的抗剪强度 τ_f 可表示为剪切破坏面上法向有效应力 σ' 的函数。上述库仑公式应改写为

$$\tau_f = c' + \sigma'\tan\varphi' \tag{6-3}$$

式中　c'——土的有效黏聚力,kPa;

　　　σ'——作用在剪切面上的有效法向应力,kPa;

　　　φ'——土的有效内摩擦角,(°)。

c',φ' 称为土的有效抗剪强度指标,对于同一种土,其值理论上与试验方法无关,应接近于常数。与之相对应,c,φ 则称为土的总应力抗剪强度指标。

1910 年,德国土木工程师莫尔(C. O. Mohr)提出材料产生剪切破坏时,破坏面上的 τ_f 是该面上法向应力 σ 的函数,即

$$\tau_f = f(\sigma)$$

该函数在直角坐标系中是一条曲线,如图 6 – 3 所示,通常称为莫尔包线。土的莫尔包线多数情况下可近似地用直线表示,其表达式就是库仑所表示的直线方程。由库仑公式表示莫尔包线的土体抗剪强度理论称为莫尔 – 库仑(Mohr – Coulomb)强度理论。该强度理论在土力学中被广泛应用。

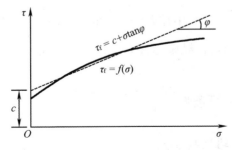

图 6 – 3　莫尔包线图

6.3 土的极限平衡条件

6.3.1 土中一点的应力状态

在土体中取一单元体,如图6-4(a)所示,设作用在该单元体上的大、小主应力分别为σ_1和σ_3,在单元体内与大主应力σ_1作用面成任意角α的mn面上的法向应力和剪应力分别为σ,τ。为了建立σ,τ与σ_1,σ_3间的关系,截取楔形脱离体abc,如图6-4(b)所示。

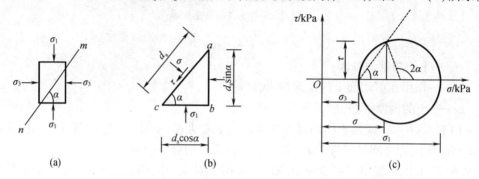

图6-4 土体中任意点的应力示意图
(a)单元土体上的应力;(b)隔离体abc上的应力;(c)莫尔圆

将各力分别在水平和竖直方向进行分解,根据静力平衡条件可得

$$\sum F_x = 0 \quad \sigma_3 d_s\sin\alpha - \sigma d_s\sin\alpha + \tau d_s\cos\alpha = 0 \tag{6-4}$$

$$\sum F_y = 0 \quad \sigma_1 d_s\cos\alpha - \sigma d_s\cos\alpha - \tau d_s\sin\alpha = 0 \tag{6-5}$$

联立式(6-4)和式(6-5)求解可以得到斜截面上的法向应力σ和剪应力τ为

$$\sigma = \frac{\sigma_1 + \sigma_3}{2} + \frac{\sigma_1 - \sigma_3}{2}\cos2\alpha \tag{6-6}$$

$$\tau = \frac{\sigma_1 - \sigma_3}{2}\sin2\alpha \tag{6-7}$$

由式(6-6)和式(6-7)可知,在σ_1和σ_3已知的情况下,斜截面mn上的法向应力σ和剪应力τ仅与斜截面倾角α有关,即

$$(\sigma - \frac{\sigma_1 + \sigma_3}{2})^2 + \tau^2 = (\frac{\sigma_1 - \sigma_3}{2})^2 \tag{6-8}$$

式(6-8)表示圆心为$(\frac{\sigma_1 + \sigma_3}{2},0)$半径为$\frac{\sigma_1 - \sigma_3}{2}$的莫尔圆。莫尔圆上任一点代表与大主应力$\sigma_1$作用面成$\alpha$角的斜面,其纵坐标代表该面上的剪应力,横坐标代表该面上的法向应力。

6.3.2 土的极限平衡条件

1. 判断土体是否达到破坏状态

将土体的抗剪强度曲线和表示土中某点应力状态的莫尔圆绘于同一坐标上,如图6-5

所示,可以判断土体是否达到破坏。

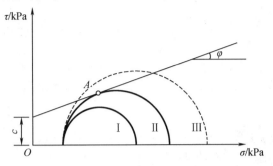

图6-5　莫尔圆与抗剪强度的关系图

若莫尔圆Ⅰ位于抗剪强度曲线以下,表示该点任一平面上的剪应力都小于土的抗剪强度,即 $\tau < \tau_f$,因此土体不会发生剪切破坏。

若抗剪强度曲线与莫尔圆Ⅱ在A点相切,表示该点所代表的平面上的剪应力等于土的抗剪强度,即 $\tau = \tau_f$,该点处于极限平衡状态,圆Ⅱ称为莫尔圆。

若抗剪强度曲线为莫尔圆Ⅲ的割线,割线以上莫尔圆上的点所代表的平面上的剪应力超过土的抗剪强度,即 $\tau > \tau_f$。实际上这种应力状态不可能存在,因为在此之前,该点已沿某一平面剪切破坏,剪应力不可能超过土的抗剪强度。

2. 土的极限平衡条件

根据莫尔圆与抗剪强度曲线相切于一点的几何关系,可以确定土的极限平衡条件。土中一点的极限平衡条件,是指该点处于极限平衡状态时,其应力与抗剪强度的平衡条件。土中一点的极限平衡条件,是指该点处于极限平衡状态时,其应力与抗剪强度的关系。

对于黏性土,由图6-6中的几何关系可知

$$AD = \frac{\sigma_1 - \sigma_3}{2}$$

$$RD = RO + OD = c\cot\varphi + \frac{\sigma_1 + \sigma_3}{2}$$

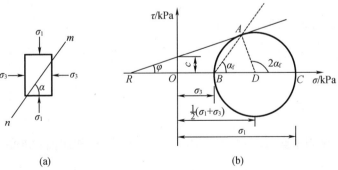

图6-6　土体中任意点的应力示意图

(a)单元体;(b)极限平衡状态

所以

$$\sin\varphi = \frac{AD}{RD} = \frac{\dfrac{\sigma_1 - \sigma_3}{2}}{c\cot\varphi + \dfrac{\sigma_1 + \sigma_3}{2}} = \frac{\sigma_1 - \sigma_3}{\sigma_1 + \sigma_3 + 2c\cot\varphi}$$

整理后得

$$\sigma_1(1 - \sin\varphi) = \sigma_3(1 + \sin\varphi) + 2c\cos\varphi \qquad (6-9)$$

因为

$$\frac{\cos\varphi}{1 - \sin\varphi} = \frac{\sqrt{1 - \sin^2\varphi}}{1 - \sin\varphi} = \sqrt{\frac{1 + \sin\varphi}{1 - \sin\varphi}}$$

$$\frac{\cos\varphi}{1 + \sin\varphi} = \frac{\sqrt{1 - \sin^2\varphi}}{1 + \sin\varphi} = \sqrt{\frac{1 - \sin\varphi}{1 + \sin\varphi}}$$

故式(6-9)可解得

$$\sigma_1 = \sigma_3 \frac{1 + \sin\varphi}{1 - \sin\varphi} + 2c\sqrt{\frac{1 + \sin\varphi}{1 - \sin\varphi}}, \quad \sigma_3 = \sigma_1 \frac{1 - \sin\varphi}{1 + \sin\varphi} - 2c\sqrt{\frac{1 - \sin\varphi}{1 + \sin\varphi}} \qquad (6-10)$$

又因为

$$\sin^2\frac{\varphi}{2} + \cos^2\frac{\varphi}{2} = 1, \ \sin\varphi = 2\sin\frac{\varphi}{2}\cos\frac{\varphi}{2}, \ \tan45° = 1, \ \tan(a \pm b) = \frac{\tan a \pm \tan b}{1 \mp \tan a \tan b}$$

可知

$$\frac{1 \mp \sin\varphi}{1 \pm \sin\varphi} = \frac{\sin^2\dfrac{\varphi}{2} + \cos^2\dfrac{\varphi}{2} \mp 2\sin\dfrac{\varphi}{2}\cos\dfrac{\varphi}{2}}{\sin^2\dfrac{\varphi}{2} + \cos^2\dfrac{\varphi}{2} \pm 2\sin\dfrac{\varphi}{2}\cos\dfrac{\varphi}{2}} = \left(\frac{\sin\dfrac{\varphi}{2} \mp \cos\dfrac{\varphi}{2}}{\sin\dfrac{\varphi}{2} \pm \cos\dfrac{\varphi}{2}}\right)^2 = \left(\frac{\tan\dfrac{\varphi}{2} \mp \tan45°}{\tan\dfrac{\varphi}{2}\tan45° \pm 1}\right)^2$$

$$= \tan^2\left(45° \mp \frac{\varphi}{2}\right)$$

根据式(6-10),可推得黏性土的极限平衡条件为

$$\sigma_1 = \sigma_3\tan^2\left(45° + \frac{\varphi}{2}\right) + 2c\tan\left(45° + \frac{\varphi}{2}\right) \qquad (6-11)$$

或

$$\sigma_3 = \sigma_1\tan^2\left(45° - \frac{\varphi}{2}\right) - 2c\tan\left(45° - \frac{\varphi}{2}\right) \qquad (6-12)$$

对于无黏性土,因为 $c = 0$,其极限平衡条件为

$$\sigma_1 = \sigma_3\tan^2\left(45° + \frac{\varphi}{2}\right) \qquad (6-13)$$

或

$$\sigma_3 = \sigma_1\tan^2\left(45° - \frac{\varphi}{2}\right) \qquad (6-14)$$

当土中一点达到极限平衡状态时,破裂面与大主应力力 σ_1 作用面的夹角 α_f 为

$$\alpha_f = 45° + \frac{\varphi}{2} \qquad (6-15)$$

例1 已知地基中某点处的大主应力 $\sigma_1 = 450 \ \text{kPa}$,最小主应力 $\sigma_3 = 126 \ \text{kPa}$,通过现场试验测得抗剪强度指标 $c = 45 \ \text{kPa}$,$\varphi = 30°$。问该点是否发生剪切破坏?

解 土体达到极限平衡状态时,破裂面与大主应力作用面的夹角由式(6-15)得

$$\alpha_f = 45° + \frac{\varphi}{2} = 45° + \frac{30°}{2} = 60°$$

由式(6-6)和式(6-7)得该面上的应力为

$$\sigma = \frac{\sigma_1 + \sigma_3}{2} + \frac{\sigma_1 - \sigma_3}{2}\cos2\alpha_f = \frac{450 + 126}{2} + \frac{450 - 126}{2} \times \cos120° = 207 \text{ kPa}$$

$$\tau = \frac{\sigma_1 - \sigma_3}{2}\sin2\alpha_f = \frac{450 - 126}{2} \times \sin120° = 140.3 \text{ kPa}$$

而对应于该面上正应力状态的抗剪强度为

$$\tau_f = c + \sigma\tan\varphi = 45 + 207\tan30° = 164.5 \text{ kPa}$$

显然 $\tau < \tau_f$,故该点不会发生剪切破坏。

6.4 土抗剪强度的测定方法

测定土的抗剪强度指标常采用剪切试验。土的剪切试验既可在室内进行,也可在现场进行原位测试。室内试验的特点是边界条件比较明确且容易控制,但在现场取样时,不可避免地引起应力释放和土的结构扰动。为弥补室内试验的不足,通常采取在现场进行原位测试。比较常见的土的抗剪强度指标的测定方法有直接剪切试验、三轴剪切试验、无侧限抗压强度试验和十字剪切板试验。其中前三种试验需从现场取土样进行室内测定,最后一种可在现场进行原位试验。下面分别介绍四种剪切试验的仪器及其测定方法。

6.4.1 直接剪切试验

直接剪切试验(以下简称直剪试验)是其中最基本的室内试验方法,它可以直接测出土样在预定剪切面上的抗剪强度。直接剪切仪简称直剪仪,其构造如图6-7所示。

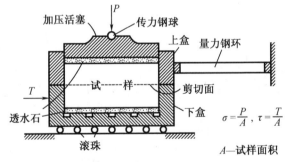

图 6-7 应变控制式直剪仪示意图

与理想塑性材料不同,土的塑性应变增加了土对继续变形的阻力,屈服点位置随应力增加而提高。这种现象称为应变硬化(加工硬化)。到达峰值点后,随应变继续增大,应力反而下降,强度随应变增加而降低,称为应变软化(加工软化),如图6-8所示。

相当于峰值点的强度称为峰值强度。相当于应变很大、应力衰减至恒定值时的强度称为残余强度。不论是峰值强度还是残余强度,都不是一个固定不变的数值,而是与土的应力状态有关。这是土区别于其他材料的重要特点之一。

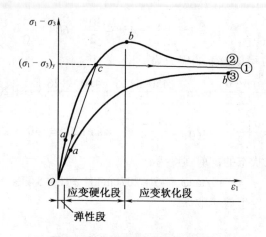

图 6-8 土的应力应变关系曲线

①为理想弹性模型的应力应变关系;②为软化型应力应变关系,如密砂;③为硬化型应力应变关系,如松砂
a 点为比例极限;b 点为曲线②、③的峰值强度;c 点为曲线①的比例极限

根据土的这一特点,试验时,将金属上盒和下盒的内圆腔对正,把试样置于上下盒之间。由杠杆系统通过加压活塞和透水石对试样施加法向应力后,匀速推动下盒,使土样沿上下盒之间的接触面产生剪切位移直至破坏。同一种土取 3~4 个土样,使其分别在不同的法向应力 σ(如 50 kPa,100 kPa,200 kPa,300 kPa,400 kPa)作用下剪切破坏,可以绘制出 3~4 条剪应力与剪切位移关系曲线,如图 6-9(a)所示,根据每条曲线的峰值强度 τ_f 和其对应的法向应力 σ,绘制出抗剪强度 τ_f 与法向压力 σ 的关系曲线,拟合成如图 6-9(b)所示的直线,则此直线即为土的抗剪强度曲线,其倾角为土的内摩擦角 φ,抗剪强度曲线在纵坐标轴上的截距 c 即为该土的黏聚力。

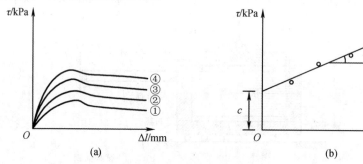

图 6-9 直剪试验结果示意图

(a)剪应力与剪切位移的关系;(b)抗剪强度与法向应力的关系

在直剪试验中,不能控制两侧孔隙水压力,也不能控制排水,所以只能用总应力法来表示土的抗剪强度。但是为了考虑固结程度和排水条件对抗剪强度的影响,根据加荷速率、剪切前土体的固结程度和剪切时的排水条件将直剪试验划分为快剪、固结快剪和慢剪三种试验类型,用以模拟不同的施工情况。

(1)快剪

竖向压力施加后立即施加水平剪力进行剪切,使土样在 3~5 min 内剪坏。由于剪切速度快(0.8 mm/min),可认为土样在这样短暂时间内没有排水固结,即模拟"不固结不排水"

的剪切情况。得到的强度指标用 c_q,φ_q 表示。

(2)固结快剪

竖向压力施加后,给予充分时间使土样排水固结。固结终了后施加水平剪力,快速地(在3~5 min 内)把土样剪坏,即模拟"固结不排水"的剪切情况。得到的指标用 c_{cq},φ_{cq} 表示。

(3)慢剪

竖向压力施加后,让土样充分排水固结,固结后以慢速(0.6 mm/min)施加水平剪力,使土样在受剪过程中一直有充分时间排水固结,直到土被剪切破坏,即模拟"固结排水"的剪切情况。得到的指标用 c_s,φ_s 表示。

由上述三种试验方法可知,即使在同一法向压力作用下,由于试验时的排水条件不同,作用在受剪面积上的有效应力也不同,所以测得的抗剪强度指标也不同。在一般情况下,$c_s < c_{cq} < c_q,\varphi_s > \varphi_{cq} > \varphi_q$。

上述三种试验方法对黏性土是有意义的,但效果要视土的渗透性大小而定。对于非黏性土,由于土的渗透性很大,即使快剪也会产生排水固结,所以常只采用一种剪切速率进行排水剪试验。

直剪试验的优点是设备简单、测试时间短、试样制备和试验操作方便以及易于掌握等优点而为工程界广泛采用,它的主要缺点是:①不能控制排水条件,无法测量孔隙水压力;②剪切面是人为固定的,该面不一定是土样最薄弱的面;③剪切面上的应力分布不均匀,中间小边缘大;④剪切过程中,假定剪切面面积不变。

因此,为了克服直剪试验存在的问题,后来又发展了三轴压缩试验方法。三轴压缩仪是目前测定土抗剪强度较为完善的仪器。

6.4.2 三轴剪切试验

三轴剪切试验是测定土的抗剪强度的一种较为完善的方法。当采用室内剪切试验确定土的抗剪强度指标时,《规范》规定深基坑不能做直剪试验,应做三轴试验。该试验所用仪器为三轴剪切仪(见图6-10),它主要由压力室、施加周围压力系统、轴向加压系统和孔隙水压力测量系统组成。目前较为先进的三轴剪切仪还配备自动控制系统和数据自动采集系统。

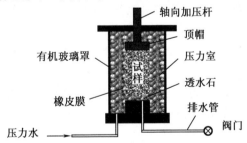

图6-10 三轴剪切仪示意图

试验用的土样为圆柱形,常用的高度与直径之比介于2~2.5之间。土样用薄橡皮膜包裹,以免压力室的水进入。试验时,将土样放在密封的压力室内,先通过施加周围压力系统向压力室内充水加压,使土样在各向受到周围压力 σ_3,并使围压在整个试验过程中保持不变,这时土样内各向的三个主应力相等,因此不产生剪应力,土样也不受剪切,如图6-11(a)所示。然后通过轴向加荷系统即活塞杆对土样施加竖向压力,随着竖向压力逐渐增大,土样最终将因受剪而破坏，如图 6–11（b）所示。设剪切破坏时轴向加荷系统施加在土样上的竖向压应力（也称为偏应力）为 $\Delta\sigma_1$，则作用在土样上的大小主应力分别为 $\sigma_1 = \sigma_3 + \Delta\sigma_1$ 和 σ_3，据此可画一个莫尔圆，如图 6–11（c）所示。同一种土应取 3 ~ 4 个土样，分别施加不同的周围压力 σ_3 进行试验，可得一组莫尔圆，画出这些莫尔圆的公切线，即为该土样的抗剪强度包线，由此便可求得土样的抗剪强度指标 c,φ 值。

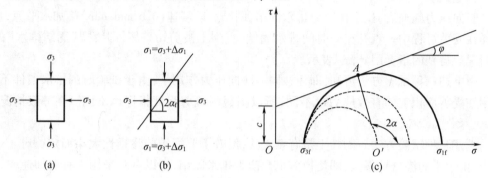

图 6–11　三轴剪切试验原理示意图

（a）土样受围压作用；（b）破坏时作用在土样上的压力；（c）土样破坏时的莫尔圆

根据土样固结排水条件的不同，与直剪试验相似，三轴试验可分为如下三种方法。

（1）不固结不排水剪试验

将现场提取或试验室制备的土样放入三轴仪的压力室内，在排水阀门关闭的情况下，先向土样施加周围压力 σ_3，随即施加轴向应力 $\Delta\sigma_1 = \sigma_1 - \sigma_3$ 进行剪切，直至剪坏。在施加 $\Delta\sigma_1$ 过程中，自始至终关闭排水阀门不允许土中水排出，即在施加周围压力和剪切力时均不允许土样发生排水固结。因此实验过程中试样中含水量保持不变。这种试验方法所对应的实际工程条件相当于饱和软黏土中快速加荷时的应力状况。

（2）固结不排水剪试验

试验时先对土样施加周围压力 σ_3，并打开排水阀门，使土样在 σ_3 作用下充分排水固结。固结完成后，关闭排水阀，然后施加轴向应力 $\Delta\sigma_1 = \sigma_1 - \sigma_3$ 直至土样破坏。在剪切过程中，土样处于不排水状态，试验过程中可测量孔隙水压力的变化过程。固结不排水剪试验是经常要做的工程试验，它适用的实际工程条件常常是一般正常固结土层在工程竣工时或以后受到大量、快速的活荷载或新增加的荷载作用时所对应的受力情况。

（3）固结排水剪试验

进行固结排水剪试验时，使试样先在 σ_3 作用下固结，然后在排水条件下缓慢剪切，使孔隙水压力充分消散，在整个固结和剪切过程中不产生孔隙水压力，因此总应力总是等于有效应力。

可以看出，这里所说的不固结或固结是对周围压力增量而言的，不排水或排水是对附加轴向压力而言的。

采用三轴试验测定土的抗剪强度也是国际上常用的方法。其优点是：①试验中能严格控制排水条件，准确测定土样在剪切过程中孔隙水压力的变化，因此既可用于总应力法试验，也可用于有效应力法试验；②与直剪试验相比，土样中的应力状态较明确，没有人为地限定剪切破坏面，破裂面发生在土样的最弱部位；③除测定抗剪强度指标外，三轴试验还能测定土的灵敏度、侧压力系数或孔隙水压力系数等指标。

三轴试验也存在试样制备和试验操作比较复杂、试样中的应力应变不均匀和土质不均时试验结果不理想等缺点。此外，目前所谓的"三轴试验"，一般都是在轴对称应力状态下进行(假三轴)，与实际土体的受力状态未必相符，因此测得的土的力学性质只能代表这种特定应力状态下土的性质。同时，三轴试验结果不能全面反映中主应力 σ_2 的影响。

三轴试验和直剪试验的三种试验方法在工程实践中如何选用是个比较复杂的问题，应根据工程情况、加荷速度快慢、土层厚薄、排水情况以及荷载大小等综合确定。一般来说，对不易透水的饱和黏性土，当土层较厚，排水条件较差，施工速度较快时，为使施工期土体稳定可采用不固结不排水剪。反之，对土层较薄，透水性较大，排水条件好，施工速度不快的短期稳定问题可采用固结不排水剪。击实填土地基、路基、挡土墙及船闸等结构物的地基，一般采用固结不排水剪。此外，如确定施工速度相当慢，土层透水性及排水条件都很好，可考虑用排水剪。当然，这些只是一般性的原则，实际情况往往要复杂得多，能严格满足试验条件的很少，因此还要具体问题具体分析。

6.4.3　无侧限抗压强度试验

无侧限抗压强度试验相当于三轴剪切试验中 $\sigma_3 = 0$ 的特殊情况。试验时，将圆柱形试样置于无侧限压缩仪中(见图 6 – 12)，在不加任何侧向压力的情况下，对试样施加轴向压力，直至试样剪切破坏为止。试样破坏时的轴向压力以 q_u 表示，称为无侧限抗压强度。无黏性土在无侧限条件下试样难以成型，该试验主要用于黏性土，尤其适用于饱和软黏土。

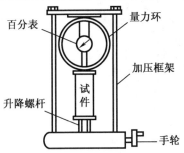

图 6 – 12　无侧限压力仪示意图

由于不能施加周围压力，无侧限抗压强度试验时侧压力 $\sigma_3 = 0$，所以只能求得一个过坐标原点的莫尔圆，如图 6 – 13 所示。对于饱和软黏土，根据三轴不固结不排水剪试验的结果，其强度包线近似一水平线，即 $\varphi_u = 0$（φ_u 表示三轴不固结不排水剪试验求得的内摩擦角），因此，饱和软黏土的不固结不排水抗剪强度可以利用无侧限压缩仪求得，即

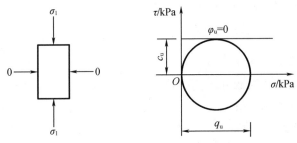

图 6 – 13　无侧限抗压强度试验原理示意图

$$\tau_f = c_u = \frac{q_u}{2} \tag{6-16}$$

式中　c_u——土的不排水抗剪强度,kPa;

　　　q_u——无侧限抗压强度,kPa。

无侧限抗压强度试验除了可测定饱和黏性土的抗剪强度指标外,还可以测定饱和软黏土的灵敏度 S/kPa_t。

6.4.4　十字板剪切试验

在抗剪强度的现场原位测试方法中,最常用的是十字板剪切试验。该试验无需钻孔取得原状土样,对土的扰动小,试验时土的排水条件、受力状态与实际情况十分接近,因而特别适用于难于取样且灵敏度高的饱和软黏土。

十字板剪切仪,如图 6-14 所示,主要由板头、加力装置和量测设备三部分组成。试验时,将套管打到要求测试深度以上 75 cm,然后将套管内的土清除,通过套管将安装在钻管下的十字板压入土中至测试深度。再在地面上以一定转速对钻管施加扭力矩,使埋在土中的十字板扭转,直至土剪切破坏。破坏面为十字板旋转所形成的圆柱面。

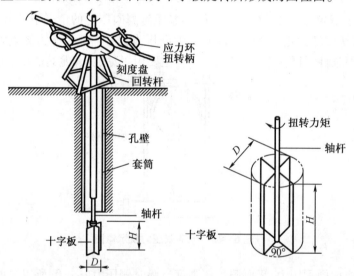

图 6-14　十字板剪切仪示意图

设土体剪切破坏时所施加的扭矩为 M,则它应该与剪切圆柱体侧面、上下端面的抗剪强度所产生的抵抗力矩相等,即

$$M = \pi DH \frac{D}{2} \tau_V + 2 \frac{\pi D^2}{4} \times \frac{D}{3} \tau_H = \frac{1}{2} \pi D^2 H \tau_V + \frac{1}{6} \pi D^3 \tau_H \tag{6-17}$$

式中　M——剪切破坏时的扭矩,kN·m;

　　　τ_V, τ_H——剪切破坏时圆柱体侧面和上下面土的抗剪强度,kPa;

　　　H——十字板的高度,m;

　　　D——十字板的直径,m。

一般而言,土体是各向异性的,但为简化计算,假定土体为各向同性体,即 $\tau_V = \tau_H = \tau_f$,土的抗剪强度各向相等,用 τ_f 表示,式(6-17)变为

$$M = (\frac{1}{2}\pi D^2 H + \frac{1}{6}\pi D^3)\tau_f \tag{6-18}$$

于是,通过十字板原位剪切试验测得的抗剪强度 τ_f 为

$$\tau_f = \frac{2M}{\pi D^2 (H + \frac{D}{3})} \tag{6-19}$$

利用十字板剪切试验在现场测定饱和黏性土的抗剪强度,类似于不排水剪的试验条件,因此其试验结果与无侧限抗压强度试验结果接近。对饱和软黏土来说,十字板剪切试验所得结果即为不排水抗剪强度,饱和软黏土 $\varphi_u = 0$,所以

$$\tau_f = \frac{q_u}{2} \tag{6-20}$$

事实上,十字板剪切试验结果往往比无侧限抗压强度高,这可能与土的扰动较小有关。土的各向异性,十字板的尺寸、形状、高径比和旋转速率等因素对十字板剪切试验结果均有一定影响。另外,十字板剪切试验也可用来测定软土的灵敏度。

6.5 饱和黏性土的抗剪强度

6.5.1 应力历史对饱和黏性土抗剪强度的影响

黏性土按应力历史分为正常固结土、超固结土和欠固结土。当饱和黏性土处于不同固结程度时其力学性质也不同,因而研究饱和黏性土的强度变化规律时必须考虑到土的应力历史的影响。

如图 6-15 所示,当土体受压时,可以经历初始压缩、卸压及再压缩过程。如图 6-15(a)所示为 $\sigma-e$ 的关系,初始压缩曲线 abc 表示土体正常固结情况,卸荷曲线 cef 和再压缩曲线 fgc' 表示超固结情况。如图 6-15(b)所示为 $\sigma-\tau$ 的关系,初始压缩曲线 abc 表示正常固结土强度包线,曲线 cef 和曲线 fgc' 表示超固结土强度包线。由图可知,e,g,b 三点的 σ 值虽然都一样,但因受压经历不同(即应力历史),e 点的抗剪强度大于 g 点,更大于 b 点的抗剪强度。abc,cef,fgc' 三线的 c,φ 值也不一样。一般说来,超固结土的强度要比正常固结土的高,这说明应力历史对黏性土的抗剪强度有一定影响。因此,考虑黏性土的抗剪强度时,要区分是正常固结土还是超固结土。在三轴试验中,如果试样现有固结压力 σ_3 大于或等于该试样在历史上曾受到过的最大固结压力,则试样是正常固结的;如果试样现有固结压力 σ_3 小于该试样在历史上曾受到过的最大固结压力,则该试样是属于超固结的。正常固结和超固结试样在受剪时将具有不同的强度特性。对于同一种土,超固结土的强度大于正常固结土的强度。

图 6-16 反映了在进行不固结不排水剪试验时饱和黏性土的应力应变关系。由图可知,正常固结土在剪切过程中随轴压($\sigma_1 - \sigma_3$)增大体积不断减小,出现剪缩现象。这是由于试样在不排水条件下受剪时孔隙水不能排出,剪应力引起孔隙水压力增加,使土体积发生压缩,结构变得更加密实。超固结土试样在不排水剪切时孔隙水压力发生短暂升高以后随剪应变增加而迅速下降,使试样体积膨胀,发生吸水,以至可能使孔隙水压力下降至零,甚至转为负值。

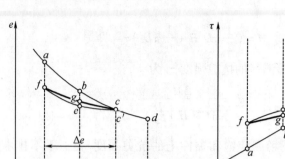

图 6 – 15　应力历史对抗剪强度的影响示意图

（a）$\sigma - e$ 的关系；（b）$\sigma - \tau$ 的关系

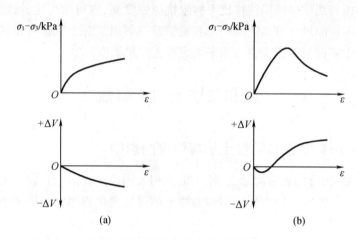

图 6 – 16　饱和黏性土在不固结不排水剪试验中的 $\sigma - \varepsilon$ 曲线

（a）正常固结土；（b）超固结土

6.5.2　排水条件对饱和黏性土抗剪强度的影响

1. 不固结不排水剪

图 6 – 17 中三个实线圆 Ⅰ，Ⅱ，Ⅲ 分别表示三个土样在不同围压 σ_3 作用下进行 UU 试验的莫尔圆，虚线圆则表示极限有效应力圆。其中圆 Ⅰ 的 $\sigma_3 = 0$，相当于无侧限抗压强度试验。

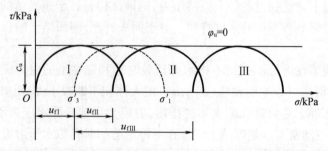

图 6 – 17　饱和黏性土不固结不排水剪试验结果示意图

试验结果表明,对同一组土样而言,在含水量不变的条件下,在不同的围压 σ_3 作用下,土样破坏时所得的极限主应力差($\sigma_1 - \sigma_3$)恒为常数。因此图中各总应力圆直径相同,故抗剪强度包线为一条水平直线,从而有

$$\left.\begin{array}{l} \tau_f = c_u = \dfrac{1}{2}(\sigma_1 - \sigma_3) \\[2mm] \varphi_u = 0 \end{array}\right\} \tag{6-21}$$

式中 c_u——土的不排水抗剪强度,kPa;

  φ_u——土的不排水内摩擦角,(°)。

试验中若分别量测土样破坏时的孔隙水压力 u_f,并用有效应力表达试验成果,则无论围压如何变化,只能得到一个有效应力圆,且其直径与总应力圆的直径相等。这是因为在不排水条件下,土样在整个试验过程中含水量和体积均保持不变,改变 σ_3 值只能引起孔隙水压力同等数值变化,而不能使土样中的有效应力发生改变,所以三个总应力圆具有同一有效应力圆,而且抗剪强度始终不变。无论是超固结土还是正常固结土,其不固结不排水剪试验的抗剪强度包线均是一条水平线,即 $\varphi_u = 0$。

这种试验方法所对应的实际工程条件相当于饱和软黏土中快速加荷时的应力状况。工程实践中,常采用不固结不排水抗剪强度来确定土的短期承载力以及评价土体的稳定性问题。

2. 固结不排水剪

对于正常固结土,因未受过任何固结压力作用,几乎没有强度,其强度包线大多数为过坐标原点的直线,如图 6-18 所示,实斜线表示正常固结土的总应力强度包线。根据试样剪破时测得的孔隙水压力 u_f,可绘出有效应力强度包线(图中虚斜线)。由于 $\sigma_1' = \sigma_1 - u_f$,$\sigma_3' = \sigma_3 - u_f$,故有 $\sigma_1' - \sigma_3' = \sigma_1 - \sigma_3$,即有效应力圆直径与总应力圆直径相等,但位置不同,两者之间距离为 u_f。因为正常固结土试样在剪破时产生正的孔隙水压力,故有效应力圆在总应力圆左方。有效内摩擦角 φ' 比 φ_{cu} 大一倍左右。φ_{cu} 一般介于 $10° \sim 25°$ 之间,c_{cu} 和 c' 都为零。

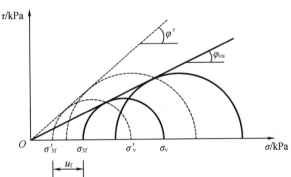

图 6-18 正常固结饱和黏性土的不固结不排水剪试验结果示意图

超固结土的固结不排水强度包线如图 6-19 所示。以前期固结压力 p_c 为界分成两部分:$\sigma_3 < p_c$(或 $\sigma_3' < p_c'$)为超固结部分,强度包线可近似地以直线 ab 表示,且不过坐标原点;$\sigma_3 > p_c$(或 $\sigma_3' > p_c'$)为正常固结部分,强度包线为直线段 bc,其延长线过坐标原点。超固结土的 $c' < c_{cu}$,$\varphi' > \varphi_{cu}$。

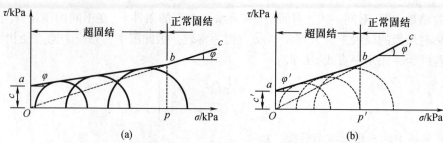

图 6 - 19　超固结饱和黏性土的固结不排水剪试验结果示意图

（a）总应力法；（b）有效应力法

固结不排水剪的总应力强度包线可表达为

$$\tau_f = c_{cu} + \sigma\tan\varphi_{cu} \qquad (6-22)$$

固结不排水剪的有效应力强度包线可表达为

$$\tau'_f = c' + \sigma'\tan\varphi' \qquad (6-23)$$

工程中可根据现场土单元的 σ_3 的大小来选取土的抗剪强度指标。如果 $\sigma_3 < p_c$，用 ab 段的抗剪强度指标；如果 $\sigma_3 > p_c$，用 bc 段的抗剪强度指标。

3. 固结排水剪（慢剪）

正常固结土的强度包线也是过坐标原点的直线，如图 6 - 20（a）所示，其原因与固结排水剪相似，即有 $c_d = 0$。φ_d 在 20° ~ 40° 之间。

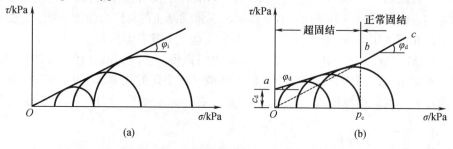

图 6 - 20　固结排水剪试验结果示意图

（a）正常固结饱和黏性土；（b）超固结饱和黏性土

超固结土的强度包线如图 6 - 20（b）所示，当 $\sigma_3 < p_c$ 时，为超固结部分，土的强度包线为微弯的曲线，但可用近似的直线段 ab 代替；而当 $\sigma_3 > p_c$ 时，为正常固结部分，土的强度包线为一直线，其延长线通过坐标原点。

试验结果表明，固结排水剪得到的抗剪强度指标 c_d 和 φ_d 与固结不排水剪得到的有效抗剪强度指标 c' 和 φ' 很接近。所以常用 c'、φ' 来代替 c_d，φ_d，而不做费工费时的固结排水剪试验。

例2　从饱和黏性土中取出一土样，切取多个试样进行固结不排水试验，测得正常固结部分 $c_{cu} = 0$，$\varphi_{cu} = 20°$，超固结部分 $c_{cu} = 30$ kPa，$\varphi_{cu} = 7°$。试求：①该土的前期固结压力是多少？②如该土样在地基中的自重应力为 80 kPa，该土天然状态的不排水强度是多少？③如在地面施加大面积的均布荷载 $q = 120$ kPa，固结稳定后，该土的不排水强度是多少？

解　①在超固结段有

$$\tau_f = \sigma\tan\varphi + c = \sigma\tan7° + 30$$

在正常固结段有

$$\tau_f = \sigma\tan20°$$

联立解得

$$p_c = \sigma = 124.4 \text{ kPa}$$

②自重应力

$$\sigma_c = 80 \text{ kPa} < p_c = 124.4 \text{ kPa}$$

故该土处于超固结状态,其抗剪强度为

$$\tau_f = 30 + 80 \times \tan7° = 39.8 \text{ kPa}$$

③在地面施加大面积荷载后,该土样的总应力为

$$\sigma = q + \sigma_c = 120 + 80 = 200 \text{ kPa} > p_c = 124.4 \text{ kPa}$$

故该土的不排水强度为

$$\tau_f = 200 \times \tan20° = 72.8 \text{ kPa}$$

6.5.3　抗剪强度指标的选择

黏性土的抗剪强度指标,由于受试验方法、应力历史等因素的影响,在选择抗剪强度指标时,要考虑地基或土体的排水条件及加荷前土体的固结情况,加荷速度的快慢等现场工程条件。现根据各种试验的特点和工程实际,对强度指标的选用原则进行如下归纳:

1. 根据现场施工加荷的实际情况,选取合适的试验方法

目前测定土强度参数的试验主要有三轴试验和直剪试验。三轴试验能严格控制排水条件、准确测定试验过程中的孔隙水压力,但试验操作复杂,试验费用比较高;而直剪试验虽然不能严格控制试验中的排水条件,但由于其设备构造简单且操作方便,试验费用相对比较低。

目前完全用三轴试验取代直剪试验的条件既不成熟,也不经济。在实际操作中,可根据工程的重要程度,采用三轴试验或通过改变直剪试验的加荷速率来控制排水条件,最大限度地模拟施工现场的实际情况。例如,对地基渗透性差的饱和黏性土,排水不良且施工速度快的建筑物,在分析它们的稳定性时可采用三轴不固结不排水剪或直剪仪快剪强度指标;对建成多年的建筑物,由于地基土体本身已得到充分固结,考虑需要在其上快速加高,或对于突然来临的非常荷载(如地震荷载),当地基土体透水性和排水条件不佳时,则可采用固结不排水剪或固结慢剪的强度指标。一般认为,由三轴固结不排水试验确定的有效应力强度指标 c', φ' 宜用于分析地基的长期稳定性。总之,在工程实践中,应使试验方法尽量接近地基土的受力和排水条件,这样的试验结果才有实用价值。表6-1列出了按不同排水条件测定的饱和黏性土抗剪强度表达式。

表6-1　饱和黏性土不同排水条件下的抗剪强度表达式

		不固结不排水剪	固结不排水剪	固结排水剪
总应力法	正常固结土	$\varphi_u = 0$ $\tau_f = c_u = \dfrac{1}{2}(\sigma_1 - \sigma_3)$	φ_{cu} $\tau_f = \sigma\tan\varphi_{cu}$	φ_d $\tau_f = \sigma\tan\varphi_d$
	超固结土		φ_{cu}, c_{cu} $\tau_f = c_{cu} + \sigma\tan\varphi_{cu}$	φ_d, c_d $\tau_f = c_d + \sigma\tan\varphi_d$

表 6 – 1(续)

		不固结不排水剪	固结不排水剪	固结排水剪
有效应力法	正常固结土	——	φ' $\tau_f = \sigma'\tan\varphi'$	φ_d $\tau_f = \sigma\tan\varphi_d$
	超固结土	——	φ', c' $\tau_f = c' + \sigma'\tan\varphi'$	φ_d, c_d $\tau_f = c_d + \sigma\tan\varphi_d$

2. 与有效应力分析法和总应力分析法相对应,分别采用土的有效应力强度指标和总应力强度指标

总应力法由于应用方便,是目前广泛采用的方法,但在应用上还存在一些缺陷。首先它只能考虑三种特定的固结情况,不能反映各种固结情况下的 c, φ 值。实际上,地基受荷载作用后因经历的时间不同,固结度始终在变化之中,即使在同一时刻,地基中不同位置的土也处于不同的固结度,但总应力法对整个土层只采用相应于某一特定固结度的抗剪强度,与实际情况不符。其次,在地质条件稍复杂的情况下,哪怕是粗略地估计地基土的固结度也是很困难的,这说明总应力法对地基实际情况模拟是很粗略的。因此,如果要更精确地评定地基的强度与稳定性,就应采用更完善的方法,如有效应力法。有效应力法概念明确,能够反映抗剪强度的本质,抗剪强度随有效应力而变化。同一种黏性土分别在三种不同排水条件下的试验结果,以有效应力表示,都得到近乎同一条有效应力破坏包线,抗剪强度与有效应力有唯一的对应关系。因此,用有效应力法确定地基土加荷后任一时间固结状态的抗剪强度是比较合理的。但有效应力法必须用三轴仪来测定土体中的孔隙水压力,这样对有些中小工程来说,常会因条件不具备而无法应用。总应力法由于试验方法(如可采用直剪仪测抗剪强度)和分析方法比较简单,对于中小型工程可以在三种不同排水条件的试验方法中,选出最能反映现场条件的一种方法来测定抗剪强度 c', φ'。

在实际工程中,由于实际工程的现场条件与测定抗剪强度的试验条件往往有不小的差别,由试验室模拟现场条件常会带来误差,因此抗剪强度指标的选择和确定,还要结合工程经验。

例 3 某饱和黏性土的有效抗剪强度指标 $c' = 15\ \text{kPa}, \varphi' = 30°$。取该土样在三轴仪中做固结不排水剪试验,测得试件破坏时,作用于试样上的围压 $\sigma_3 = 250\ \text{kPa}$,主应力差 $\sigma_1 - \sigma_3 = 145\ \text{kPa}$,求该土样破坏时的孔隙水压力 u。

解 因
$$\sigma_3 = 250\ \text{kPa}, \sigma_1 - \sigma_3 = 145\ \text{kPa}$$

故
$$\sigma_1 = 250 + 145 = 395\ \text{kPa}$$

设土样破坏时的孔隙水压力为 u,则
$$\sigma_1' = \sigma_1 - u, \sigma_3' = \sigma_3 - u$$

由式(6 – 11)有
$$\sigma_1' = \sigma_3'\tan^2\left(45° + \frac{\varphi'}{2}\right) + 2c'\tan\left(45° + \frac{\varphi'}{2}\right)$$

即
$$\sigma_1' = \sigma_1 - u = (\sigma_3 - u)\tan^2\left(45° + \frac{\varphi'}{2}\right) + 2c'\tan\left(45° + \frac{\varphi'}{2}\right)$$

解得

$$u = 203.48 \text{ kPa}$$

6.6 无黏性土的抗剪强度

6.6.1 无黏性土的内摩擦角

无黏性土主要指砂土和碎石类土。试验结果表明,无黏性土的强度包线一般为过坐标原点的直线,即 $c = 0$,其强度表达式为 $\tau_f = \sigma\tan\varphi$。

无黏性土的内摩擦角变化范围不是很大,通常介于 28°～42°之间;中砂、粗砂和砾砂一般介于 32°～40°之间;粉砂、细砂一般介于 28°～36°之间。孔隙比越小,内摩擦角越大,但是对于含水饱和的粉砂、细砂很容易失去稳定,因此对其内摩擦角的取值应该谨慎。

6.6.2 无黏性土的剪切特性

砂土的抗剪强度将受到其密度、颗粒形状、表面粗糙度和级配等因素的影响。对于一定的砂土来说,影响抗剪强度的主要因素是其初始孔隙比(或初始干密度)。初始孔隙比越小(土越紧密),则抗剪强度越高;反之,初始孔隙比越大(土越疏松),则抗剪强度越低。此外,同一种砂土在相同的初始孔隙比下饱和时的内摩擦角比干燥时稍小(一般小 2°左右),说明砂土浸水后强度降低。

砂土的初始孔隙比不同,在受剪过程中将呈现出非常不同的性状。如图 6-21 所示反映了不同初始孔隙比的同一种砂土在相同围压下受剪时的应力 – 应变关系和体积变化。松砂受剪时,颗粒滚落到平衡位置排列得更紧密些,所以它的体积会缩小,把这种因剪切而体积缩小的现象称为剪缩性;反之,紧砂受剪时,颗粒必须升高以离开它们原来的位置而彼此才能相互滑过,从而导致体积膨胀。把这种因剪切而体积膨胀的现象称为剪胀性。然而,紧砂的这种剪胀趋势随着周围压力的增大、土粒的破碎而逐渐消失。在高围压下,不论砂土的松紧如何,受剪都将产生剪缩。如图 6-21(a)所示,密实砂土的初始孔隙比较小,其应力 – 应变关系有明显的峰值。超过峰值后,随应变的增加应力逐步降低,呈应变软化型,其体积变化开始稍有减小,继而增加。这是由于较密实的砂土颗粒之间排列比较紧密,剪切过程中,砂粒间咬合力使砂粒产生相对滚动,使得体积不断增大,孔隙比增大,这就是砂土在剪切过程中发生的剪胀现象。松砂的强度随轴向应变的增大而增大,应力 – 应变关系呈应变硬化关系,松砂受剪其体积减小的现象称为剪缩。对同一种土,紧砂和松砂的强度最终趋向同一值。

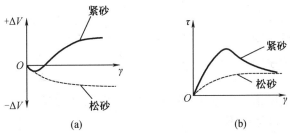

图 6-21 砂土受剪时的应力 – 应变关系和体积变化示意图

如图6-21(b)所示,随着轴向应变的增加,松砂的强度逐渐增大;应力-轴向应变关系呈应变硬化型,它的体积则逐渐减小。但是,紧砂的强度达一定值后,随着轴向应变的继续增加强度反而减小,应力-轴向应变关系最后呈应变软化型,它的体积开始时稍有减小,继而增大,超过了它的初始体积。

必须指出,在大位移下密实砂强度降低的机理与黏土不同。密实砂是由于土粒间咬合作用被克服、结构崩解变松的结果,而黏土被认为是由于在受剪过程中土的结构性损伤、土粒的排列变化及粒间引力减小,吸着水层中水分子的定向排列和阳离子的分布因受剪而遭到破坏。

6.6.3　影响土的抗剪强度的因素

土的抗剪强度指标c和φ是通过试验得出的。它们的大小反映了土的抗剪强度的高低。土与土之间的摩擦力通常由两部分组成:一部分是剪切面上颗粒与颗粒接触面所产生的摩擦力;另一部分则是颗粒之间的咬合力。黏聚力是由于黏土颗粒之间的胶结作用。按照库仑定律,对于某一种土,它们是作为常数来使用的。实际上,它们均随试验方法和土样的试验条件等的不同而发生变化,即使是同一种土,c和φ也不是常数。

影响土的抗剪强度的因素是多方面的,主要的有下述几个方面。

(1)土粒的矿物成分、形状、颗粒大小与颗粒级配

土的颗粒越粗,形状越不规则,表面越粗糙,φ越大,抗剪强度也越高。石英矿物含量越多,φ越大;反之云母矿物含量越多,φ越小。黏土矿物成分不同,其黏聚力也不同。土中含有多种胶合物,可使c增大。

(2)土的密度

土的初始密度越大,土粒间接触较紧,土粒表面摩擦力和咬合力也越大,剪切试验时需要克服这些土的剪力也越大。黏性土的紧密程度越大,黏聚力c值也越大。

(3)含水量

土中含水量的多少,对土抗剪强度的影响十分明显。土中含水量大时,会降低土粒表面上的摩擦力,使土的内摩擦角φ值减小;黏性土含水量增高时,会使结合水膜加厚,因而也就降低了黏聚力。

(4)土体结构的扰动情况

黏性土的天然结构如果被破坏时,其抗剪强度就会明显下降,因为原状土的抗剪强度高于同密度和含水量的重塑土。所以施工时要注意保持黏性土的天然结构不被破坏,特别是开挖基槽更应保持持力层的原状结构,不扰动土层结构。

(一)思考题

1. 什么叫土的抗剪强度?

2. 土体中发生剪切破坏的平面是不是剪应力最大的平面?在什么情况下,破坏面与最大剪应力面是一致的?

3. 测定土的抗剪强度指标主要有哪几种方法?试比较它们的优缺点。

4. 为什么说土的抗剪强度不是一个定值?

5. 何谓莫尔-库仑破坏准则?何为极限平衡条件?

6. 试验室中确定土体抗剪强度的三轴剪切试验方法有哪几种,其特点是什么?

7. 何为土的剪胀和剪缩? 说明剪应力产生超孔隙水压力的原因和条件。

8. 何谓灵敏度和触变性?

9. 影响砂土抗剪强度的因素有哪些?

10. 何谓砂土液化?

11. 试述正常固结黏土在不固结不排水剪试验,固结不排水剪试验,固结排水剪试验三种试验中的应力–应变、孔隙水应力–应变(或体变–应变)和强度特性。

12. 试述超固结黏土在不固结不排水剪试验,固结不排水剪试验,固结排水剪试验三种试验中的应力–应变、孔隙水应力–应变(或体变–应变)和强度特性。

13. 试述正常固结黏土和超固结黏土的总应力强度包线与有效强度包线的关系。

(二)计算题

1. 砂土地基中某点,其最大剪应力及相应的法向应力分别为 $\tau = 150$ kPa 和 $\sigma = 300$ kPa,若该点发生剪切破坏。试求:①该点的大、小主应力;②砂土的内摩擦角;③破坏面上的法向应力和剪应力。

2. 某土样进行直剪试验,在法向压力为 100 kPa,200 kPa,300 kPa 和 400 kPa 时,测得抗剪强度 τ_f 分别为 52 kPa,83 kPa,115 kPa 和 145 kPa,试求:①用作图法确定土样的抗剪强度指标 c 和 φ;②如果在土中的某一平面上作用的法向应力为 260 kPa,剪应力为 92 kPa,该平面是否会剪切破坏,为什么?

3. 已知某无黏性土的 $c = 0$,$\varphi = 30°$,若对该土取样做试验,①如果对该土样施加大小主应力分别为 200 kPa 和 120 kPa,该试样会破坏吗,为什么? ②若使小主应力保持原质不变,而将大主应力不断加大,你认为能否将大主应力增加到 400 kPa,为什么?

4. 已知某土样黏聚力 $c = 8$ kPa,内摩擦角 $\varphi = 32°$。若将此土样置于三轴仪中进行三轴剪切试验,当小主应力为 40 kPa 时,大主应力为多少才使土样达到极限平衡状态?

5. 设地基内某点的大主应力为 450 kPa,小主应力为 200 kPa,土的摩擦角为 20°,黏聚力为 50 kPa,问该点处于什么状态?

6. 设地基内某点的大主应力为 450 kPa,小主应力为 150 kPa,孔隙水压力为 50 kPa,问该点处于什么状态?

7. 某饱和黏性土在三轴仪中进行固结不排水试验,测得 $c' = 0$,$\varphi = 28°$,如果这个试件受到 $\sigma_1 = 200$ kPa 和 $\sigma_3 = 150$ kPa 的作用,测得孔隙水压力 $u = 100$ kPa,问该试件是否会破坏,为什么?

8. 某饱和黏性土无侧限抗压强度试验的不排水抗剪强度 $c_u = 70$ kPa,如果对同一土样进行三轴不固结不排水试验,施加周围压力 $\sigma_3 = 150$ kPa,试问土样将在多大的轴向压力作用下发生破坏?

9. 已知地基中某一点所受的最大主应力为 $\sigma_1 = 600$ kPa,最小主应力 $\sigma_3 = 100$ kPa。要求:①绘制应力圆;②求最大剪应力值和最大剪应力作用面与大主应力作用面的夹角;③计算作用在与小主应力作用面成 30°的面上的正应力和剪应力。

10. 某黏性土试样由固结不排水试验得有效黏聚力 $c' = 24$ kPa,有效内摩擦角 $\varphi' = 22°$。如果该试样在围压 200 kPa 下进行固结排水试验至破坏,试求破坏时的大主应力。

11. 饱和土样进行无侧限抗压试验,得无侧限抗压强度为 152 kPa,如果对同种土进行不固结不排水三轴试验,围压为 172 kPa,则总竖向压应力为多少时,试样将发生破坏?

12. 对某一饱和正常固结黏性土进行三轴固结排水剪切试验,测得其有效内摩擦角为20°。现又将土样进行固结不排水剪切试验,破坏时 $\sigma_3 = 195$ kPa,轴向应力增量 $\Delta\sigma_1 = 180$ kPa。试计算在固结不排水剪切破坏时的孔隙水压力。

13. 对某一饱和正常固结黏土进行三轴固结排水剪切试验,测得其内摩擦角 $\varphi_d = 32°$,现又对该土进行了固结不排水剪切试验,其破坏时的 $\sigma_3 = 200$ kPa。轴向应力增量 $\Delta\sigma_1 = 200$ kPa,试计算出在固结不排水剪切时的破坏孔隙水应力 u_f 值。

14. 在某地基土的不同深度进行十字板剪切试验,测得的最大扭力矩见表6 - 2。求不同深度上的抗剪强度,设十字板的高度为 10 cm,宽为 5 cm。

表6 - 2 计算题14 表

深度/m	扭力矩/(kN·m)
5	120
10	160
15	190

15. 某正常固结饱和黏性土试样进行不固结不排水试验得 $c_u = 20$ kPa,$\varphi_u = 0$,对同样的土进行固结不排水试验,得有效抗剪强度指标 $c' = 0$,$\varphi' = 30°$,如果试样在不排水条件下破坏,试求剪切破坏时的有效大主应力和小主应力。

16. 在计算题中15 题的黏土层,如果某一面上的法向应力 σ 突然增加到 200 kPa,法向应力刚增加时沿这个面的抗剪强度是多少? 经很长时间后这个面抗剪强度又是多少?

17. 某黏性土试样由固结不排水试验得出有效抗剪强度指标 $c' = 24$ kPa,$\varphi' = 22°$,如果该试件在周围压力 $\sigma_3 = 200$ kPa 下进行固结排水试验至破坏,试求破坏时的大主应力 σ_1。

18. 对一完全饱和的正常固结土试样,为了模拟其原位受力状态,先在周围压力 $\sigma_3 = 140$ kPa 固结的情况下进行不排水剪试验,测得其破坏时的 $\sigma_1 = 260$ kPa,同时测出破坏时的孔隙水应力 $u_f = 110$ kPa,试求:①破坏时试样中的有效主应力 σ_1' 及 σ_3';②试样的固结不排水抗剪强度指标 c_{cu},φ_{cu} 和有效应力强度指标 c',φ'。

第7章　土压力理论

7.1　土压力理论概述

挡土墙,简称挡墙,是一种用于支挡天然或人工边坡以保持其稳定、防止坍塌的结构物,在土木、水利和交通等工程中得到广泛的应用。例如支挡建筑物周围填土的挡墙、房屋地下室的侧墙、桥台或水闸边墙等,这些结构物都会受到土压力的作用,土体作用在挡墙上的压力称为土压力。作用于挡墙背上的土压力是设计挡墙时需要考虑的主要荷载。如图7-1所示为几种典型的挡墙应用类型。从图中可以看出,无论哪种形式的挡墙,土压力是挡墙的主要外荷载,土压力的性质、大小、方向和作用点的确定,是设计挡墙断面及验算其稳定性的主要依据。

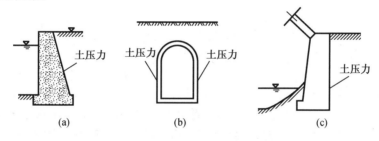

图7-1　挡墙的应用举例示意图
(a)堤坝;(b)隧道侧墙;(c)桥台

挡墙的设计,一般取单位长度并按平面问题考虑。作用于挡墙上的土压力计算较为复杂,目前计算土压力的理论仍多采用古典的朗肯理论和库仑理论。大型及特殊构筑物土压力的计算常采用有限元数值分析计算。本章主要介绍土压力的分类、静止土压力的计算、朗肯土压力理论、库仑土压力理论以及工程中常见条件下土压力的计算方法。

7.2　土压力的分类

试验表明,挡墙后土压力的性质取决于挡墙可能位移的方向以及墙后土体所处的状态,土压力的大小主要与挡墙的位移、挡墙的形状、墙后填土的性质以及填土的刚度等因素有关,但起决定因素的是墙的位移。根据墙身可能的位移方向和墙后土体所处的状态,作用在墙背上的土压力可分为主动土压力、被动土压力和静止土压力。

(1)主动土压力

当挡墙向前移动或转动而离开土体,随着墙位移量的逐渐增大,土体作用于墙上的土压力逐渐减小,当墙后土体达到主动极限平衡状态并出现滑动面时,作用于墙上的土压力减至最小,此时作用在墙背上的土压力称为主动土压力,用 E_a 表示,如图7-2(a)所示。工程中大多数挡墙受到的土压力属于这一类。

（2）被动土压力

当挡墙向后移动或转动而挤压土体，随着墙位移量的逐渐增大，土体作用于墙上的土压力逐渐增大，当墙后土体达到被动极限平衡状态并出现滑动面时，作用于墙上的土压力增至最大，此时作用在墙背上的土压力称为被动土压力，用 E_p 表示，如图 7-2(b)所示。如拱桥的桥台所受的土压力即为被动土压力。

（3）静止土压力

当挡墙静止不动，即不移动也不转动，此时墙后土体处于弹性平衡状态时，作用在墙背上的土压力称为静止土压力，用 E_0 表示，如图 7-2(c)所示。例如，被刚性楼板和底板支撑着的建筑物地下室外墙上的土压力就可视为静止土压力。另外，在未受扰动的天然土体内部的侧向自重应力、人工填土在填筑后未产生侧向变形的侧压力，均可看成静止土压力。

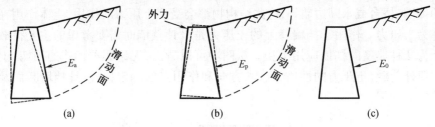

图 7-2   挡墙后的三种土压力示意图

(a)主动土压力；(b)被动土压力；(c)静止土压力

1934 年，太沙基曾经做过 2.18 m 高的模型挡墙试验，研究了墙背上的土压力与挡墙位移之间的关系，如图 7-3 所示。其他不少学者也做过多种模型试验和原型观测，也得到类似的研究成果。试验表明：土压力的大小是随挡墙的位移而变化的，作用在挡墙上的实际土压力并非只有上述三种特定状态（主动土压力 E_a，被动土压力 E_p 和静止土压力 E_0）的值；达到主动土压力所需要的挡墙位移值远小于达到被动土压力所需要的挡墙位移值；三种土压力的大小关系为 $E_a < E_0 < E_p$。

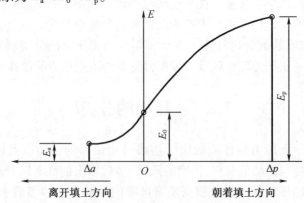

图 7-3   土压力与挡墙位移的关系图

7.3   静止土压力

当挡墙处于静止、墙后土体处于弹性平衡状态时，在填土表面以下任意深度 z 处取一微小单元体,如图 7 - 4 所示,在微单元体的水平面上作用着竖向的自重应力 γz,该点的侧向自重应力即为墙背上的静止土压力强度 e_0,即

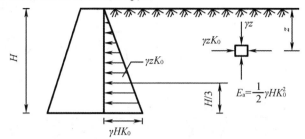

图 7 - 4　挡墙墙背上的静止土压力示意图

$$e_0 = K_0 \gamma z \tag{7-1}$$

式中　γ——墙后土体的重度,kN/m^3;

　　　K_0——静止土压力系数,可用室内试验确定,无试验资料时,可按参考值选取:砂土的 K_0 值为 0.35 ~ 0.45;黏性土的 K_0 值为 0.5 ~ 0.7。

对于正常固结土和超固结土,也可采用如下经验公式确定

$$K_0 = 1 - \sin\varphi' \tag{7-2}$$

式中　φ'——土的有效内摩擦角,(°)。在实际工程中,也可采用经验值。

由式(7 - 1)可知,静止土压力沿墙高呈三角形分布,其合力 E_0 即为三角形的面积,即

$$E_0 = \frac{1}{2}\gamma H^2 K_0 \tag{7-3}$$

式中　H——挡墙的高度,m。

静止土压力 E_0 的作用点位于距墙底 $H/3$ 的高度处,其方向垂直并指向墙背。

7.4　朗肯土压力理论

7.4.1　基本理论

朗肯于 1857 年根据均质的半无限土体的应力状态和土处于极限平衡状态的应力条件提出了朗肯土压力理论。

在其理论推导中,首先做出以下基本假定:

(1)挡墙是刚性的且墙背竖直;

(2)挡墙的墙后填土表面水平;

(3)挡墙的墙背光滑,即不考虑墙背与填土之间的摩擦力。

把土体当作半无限空间的弹性体,而墙背可假想为半无限土体内部的竖直平面,根据土体处于极限平衡状态的条件,求出挡墙上的土压力。

如图 7 - 5(a)所示,在半空间内取竖直面 AB,在 AB 面上深度为 z 处取一微单元体。设土的重度为 γ,当半空间内土体保持静止时,各点都处于弹性平衡状态,此时作用在微单元体上的大主应力 σ_1 为竖向自重应力 γz,小主应力 σ_3 为水平向自重应力 $K_0\gamma z$,其莫尔圆表示为圆 O_1,位于抗剪强度包络线下方,如图 7 - 5(b)所示。

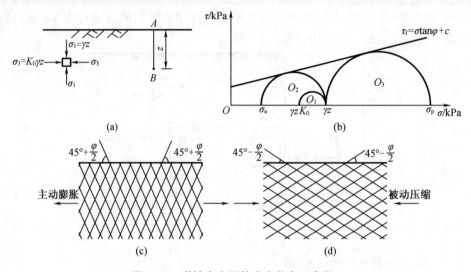

图 7 – 5　弹性半空间的应力状态示意图
(a)单元体的初始应力状态；(b)达到朗肯极限平衡状态的应力圆；
(c)主动朗肯状态的剪切破坏面；(d)被动朗肯状态的剪切破坏面

假定在某种原因下土体沿侧向方向发生主动膨胀，则微单元体上竖向应力保持不变，而水平方向应力不断减少，莫尔圆直径随之增加。当土体侧向膨胀发生到一定程度时，莫尔圆 O_2 与抗剪强度包络线相切，微单元体处于主动极限平衡状态，也称为主动朗肯状态。此时的大主应力 σ_1 仍为竖向自重应力，小主应力 σ_3 仍为水平向应力，如图 7 – 5(b)所示，土中两组剪切破坏面与水平面的夹角为 $45° + \varphi/2$，如图 7 – 5(c)所示。

当土体在侧向方向上发生被动挤压时，微单元体上竖向应力保持不变，而水平方向应力不断增大，莫尔圆直径不断减小至一点。当水平向应力继续增大到超过竖直向应力时，水平向应力成为大主应力 σ_1，而竖向应力变成了小主应力 σ_3。此后，水平向应力不断增加，莫尔圆直径也不断增加。当土体侧向挤压发生到一定程度时，莫尔圆 O_3 与抗剪强度包络线相切，微单元体处于被动极限状态，也称为被动朗肯状态。此时大主应力 σ_1 为水平向应力，如图 7 – 5(b)所示，土中两组剪切破坏面与水平面的夹角为 $45° - \varphi/2$，如图 7 – 5(d)所示。

朗肯认为可以用直立的挡墙来代替上述竖直面 AB 左边的土体，如果满足墙背与土接触面上的切应力为零的条件，便不会改变右边土体中的应力状态。当挡墙向前位移使土体达到主动极限平衡条件时，对应于莫尔圆 O_2 的小主应力 σ_3 即为主动土压力强度 e_a；当挡墙向后位移使土体达到被动极限平衡条件时，对应于莫尔圆 O_3 的大主应力 σ_1 即为被动土压力强度 e_p。由此可见，朗肯土压力理论适用于挡墙墙背竖直、光滑且墙后填土面水平的情况。

7.4.2　主动土压力

假设挡墙的墙背竖直、光滑且填土面水平。当挡墙向前移动或转动时，填土面以下任意深度 z 处的竖向应力保持为自重应力 γz 不变，而水平方向的应力则逐渐减小。当土体达到主动朗肯状态时，大主应力 σ_1 为竖向自重应力 γz，而小主应力 σ_3 为水平向的应力，即为作用在墙背上的主动土压力强度 e_a。

根据土的极限平衡条件式(6-12)和式(6-14),有

对于黏性土

$$e_a = \gamma z \tan^2\left(45° - \frac{\varphi}{2}\right) - 2c\tan\left(45° - \frac{\varphi}{2}\right) = \gamma z K_a - 2c\sqrt{K_a} \qquad (7-4)$$

对于无黏性土

$$e_a = \gamma z \tan^2\left(45° - \frac{\varphi}{2}\right) = \gamma z K_a \qquad (7-5)$$

式中　K_a——朗肯主动土压力系数,$K_a = \tan^2\left(45° - \frac{\varphi}{2}\right)$;

γ——土的重度,kN/m^3;

c——土的黏聚力,kPa;

φ——土的内摩擦角,(°)。

当墙后填土为无黏性土时,$c=0$,主动土压力仅仅是由土的自重所产生,主动土压力强度随深度增加时线性增加,沿墙高呈三角形分布,主动土压力的合力 E_a 为三角形的面积,其值为

$$E_a = \frac{1}{2}\gamma H^2 K_a \qquad (7-6)$$

式中　H——挡墙的高度,m。

合力作用在挡墙底以上 $H/3$ 处,如图7-6(b)所示。

当墙后填土为黏性土时,由式(7-4)可知,主动土压力由两部分组成,黏聚力 c 的存在减小了墙背上的土压力,并且在墙背上部形成负侧压力区(拉应力区),如图7-6(c)所示的三角形 acd。由于墙背与填土在很小的拉应力下就会脱开,该区域的土中会出现裂缝,故在计算墙背上的主动土压力时一般应略去这部分负侧压力,而仅仅考虑三角形 bce 部分的土压力。此时,由主动土压力强度为零的条件可计算墙背受拉区的高度 z_0,令

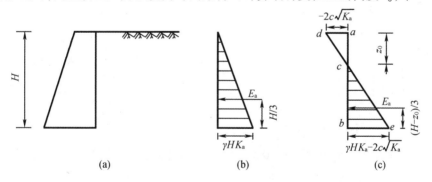

图7-6　朗肯主动土压力强度的分布示意图

(a)挡墙;(b)填土为无黏性土时;(c)填土为黏性土时

$$e_a\big|_{z=z_0} = \gamma z_0 K_a - 2c\sqrt{K_a} = 0$$

得

$$z_0 = \frac{2c}{\gamma\sqrt{K_a}} \qquad (7-7)$$

式中　z_0——主动土压力分布的"临界深度",被认为是黏性土中无支挡直立开挖的最大

深度。

主动土压力合力 E_a 的大小等于三角形 bce 的面积值,并作用在三角形 bce 的形心上,即在挡墙底面以上 $(H-z_0)/3$ 处。其值为

$$E_a = \frac{1}{2}(H-z_0)(\gamma H K_a - 2c\sqrt{K_a}) \text{ 或 } E_a = \frac{1}{2}\gamma H^2 K_a - 2cH\sqrt{K_a} + \frac{2c^2}{\gamma} \qquad (7-8)$$

7.4.3 被动土压力

当挡墙受外力作用而向后移动或转动时,填土面下任意深度 z 处的竖向应力保持为自重应力 γz 不变,而水平方向的应力逐渐增大,直至达到被动朗肯状态为止。此时,小主应力 σ_3 为竖向自重应力 γz,而大主应力 σ_1 则为水平向的应力,即为作用在墙背上的被动土压力强度 e_p。

根据土的极限平衡条件式(6-11)和式(6-13),有

对于黏性土

$$e_p = \gamma z \tan^2\left(45° + \frac{\varphi}{2}\right) + 2c\tan\left(45° + \frac{\varphi}{2}\right) = \gamma z K_p + 2c\sqrt{K_p} \qquad (7-9)$$

对于无黏性土

$$\sigma_p = \gamma z \tan^2\left(45° + \frac{\varphi}{2}\right) = \gamma z K_p \qquad (7-10)$$

式中 K_p——朗肯被动土压力系数,$K_p = \tan^2\left(45° + \frac{\varphi}{2}\right)$。

当填土为无黏性土时,挡墙背上的被动土压力强度也呈三角形分布,如图7-7(b)所示,被动土压力合力 E_p 的值为

$$E_p = \frac{1}{2}\gamma H^2 K_p \qquad (7-11)$$

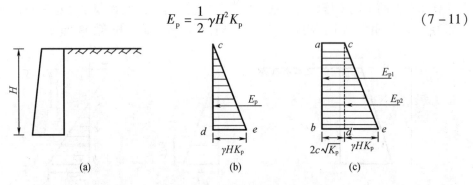

图7-7 朗肯被动土压力强度的分布示意图

(a)挡墙;(b)填土为无黏性土时;(c)填土为黏性土时

其作用点在墙底以上 $H/3$ 处。

当填土为黏性土时,黏聚力 c 的存在将增加被动土压力,作用在墙背上的被动土压力呈梯形分布,如图7-7(c)所示,合力 E_p 的大小等于梯形面积的值,可用矩形 $acdb$ 与三角形 ced 的面积之和求得,即

$$E_p = E_{p1} + E_{p2} = 2cH\sqrt{K_p} + \frac{1}{2}\gamma H^2 K_p \qquad (7-12)$$

式中 E_{p1}, E_{p2}——按矩形面积和三角形面积计算得到的被动土压力的两个分量,如图7-7

（b）所示，它们分别作用于矩形和三角形的形心处。

合力 E_p 作用在梯形的形心上，其作用点至墙底的距离 z_a 可以按梯形形心的几何公式求得，也可以用 E_{p1} 和 E_{p2} 按式（7-13）计算：

$$z_a = \frac{E_{p1}\dfrac{H}{2} + E_{p2}\dfrac{H}{2}}{E_p} \qquad\qquad (7-13)$$

例1 如图7-8所示，某挡墙高 $H = 6$ m，墙背竖直、光滑且填土表面水平，填土为黏性土，重度 $\gamma = 17$ kN/m³，内摩擦角 $\varphi = 20°$，黏聚力 $c = 8$ kPa。试按朗肯土压力理论计算主动土压力 E_a 及其作用点，并绘出主动土压力强度分布图。

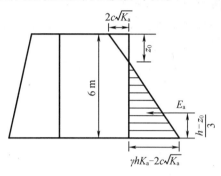

图7-8 例1图

解 朗肯主动土压力系数

$$K_a = \tan^2\left(45° - \frac{\varphi}{2}\right) = 0.49$$

挡墙顶（$z = 0$）处的土压力强度为

$$e_{a0} = -2c\sqrt{K_a} = -2 \times 8 \times \sqrt{0.49} = -11.2 \text{ kPa}$$

墙底（$z = 6$ m）处的土压力强度为

$$e_{aH} = \gamma z K_a - 2c\sqrt{K_a} = 17 \times 6 \times 0.49 - 2 \times 8 \times \sqrt{0.49} = 38.8 \text{ kPa}$$

土压力强度分布如图7-8所示。

土压力分布的临界深度为

$$z_0 = \frac{2c}{\gamma\sqrt{K_a}} = \frac{2 \times 8}{17 \times \sqrt{0.49}} = 1.34 \text{ m}$$

主动土压力为

$$E_a = \frac{1}{2}(H - z_0)e_{aH} = \frac{1}{2} \times (6 - 1.34) \times 38.8 = 90.4 \text{ kN/m}$$

E_a 的作用点至墙底距离为

$$d = \frac{1}{3}(H - z_0) = \frac{1}{3} \times (6 - 1.34) = 1.55 \text{ m}$$

7.5 库仑土压力理论

7.5.1 基本理论

库仑于1776年根据研究挡墙墙后滑动土楔体的静力平衡条件,提出了计算针对墙后填土为无黏性土情况的土压力理论。

在其理论推导中,首先做出以下基本假定:

(1)墙后填土为理想的散体材料($c=0$);

(2)墙后填土达到极限平衡状态时,土体中产生通过墙背的平面滑动面;

(3)填土面、滑动平面和墙背合围部分土体为刚性楔体。

库仑土压力理论的基本思路就是通过分析楔体的静力平衡条件来求得墙背上的土压力。

7.5.2 主动土压力

如图7-9所示,挡墙墙背倾角为α,墙后填土为无黏性土,填土面的倾角为β,填土的重度为γ、内摩擦角为φ,墙背与填土间的外摩擦角为δ。假定土体达到极限平衡状态时形成滑动平面BC,它与水平面的夹角为θ。

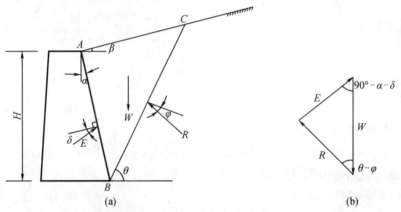

图7-9　库仑主动土压力计算简图

(a)假定的滑动面和滑动楔体的受力;(b)滑动楔体的力三角形

取滑动楔体ABC为隔离体,作用在楔体上的力有楔体自重W,滑动面BC上的反力R和墙背AB上的反力E,如图7-9(a)所示。滑动面BC上的反力R作用方向与BC面法线成φ角,并位于法线的下方,其大小未知。墙背AB上的反力E方向与AB面的法线成δ角,并位于法线的下方,E的反作用力即为作用在墙背上的土压力,其大小未知。假定滑动面BC的倾角为θ,则楔体的几何尺寸即已确定,W即是已知力,方向竖直向下,有

$$W = \frac{1}{2}\gamma H^2 \frac{\cos(\alpha-\beta)\cos(\theta-\alpha)}{\sin(\theta-\beta)\cos^2\alpha} \tag{7-14}$$

根据楔体静力平衡条件,W,R,E构成封闭的力三角形,如图7-9(b)所示,由正弦定律有

$$\frac{W}{\sin(90°+\alpha+\delta+\varphi-\theta)} = \frac{E}{\sin(\theta-\varphi)}$$

代入式(7-14),并整理得

$$E = \frac{1}{2}\gamma H^2 \frac{\cos(\alpha-\beta)\cos(\theta-\alpha)\sin(\theta-\varphi)}{\sin(\theta-\beta)\cos(\theta-\varphi-\alpha-\delta)\cos^2\alpha} \tag{7-15}$$

由于滑动面 BC 的倾角 θ 是任意假定的,因此 E 是 θ 的函数。对应于不同的 θ,有一系列的滑动面和 E 值。与主动土压力 E_a 相应的是其中的最大反力 $E_{\max}$,对应的滑动面为最危险滑动面。令 $\mathrm{d}E/\mathrm{d}\theta = 0$,可得墙背反力为 $E_{\max}$ 时最危险滑动面的倾角 θ_{cr},将其值代入式(7-15),便可得到 $E_{\max}$,即主动土压力 E_a 的值,有

$$E_a = \frac{1}{2}\gamma H^2 \frac{\cos^2(\varphi-\alpha)}{\cos(\alpha+\delta)\cos^2\alpha\left[1+\sqrt{\dfrac{\sin(\varphi+\delta)\sin(\varphi-\beta)}{\cos(\alpha+\delta)\cos(\alpha-\beta)}}\right]^2} = \frac{1}{2}\gamma H^2 K_a \tag{7-16}$$

式中　K_a——库仑主动土压力系数;

　　　α——挡墙墙背的倾角,(°);

　　　β——墙后填土面的倾角,(°);

　　　δ——墙背与填土间的外摩擦角,(°);

　　　γ——墙后填土的重度,kN/m^3;

　　　φ——墙后填土的内摩擦角,(°)。

由前面的基本假设可知,库仑土压力理论的适用条件是墙后填土为碎石土、砂土等无黏性($c=0$)的材料。当填土为无黏性土,墙背直立($\alpha=0$),光滑($\delta=0$)且填土面水平($\beta=0$)时,按式(7-16)计算的主动土压力系数为 $K_a = \tan^2(45°-\varphi/2)$,与朗肯主动土压力系数一致。可见,在符合朗肯理论的条件下,库仑理论与朗肯理论具有相同的结果,二者是吻合的。

由式(7-16)对 z 求导数,便得库仑主动土压力沿墙高的分布及主动土压力强度,为

$$e_a = \frac{\mathrm{d}E_a}{\mathrm{d}z} = \gamma z K_a \tag{7-17}$$

如图7-10所示,库仑主动土压力强度沿墙高呈三角形分布,合力 E_a 作用在距墙底 $H/3$ 高度处,其作用方向指向墙背,与墙背法线成 δ 角且在法线上方。

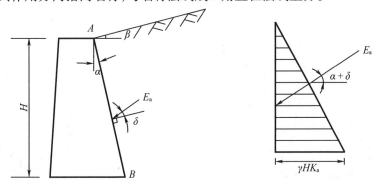

图7-10　库仑主动土压力的分布示意图

例2　拟建挡墙高 5.4 m,墙后填土面倾角 $\beta=20°$,填土为无黏性土,重度 $\gamma=18$ kN/m³,内摩擦角 $\varphi=30°$。假设墙背与土的摩擦角 $\delta=\varphi/3$。若墙背分别设计为俯斜($\alpha=15°$)、竖

直($\alpha = 0$)和仰斜($\alpha = -15°$),试求墙背上的主动土压力及其分布。

解 ①当墙背设计成俯斜($\alpha = 15°$)时,由 $\alpha = 15°$,$\beta = 20°$,$\delta = 10°$,$\varphi = 30°$,求得库仑主动土压力系数为

$$K_a = \cfrac{\cos^2(30° - 15°)}{\cos(15° + 10°)\cos^2 15°\left[1 + \sqrt{\cfrac{\sin(30° + 10°)\sin(30° - 20°)}{\cos(15° + 10°)\cos(15° - 20°)}}\right]^2} = 0.604$$

按式(7 - 16),则主动土压力的合力为

$$E_a = \frac{1}{2}\gamma H^2 K_a = \frac{1}{2} \times 18 \times 5.4^2 \times 0.604 = 158.5 \ \text{kN/m}$$

主动土压力强度沿墙高呈三角形分布,墙顶处主动土压力强度 $e_{a0} = 0$,墙底处主动土压力强度为

$$e_{aH} = \gamma H K_a = 18 \times 5.4 \times 0.604 = 58.7 \ \text{kPa}$$

②当墙背设计成直立($\alpha = 0$)时,库仑主动土压力系数 $K_a = 0.420$,主动土压力的合力 $E_a = 110.2 \ \text{kN/m}$。主动土压力强度沿墙高呈三角形分布,墙顶处主动土压力强度 $e_{a0} = 0$,墙底处主动土压力强度 $e_{aH} = 40.8 \ \text{kPa}$。

③当墙背设计成仰斜($\alpha = -15°$)时,库仑主动土压力系数 $K_a = 0.288$,主动土压力的合力 $E_a = 75.6 \ \text{kN/m}$。主动土压力强度沿墙高呈三角形分布,墙顶处主动土压力强度 $e_{a0} = 0$,墙底处主动土压力强度 $e_{aH} = 28.0 \ \text{kPa}$。

由计算结果可以看出,在其他条件相同的情况下,仰斜墙背时的主动土压力最小,这对挡墙抵抗水平滑移和保证墙身强度安全都是有利的。

7.5.3 被动土压力

对于如图7 - 11所示的挡墙,采用与库仑主动土压力分析时同样的假定,可得到作用在滑动楔体上的力仍为三个,其中楔体自重 W 是已知力,仍按式(7 - 14)计算,滑动面 BC 上的反力 R 的作用方向仍与 BC 面法线成 φ 角,但位于法线上方,墙背 AB 上的反力 E 的方向仍与 AB 面的法线成 δ 角,但位于法线上方。按同样的思路,先由楔体的静力平衡条件求得 E 值,然后用求极值的方法求得最小值 $E_{\min}$,即为被动土压力合力 E_p。E_p 按式(7 - 18)计算,即

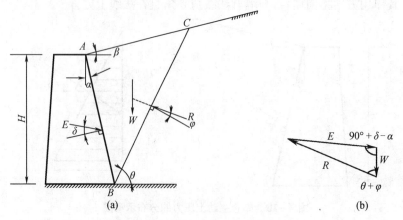

图 7 - 11 库仑被动土压力计算简图

(a)假定的滑动面和滑动楔体的受力;(b)滑动楔体的力三角形

$$E_p = \frac{1}{2}\gamma H^2 \frac{\cos^2(\varphi+\alpha)}{\cos(\alpha-\delta)\cos^2\alpha\left[1-\sqrt{\dfrac{\sin(\varphi+\delta)\sin(\varphi+\delta)}{\cos(\alpha-\delta)\cos(\alpha-\beta)}}\right]^2} = \frac{1}{2}\gamma H^2 K_p \quad (7-18)$$

式中 K_p——库仑被动土压力系数。

E_p 的作用点位置在距墙底 $H/3$ 处,与墙背法线成 δ 角并位于法线下方,指向墙背。同理可推得,被动土压力强度沿墙高呈三角形分布。

由式(7-18)对 z 求导数,便得库仑被动土压力强度,为

$$e_p = \frac{dE_p}{dz} = \gamma z K_p$$

7.5.4 关于朗肯和库仑土压力理论的简单说明

1. 朗肯和库仑土压力理论都是由墙后填土处于极限平衡状态的条件得到的。但朗肯理论求得的是墙背各点土压力强度分布,而库仑理论求得的是墙背上的总土压力。

2. 朗肯理论在其推导过程中忽视了墙背与填土之间的摩擦力,认为墙背是光滑的,计算的主动土压力误差偏大,被动土压力误差偏小。而库仑理论考虑了这一点,不过墙后填土达到极限平衡状态时,破裂面是一曲面。按库仑公式计算主动土压力时,可以满足工程所需要的精度(偏差 2%~10%)。但计算被动土压力时,其误差却较大,甚至很大,所以一般不用库仑理论计算被动土压力。

3. 朗肯理论适用于填土表面为水平的无黏性土或黏性土的土压力计算,而库仑理论只适用于填土表面为水平或倾斜的无黏性土,对无黏性土只能用图解法计算。

7.5.5 挡墙位移对土压力分布的影响

挡墙下端不动,上端向外移动,无论位移多少,作用在墙背上的压力都按直线分布。当墙上端的移动达到一定数值后,墙后填土会发生主动破坏,此时作用在墙上的土压力称为主动土压力,总压力作用点位于墙底以上 $H/3$ 处,如图 7-12(a)所示。

挡墙上端不动,下端向外移动,无论位移达到多大,都不能使填土内发生主动破坏,压力也为曲线分布,总压力作用点位于墙底以上 $H/2$ 处,如图 7-12(b)所示。

挡墙的上端和下端都向外移动,当位移的大小未达到足以使填土发生主动破坏时,压力也为曲线分布,总压力作用点位于墙底以上约 $H/2$ 处,当位移超过某一值,填土发生主动破坏时,压力为直线分布,总压力作用点位于墙底以上 $H/3$ 处,如图 7-12(c)所示。

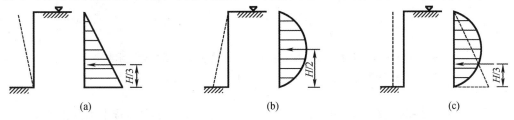

图 7-12 土压力分布示意图

(a)上端外移;(b)下端外移;(c)上下端均外移

7.6 特殊情况下的土压力计算

7.6.1 填土面均布荷载作用下的土压力

在实际应用中,路堤挡墙受到路面车辆荷载的作用以及边坡挡墙受到坡顶建筑物或构筑物的荷载作用等,都可看成墙后填土面上受均布荷载作用的情况。当填土面上有均布的荷载作用时,可以采用当量土层代换法,即将均布荷载 q 换算成当量厚度土层的自重应力,当量土层厚度 h_s 为

$$h_s = \frac{q}{\gamma} \tag{7-19}$$

式中 q——填土面的均布荷载,kPa;
γ——填土的重度,kN/m³。

1. 填土面受无限均布荷载作用的情况

如图 7-13(a)所示,假设挡墙符合朗肯条件,墙后填土面上作用有无限面积均布荷载 q,采用当量土层代换法,与 q 相应的假想填土厚度为 h_s,同时假想挡墙的墙顶也相应沿墙高至 A' 处,然后就可对假想填土面用朗肯土压力公式计算墙背 $A'B$ 范围的土压力。

以黏性土的主动土压力计算为例,按式(7-4),可得 A 点以下深度 z 处的主动土压力强度为

$$e_a = \gamma(h_s + z)K_a - 2c\sqrt{K_a} \tag{7-20}$$

将式(7-19)代入式(7-20)得

$$e_a = qK_a + \gamma z K_a - 2c\sqrt{K_a} \tag{7-21}$$

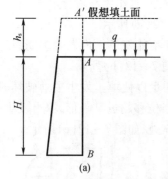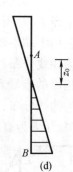

图 7-13 填土面上受无限均布荷载时的朗肯主动土压力计算示意图

(a)当量土层代换法;(b)$q > 2c/\sqrt{K_a}$;(c)$q = 2c/\sqrt{K_a}$;(d)$q < 2c/\sqrt{K_a}$

比较式(7-4)和式(7-21)可见,填土面上无限均布荷载 q 在墙背上引起的主动土压力强度为 qK_a,沿墙高呈均匀分布。

按式(7-21),当 $q > 2c/\sqrt{K_a}$ 时,$e_{aA} > 0$,墙背上的主动土压力呈梯形分布;当 $q = 2c/\sqrt{K_a}$ 时,$e_{aA} = 0$,主动土压力呈三角形分布;当 $q < 2c/\sqrt{K_a}$ 时,$e_{aA} < 0$,主动土压力在临界深度以下呈三角形分布。在计算主动土压力合力 E_a 时,应不计作用在假想墙背 $A'A$ 上的那部分土压

力,而只计算实际墙背 AB 上的土压力,E_a 作用在 e_a 分布图形的重心位置。

对于符合库仑条件的挡墙,如图 7-14 所示,假想挡墙的总高度为 $H+h$。采用当量土层代换法可得作用在填土面以下深度 z 处的主动土压力强度为

$$\sigma_a = \gamma(h+z)K_a$$

由于墙背倾斜,其中虚拟墙高度 h 需按图中所示的几何关系求得,为

$$h = h_s \frac{\cos\beta\cos\alpha}{\cos(\alpha-\beta)} = \frac{q}{\gamma}\frac{\cos\beta\cos\alpha}{\cos(\alpha-\beta)} \qquad (7-22)$$

式中　h_s——荷载 q 的当量土层厚度,按式(7-19)计算。

同样地,计算主动土压力合力 E_a 时,不计作用在虚拟墙背上的那部分土压力。E_a 作用在 e_a 分布图形的重心高度处。

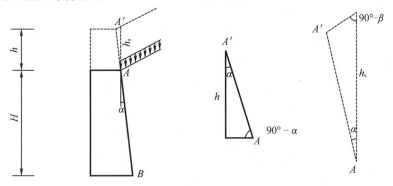

图 7-14　填土面上有无限均布荷载时的库仑主动土压力计算简图

2.填土表面受局部均布荷载作用的情况

(1)墙背一定距离外受均布荷载

如图 7-15(a)所示,当距墙背一定距离 L_1 以外的填土面上受到均布荷载 q 作用时,可以认为 q 的影响按 $45°+\varphi/2$ 的角度扩散,然后作用在墙背上,q 产生的主动土压力强度为 qK_a。而在 $L_1\tan(45°+\varphi/2)$ 以上的墙背范围内不受 q 的影响。则墙背上的主动土压力分布如图 7-15(a)所示。

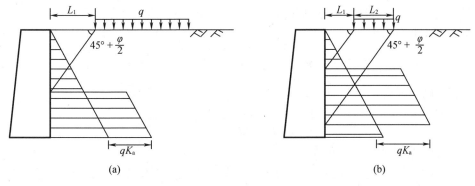

图 7-15　填土面受局部均布荷载作用时的朗肯主动土压力示意图
(a)墙背一定距离外受均布荷载;(b)墙背一定距离外受局部均布荷载

(2)墙背一定距离外受局部均布荷载

如图 7-15(b)所示,在至墙背距离为 L_1 处的填土面上受到宽度为 L_2 的局部均布荷载 q 作用。同样可认为 q 的影响按 $45°+φ/2$ 的角度扩散,作用在墙背上,q 产生的主动土压力强度为 qK_a。在 $L_1\tan(45°+φ/2)$ 以上和 $(L_1+L_2)\tan(45°+φ/2)$ 以下的墙背范围内,不受 q 的影响。墙背上的主动土压力分布如图 7-15(b)所示。

例 3　如图 7-16 所示的挡墙,高 5 m,墙背倾角 $α=10°$,墙背与土的外摩擦角 $δ=10°$,填土面倾角 $β=15°$,填土指标为 $γ=28$ kN/m³,$c=0$,$φ=30°$,填土面作用有均布荷载 $q=20$ kPa。求作用在墙背上的主动土压力,并画出其分布图。

解　由 $α=10°$,$δ=10°$,$β=15°$,$φ=30°$,求得库仑主动土压力系数 $K_a=0.974$。

q 的当量土层厚度为

$$h_s = \frac{20}{18} = 1.11 \text{ m}$$

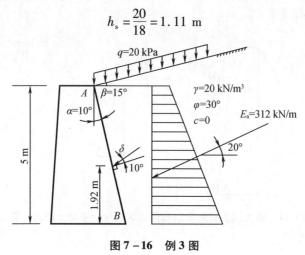

图 7-16　例 3 图

由式(7-22)计算得相应的虚拟墙高为

$$h' = 1.11 \times \frac{\cos15°\cos10°}{\cos(10°-15°)} = 1.06 \text{ m}$$

由式(7-17),得挡墙顶面和底面的主动土压力强度分别为

$$e_{aA} = 18 \times 1.06 \times 0.974 = 18.6 \text{ kPa}$$

$$e_{aB} = 18 \times (1.06+5) \times 0.974 = 106.2 \text{ kPa}$$

主动土压力分布如图 7-16 所示。

主动土压力合力为

$$E_a = \frac{1}{2} \times 5 \times (18.6+106.2) = 312 \text{ kN/m}$$

距墙底的高度为

$$z_a = \frac{2 \times 18.6+106.2}{3 \times (18.6+106.2)} \times 5 = 1.915 \text{ m}$$

E_a 作用线与水平向的夹角为 $20°$。

例 4　如图 7-17 所示的挡墙高 $H=8$ m,墙背竖直、光滑且填土面水平,距墙顶 $L_1=2$ m 处作用有宽 $L_2=3$ m 的均布荷载 $q=30$ kPa。填土的物理力学指标为 $γ=18$ kN/m³,$c=15$ kPa,$φ=18°$。试绘出挡墙背上的主动土压力分布图,并计算主动土压力合力。

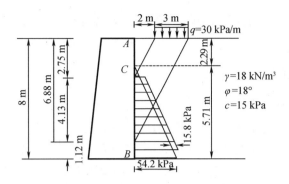

图 7-17 例 4 图

解 主动土压力系数为

$$K_a = \tan^2\left(45° - \frac{18°}{2}\right) = 0.528, \sqrt{K_a} = 0.727$$

①未考虑填土面荷载作用时的主动土压力

临界深度为

$$z_0 = \frac{2 \times 15}{18 \times 0.727} = 2.29 \text{ m}$$

墙背 C 点、B 点主动土压力强度分别为

$$e_{aC} = 0$$

$$e_{aB} = (18 \times 8 \times 0.528 - 2 \times 15 \times 0.727) = 54.2 \text{ kPa}$$

主动土压力强度分布三角形的高度为

$$H_0 - z_0 = 8 - 2.29 = 5.71 \text{ m}$$

此部分土压力合力为

$$E_{a1} = \frac{1}{2} \times 54.2 \times 5.71 = 154.7 \text{ kN/m}$$

E_{a1} 的作用点离墙底距离为

$$d = 5.71/3 = 1.90 \text{ m}$$

②局部均布荷载作用引起的主动土压力

局部荷载产生的土压力强度为

$$qK_a = 30 \times 0.582 = 15.8 \text{ kPa}$$

墙背上部不受影响的高度为

$$z_1 = L_1 \tan\left(45° + \frac{\varphi}{2}\right) = 2 \times \tan\left(45° + \frac{18°}{2}\right) = 2.75 \text{ m}$$

墙背中部受影响的范围为

$$z_2 = L_2 \tan\left(45° + \frac{\varphi}{2}\right) = 3 \times \tan\left(45° + \frac{18°}{2}\right) = 4.13 \text{ m}$$

此部分土压力合力为

$$E_{a2} = qK_a z_2 = 15.8 \times 4.13 = 65.3 \text{ kN/m}$$

E_{a2} 的作用点离墙底距离为

$$d = 4.13/2 + (8 - 2.75 - 4.13) = 3.19 \text{ m}$$

③主动土压力合力及分布

挡墙背上的主动土压力分布如图 7-17 所示,全部主动土压力合力为

$$E_a = E_{a1} + E_{a2} = 154.7 + 65.3 = 220 \text{ kN/m}$$

7.6.2 成层填土的土压力

库仑土压力理论和朗肯土压力理论都只直接适用于墙后填土为均质土的情况,当挡墙后填土由多层不同种类的填土组成时,不能直接应用该公式计算。

以符合朗肯条件的挡墙的主动土压力为例,当挡墙后填土由多层不同种类的水平填土层组成时,可采用如图 7-18 所示的方法:①第一层土范围内的墙背段上的主动土压力分布,按填土为均质土采用第一层土的物理力学指标和主动土压力系数 K_{a1},直接按朗肯土压力公式计算;②计算第二层土范围内的墙背 CD 段上的土压力分布时,先采用当量荷载代换法,即将第一层土的自重应力 $\gamma_1 h_1$ 看成作用在第二层土面上的荷载,然后对 CD 段墙背,按填土为均质土且填土面上有大面积荷载的情况,并用第二层土的物理力学指标和主动土压力系数 K_{a2},按朗肯土压力公式计算其主动土压力强度分布;③对于第三层土范围内的墙背段 DB,同样地,将第一、二层土的自重应力 $\gamma_1 h_1 + \gamma_2 h_2$ 作为第三层土面上的荷载,并用第三层土的相应指标和土压力系数 K_{a3} 计算主动土压力强度。当其下有更多土层时,依此进行。

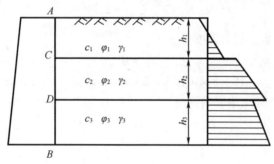

图 7-18　成层填土的主动土压力示意图

如图 7-18 所示,由于各土层的土性指标及主动土压力系数不同,故在各层界面处计算的主动土压力强度可能出现突变的情况。墙背上的主动土压力合力 K_a 可由分段主动土压力强度分布图的面积求出,作用位置在分布图形重心处。

例 5　挡土墙高 5 m,墙背竖直、光滑且墙后填土面水平,共分两层。各层的物理力学性质指标如图 7-19 所示,试求主动土压力 E_a,并绘出土压力分布图。

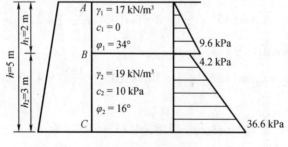

图 7-19　例 5 图

解　朗肯土压力系数

$$K_{a1} = \tan^2(45° - \frac{34°}{2}) = 0.283, K_{a2} = \tan^2(45° - \frac{16°}{2}) = 0.568$$

土压力强度

$$e_{aA} = 0$$

$$e_{aB上} = \gamma_1 h_1 K_{a1} = 17 \times 2 \times 0.283 = 9.6 \text{ kPa}$$

$$e_{aB下} = \gamma_1 h_1 K_{a2} - 2c_2\sqrt{K_{a2}} = 17 \times 2 \times 0.568 - 2 \times 10 \times \sqrt{0.568} = 4.2 \text{ kPa}$$

$$e_{aC} = (\gamma_1 h_1 + \gamma_2 h_2) K_{a2} - 2c_2\sqrt{K_{a2}} = (17 \times 2 + 19 \times 3) \times 0.568 - 2 \times 10 \times \sqrt{0.568}$$
$$= 36.6 \text{ kPa}$$

主动土压力为

$$E_a = \frac{1}{2} \times 9.6 \times 2 + \frac{1}{2} \times (4.2 + 36.6) \times 3 = 70.8 \text{ kN/m}$$

E_a 沿水平方向作用,其作用点至墙底距离为 $z_{a2} = 3.05/3 = 1.02$ m。挡墙背上的主动土压力分布如图 7-19 所示。

7.6.3 填土中存在地下水时的土压力

墙后填土中有水存在可能会对挡墙土压力有多方面的影响,如土的重度变化、抗剪强度降低、水对挡墙产生水压力、某些黏性土浸水后发生膨胀产生膨胀力以及细粒土冻胀产生冻胀力等。工程中一般不允许选用浸水易膨胀的黏性土和易冻胀土作为挡墙后填土。

墙后填土中存在地下水时,计算中应考虑填土重度变化和静水压力对挡墙土压力的影响。地下水位以上部分的土压力按照均质土情况计算,水位以下部分的土压力计算目前有"水土分算"和"水土合算"两种方法。

所谓"水土分算"法,是采用有效重度 γ' 和有效应力强度指标 c' 和 φ' 计算土压力,另外再加上静水压力的方法,如图 7-20(b) 所示。作用在墙背上的土压力是一种广义的土压力,为上述土压力与水压力之和。这种方法的优点在于符合土的有效应力原理,可以分别考虑土压力和水压力的方向(可能是不同的)。一般认为当填土为渗透性较大的砂土、碎石土或杂填土等时,水位以下的土孔隙中充满水,能产生全部的静水压力,作用在浸入水中的全部墙背上,故应采用"水土分算"方法。

所谓"水土合算"法,是采用土的饱和重度 γ_{sat} 和总应力强度指标 c 和 φ 计算墙背上的总土压力的方法,如图 7-20(c) 所示。对于渗透性小的黏性土和粉土,可以采用"水土合算"的经验方法。

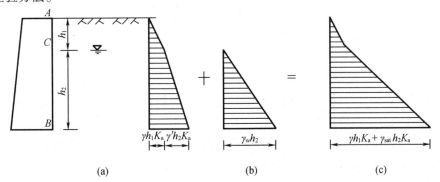

图 7-20 填土中有地下水时的主动土压力计算示意图
(a)填土中地下水位;(b)水土分算;(c)水土合算

7.6.4 异形挡墙的土压力

1. 墙背为折线形的挡墙

如图 7 –21 所示的挡墙，是公路路堑墙或路肩墙常用的一种形式，其墙背是从仰斜式演变而来的，目的是减小上部的断面尺寸和墙高。对于这类折线形墙背的挡墙，可分段计算上部俯斜和下部仰斜两段墙背上的土压力。以如图 7 –21 所示条件下的主动土压力为例，计算的基本步骤如下：

①AB 段墙背上的主动土压力，按墙背俯角 α_1 直接用库仑公式计算，主动土压力强度 e_a 的分布图形为三角形 abc；

②BC 段墙背上的主动土压力，常用延长墙背法近似计算，即假想将挡墙的墙背从 B 点沿 CB 方向向上延长，与填土面交于 B' 点。

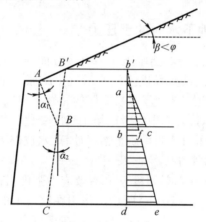

图 7 –21 折线形墙背上的主动土压力分布示意图

先按仰斜墙背 $B'C$ 用库仑公式计算主动土压力分布，然后在计算土压力合力时，不计虚拟墙背 $B'B$ 上的土压力，而只考虑实际墙背 BC 上的主动土压力分布图形 $bfed$。

上述延长墙背法忽略了虚拟墙背与实际墙背之间的楔体(ABB')自重和楔体上可能承受的荷载作用，且虚拟墙背与实际墙背上土压力作用方向不同，引起了竖向分力差，故其计算结果存在一定的误差。

2. 墙背为台阶形的挡墙

如图 7 –22(a)所示的挡墙，墙背为台阶形，台阶的高度依次为 $h_1, h_2, \cdots, h_n$，宽度依次为 $b_2, b_3, \cdots, b_{n-1}$，土体性能参数分别为 γ, c, φ。对此台阶形挡墙而言，土压力可分为竖直墙背上的土压力和水平墙背上的土压力。

对于特定的土性参数，竖直墙背上某点处的土压力的大小仅与该点的深度有关。因此，竖直墙背上土压力的计算不受台阶宽度 b 的影响，仍可按非台阶形挡墙计算，如图 7 –22(b)所示。

水平墙背上某点的土压力，实质上即为该点以上土层在此处产生的自重应力，即 $\sigma_{az} = \gamma z$，如图 7 –22(c)所示。

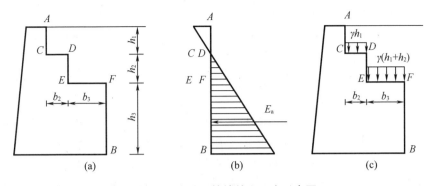

图7-22　台阶形挡墙的土压力示意图
(a)台阶形挡墙；(b)竖直墙背上的土压力；(c)水平墙背上的土压力

3.设有卸荷台的挡墙

工程中常在挡墙背上设置卸荷台以减小墙背上的主动土压力。如图7-23(a)所示符合朗肯条件挡墙的主动土压力为例，设填土为黏性土，可按墙背分段进行计算。

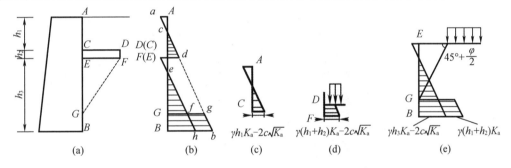

图7-23　设有卸荷台的挡墙的主动土压力分布示意图
(a)设卸荷台时的挡墙；(b)AB段；(c)AC段；(d)DF段；(e)EB段

①AC段墙背上的主动土压力，直接用朗肯公式计算，主动土压力强度在临界深度以下呈三角形分布，如图7-23(c)所示。

②对于DF段墙背，将上部h_1厚度填土的自重应力γh_1，看成填土面上的大面积均布荷载，用朗肯公式计算主动土压力强度，并叠加上均布荷载引起的土压力强度$\gamma h_1 K_a$，如图7-23(d)所示。

③计算墙背上的主动土压力时，将(h_1+h_2)厚度土的自重应力看成作用在填土面上的F点以外的均布荷载，先用朗肯公式计算DB范围内主动土压力强度，再叠加上均布荷载引起的土压力强度$\gamma(h_1+\gamma_2)K_a$，其影响范围为GB段墙背，如图7-23(e)所示。

由此得到设有卸荷台挡墙的主动土压力分布，如图7-23(b)所示，从中可以看出，与未设置卸荷台时的主动土压力强度分布图形ABba相比，设置卸荷台后，墙背上土压力合力的减小量为图形efgd的面积。

(一)思考题

1.何谓主动土压力、静止土压力和被动土压力？试举实际工程实例。

2.试述三种典型土压力发生的条件。

3.朗肯土压力理论是如何得到主动土压力公式与被动土压力公式的？什么叫"临界高度"？如何计算临界高度？

4.朗肯土压力理论和库仑土压力理论是如何建立土压力计算公式的？它们在什么样的条件下具有相同的计算结果？

5.朗肯土压力理论和库仑土压力理论各采用了什么假定,分别会带来什么样的误差？

6.试比较说明朗肯土压力理论和库仑土压力理论的优缺点和存在的问题？

7.若挡墙后填土由多层填土构成时,土压力如何计算,应特别注意什么问题？

8.挡墙后填土中存在地下水时,水土分算与水土合算计算土压力的方法有什么区别？

9.为什么主动土压力是主动极限平衡时的最大值,而被动土压力是被动极限平衡时的最小值？

(二)计算题

1.用朗肯理论计算如图 7-24 所示挡墙的主动土压力和被动土压力,并绘出压力分布图。

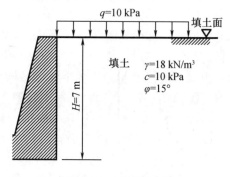

图 7-24　计算题 1 图

2.计算如图 7-25 所示挡墙的主动土压力和被动土压力,并绘出压力分布图,设墙背竖直光滑。

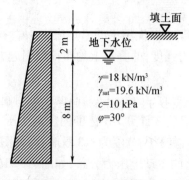

图 7-25　计算题 2 图

3.某挡墙高 5 m,墙背直立、光滑、墙后填土面水平,作用有连续均布荷载 $q = 20$ kPa,土的物理力学性质如图 7-26 所示,试求主动土压力。

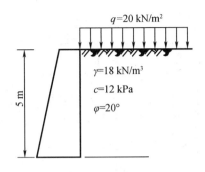

图 7-26 计算题 3 图

4. 某挡墙高 6 m,墙背直立、光滑、墙后填土面水平,填土重度 $\gamma = 18$ kN/m^3,$\varphi = 30°$,$c = 0$,试确定:①墙后无地下水时的主动土压力;②当地下水位离墙底 2 m 时,作用在挡墙上的总压力,地下水位以下填土的饱和重度为 $\gamma_{sat} = 19$ kN/m^3。

5. 某挡墙高 6 m,墙背直立、光滑,填土面水平,地下水位在填土面以下 2 m 深处。填土为砂土,$\gamma_{sat} = 19.8$ kN/m^3,$\gamma = 18.5$ kN/m^3,$\varphi' = 34°$,$c' = 0$。试绘出作用在墙背上的主动土压力和水压力分布图,并求总压力的大小和作用点。

6. 某直立式挡墙高 8 m,墙背光滑,填土面水平。墙后填土分两层:上层土厚 5 m,$\gamma = 18$ kN/m^3,$\varphi = 18°$,$c = 20$ kPa;下层土厚 3 m,$\gamma = 20$ kN/m^3,$\varphi = 34°$,$c = 0$。①试绘出主动土压力沿墙高的分布,并求主动土压力合力及其作用点位置。②若填土面上作用有大面积均布荷载 $q = 15$ kPa,且填土中地下水位位于上下两层界面处,试绘出主动土压力沿墙高的分布,并求主动土压力合力。

7. 如图 7-27 所示挡墙,高 5 m,墙背竖直,墙后地下水位距地表 2 m。已知砂土的重度 $\gamma = 16$ kN/m^3,饱和重度 $\gamma_{sat} = 18$ kN/m^3,内摩擦角 $\varphi = 30°$,试求作用在墙上的静止土压力和水压力的大小和分布及其合力。

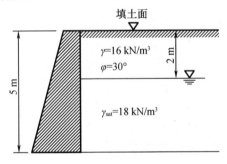

图 7-27 计算题 7 图

8. 如图 7-28 所示一挡墙,墙背垂立而且光滑,墙高 10 m,墙后填土表面水平,其上作用着连续均布的超载 $q = 20$ kPa,填土由二层无黏性土所组成,土的性质指标和地下水位如图 7-28 所示,试求作用在墙上的静止土压力和水压力的大小和分布及其合力。

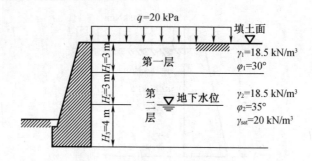

图 7-28　计算题 8 图

9. 某挡墙高 6 m, 墙背直立、光滑、墙后填土面水平, 填土分两层, 第一层为砂土, 第二层为黏性土, 各层土的物理力学性质指标如图 7-29 所示, 试求主动土压力强度并绘出土压力强度沿墙高分布图。

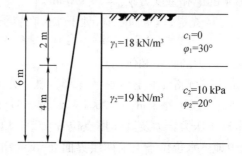

图 7-29　计算题 9 图

10. 如图 7-30 所示的挡墙, 填土情况及其性质指标于图中, 试用朗肯理论计算 A, B, C 各点土压力强度及土压力为零点的位置。

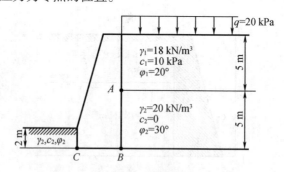

图 7-30　计算题 10 图

11. 某挡墙高 4 m, 墙背倾角 $\varepsilon = 20°$, 填土面倾角 $\beta = 20°$, 填土的物理力学指标为 $\gamma = 19$ kN/m³, $\varphi = 30°, c = 0$。填土与墙背的摩擦角 $\delta = 15°$。求主动土压力的合力和作用点位置, 并求其水平分力和竖直分力值。

12. 求如图 7-31 所示挡墙上的主动土压力的大小。

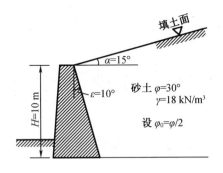

图 7－31　计算题 12 图

13. 如图 7－32 所示挡墙，分别采用朗肯理论和库仑土压力理论计算主动土压力的大小、方向和作用点。设墙背光滑。

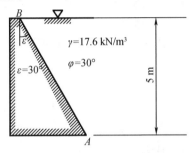

图 7－32　计算题 13 图

第8章 土坡稳定分析

8.1 土坡稳定概述

边坡是指具有倾斜坡面的岩土体,按成因可分为天然边坡和人工边坡,天然边坡如山坡、江河的岸坡,人工边坡如基坑、渠道、土坝和路堤等;按土的性质可分为岩质边坡和土质边坡。对于岩质边坡,其失稳破坏的直接原因是岩体中原有的节理裂隙或新生裂隙的扩展或滑移,需采用作图(节理走向玫瑰花图和赤平投影图)的方法来评判其稳定性。土质边坡简称土坡,本章讨论简单土坡的稳定性分析方法。

简单土坡是指土坡由均质土组成且土坡的顶面和底面都是水平的,并延伸至无限远处。其外形和各部位名称如图8-1所示。

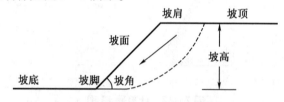

图8-1 简单土坡各部分名称示意图

由于土坡表面倾斜,在自重及外荷载作用下,土体具有从高处向低处滑动的趋势。土坡中一部分土体相对于另一部分土体沿某一滑动面发生局部向下和向外滑动的现象称为土坡失稳。实际工程中,按照规模及性质的不同,土坡失稳表现为滑坡、塌方、坍塌、溜塌及溜滑等多种形式。各种形式的土坡失稳常常会造成工程事故,例如,滑坡可导致交通中断、河道堵塞、厂矿及城镇被掩埋或工程建设受阻等,威胁人类的生命及财产安全。随着岩土工程实践的深入,土坡稳定分析已成为土力学中十分重要的研究课题。要保证土坡的稳定性,对土坡进行稳定分析和评价是十分必要的。

在土力学中,土坡稳定分析是和土压力及地基承载力分析同时发展起来的。库仑和朗肯先后提出了计算挡墙土压力的理论。他们在分析土压力时采用的方法后来被推广到土坡稳定分析和地基承载力中,形成了极限平衡法。其基本特点是只考虑静力平衡条件和土的莫尔-库仑破坏准则,通过分析土体在破坏时力的平衡来求得问题的解。许多学者应用极限平衡理论,致力于土坡稳定分析方法的研究,相继提出了多种方法,这些土坡稳定分析方法在土力学学科中占有很突出的地位。20世纪70年代后,随着计算机技术的发展,严格的应力-应变分析的各种数值方法,如有限元法、边界元法、离散元法、不连续变形分析法以及流形元法等,已逐渐应用于土坡稳定的研究中。

本章介绍无黏性土坡和黏性土坡稳定分析的常用方法,并讨论渗流和地震作用下土坡的稳定分析及滑坡防治等问题。

8.2　无黏性土坡的稳定分析

由于均质无黏性土颗粒间无黏聚力，即 $c=0$，故土坡失稳是由单个土颗粒的滑动引起的。因此，只要位于坡面上的土颗粒能够保持稳定，则整个土坡就是稳定的。

如图 8-2(a) 所示的是通过漏斗形成的砂堆。试验表明，无论砂堆多高，所能形成的最大坡角总是一定的，土坡处于极限平衡状态时的坡角，称为无黏性土的天然休止角（亦称为自然休止角、天然坡角或临界坡角），用 β_{cr} 表示。

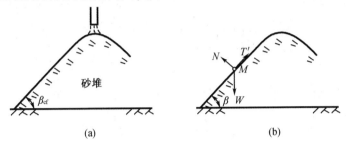

图 8-2　无黏性土坡的稳定性示意图
(a)天然休止角；(b)坡面上土粒的受力

如图 8-2(b) 所示的坡角为 β 的无黏性土坡，其土的内摩擦角为 φ。取坡面上任意土颗粒 M 分析，其受力为土颗粒的重力 W，坡面的法向支撑力 N 和切向的摩擦阻力 T'。工程上，将抗滑力与滑动力之比定义为土坡的稳定安全系数 K_s。对于该土颗粒，重力 W 沿坡面向下的切向分量 T 为土颗粒的下滑力，坡面的摩擦阻力 T' 为阻止其下滑的抗滑力。有

$$K_s = \frac{T'}{T} = \frac{N\tan\varphi}{W\sin\beta} = \frac{W\cos\beta\tan\varphi}{W\sin\beta} = \frac{\tan\varphi}{\tan\beta} \qquad (8-1)$$

理论上讲，只要 $K_s \geq 1$，即 $\beta \leq \varphi$，土颗粒 M 就不会沿坡面下滑，整个土坡便是稳定的。也就是说，对于均质无黏性土坡，只要坡角 β 小于土的内摩擦角 φ，土坡就是稳定的。可见，均质无黏性土坡的稳定性仅取决于坡角 β，而与坡高 H 无关。

在实际工程中，根据工程的特点及土坡的重要性来确定 K_s，一般要求 $K_s \geq 1.2$。

8.3　黏性土坡的稳定分析

黏性土的抗剪强度包括内摩擦力和黏聚力两部分。由于黏聚力的存在，黏性土坡不会像无黏性土坡那样沿表面滑动，其滑动面通常为一曲面。试验和分析都表明，均质黏性土坡的滑动面接近于圆弧面或对数曲面。通常为了简化计算，假定其滑动面为圆弧面，建立在这一假定上的稳定分析方法称为圆弧滑动法。此外，滑动体沿纵向也有一定的范围，并且也是曲面，为了简化，分析时往往按条形平面应变问题处理。

8.3.1　极限平衡法

极限平衡法是工程上目前主要采用的方法，也是一种最经典的分析方法。所使用的模型是静力准则模型，此模型计算简单可行，但是不能真实地反映土坡的应力-应变关系，该

方法基于刚性理论,通过假定圆弧形滑动面,把土体假定成刚体。从土体破坏瞬间的变形机制入手,让滑动的坡体所受的力和力矩满足平衡条件,然后通过滑坡上所具有的抗滑力总和与所具有的下滑力总和的比值来判断土坡的稳定性。目前人们计算土坡稳定时常用的极限平衡法有瑞典圆弧法、瑞典条分法、太沙基法、毕肖普法、简布法、斯宾塞法、摩根斯坦 – 普莱斯法和不平衡推力法,因为各种极限平衡方法的前提假定条件不一样,所以对土坡稳定的评价结果及结果的精度也不一样。在实际工程建设中,可以依据土坡所处的环境和土坡的性质及滑动面的形状匹配适当的方法来计算。

1. 瑞典圆弧法

该法由瑞典工程师彼得森于1916年首先提出,因此被称为瑞典圆弧法。瑞典圆弧法是最早出现用来计算土坡稳定性的方法,同时也是相对简单和实用的方法之一。

瑞典圆弧法假定:①假定土坡的岩土体构成是均匀的,且其剪切强度符合土力学中的莫尔 – 库仑定律;②假定土坡稳定属于平面应变问题;③假定圆弧形滑动面的位置通过坡脚,将滑动的土体视为刚体,忽略滑动土体内部之间的相互作用问题。

瑞典圆弧法使用滑动坡体上总抗滑力矩与总滑动力矩之比来计算土坡的安全系数,以此来评判土坡的稳定性。计算简图如图 8 – 3 所示,假定均质黏性土坡的滑动圆弧为 $\overset{\frown}{AC}$,圆心为 O,土坡失去稳定时滑弧以上的土体绕圆心发生转动。取滑动土体为脱离体,并视其为刚体,进行力和力矩分析,以滑动面上的抗滑力矩与滑动力矩之比定义为稳定安全系数 K_s,则

$$K_s = \frac{M_R}{M_s} = \frac{\tau_f L R}{W d} \tag{8 – 2}$$

式中　M_R——抗滑力矩;

　　　M_s——滑动力矩;

　　　τ_f——黏性土的抗剪强度,kPa;

　　　L——滑动圆弧的弧长,m;

　　　R——滑动圆弧的半径,m;

　　　W——滑动土体的自重,kN/m;

　　　d——滑动土体重心至 O 点的水平距离,m。

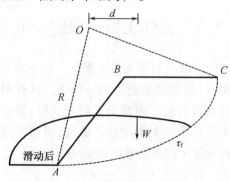

图 8 – 3　瑞典圆弧法的土坡计算简图

式(8 – 2)中,$\tau_f = \sigma + c\tan\varphi$,因滑弧上各点的法向应力 σ 是变化的,故 τ_f 也是变化的,这给

该式的应用带来困难。对于饱和黏性土,在不排水条件下,有 $\varphi_u = 0$,$\tau_f = c_u$,即 τ_f 与 σ 的大小无关,此时式(8-2)可改写为

$$K_s = \frac{c_u LR}{Wd} \tag{8-3}$$

式中 c_u——饱和黏性土不排水的抗剪强度,kPa。

式(8-3)可用于饱和黏性土土坡形成过程中和刚竣工时的稳定分析。

分析土坡的稳定性时,由于滑动面为任意假定的,并不一定是最危险滑动面,因此所求结果并不一定是最小安全系数。通常在计算时需假定一系列的滑动面,计算出滑动圆弧处于不同位置时土坡的稳定安全系数,以计算的最小值为最终的土坡安全系数(对应的滑动面为最危险滑动面),因而计算工作量颇大。

费兰纽斯在1922年通过大量计算分析发现:在 $\varphi = 0$ 的情况下,最危险滑弧通过坡脚,如图8-4所示,其圆心位置位于 AO 和 BO 的交点处。AO 与 BO 的方向由 β_1 和 β_2 确定,β_1 和 β_2 的值与坡角有关,见表8-1。

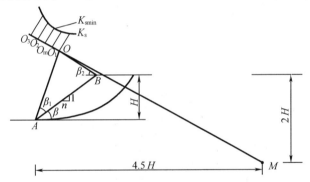

图8-4 最危险滑弧的试算示意图

表8-1 β_1 和 β_2 的值

坡比1:n	坡角β/(°)	β_1/(°)	β_2/(°)
1:0.50	63.43	29.5	40
1:0.75	53.13	29	39
1:1.00	45	28	37
1:1.50	33.68	26	35
1:1.75	29.75	26	35
1:2.00	26.57	25	35
1:2.50	21.8	25	35
1:3.00	18.43	25	35
1:4.00	14.05	25	36
1:5.00	11.32	25	37

对于 $\varphi \neq 0$ 的情况,最危险滑弧的圆心在 MO 的延长线上,M 的位置如图8-4所示,可在此延长线上选 O_1,O_2,O_3 等作为圆心,分别绘制过坡脚的试算圆弧,并计算安全系数,然

后沿延长线作 K_s 对圆心位置的曲线,从而求得最小安全系数 K_{smin} 和对应的最危险滑弧的圆心 O_m。对于非均质土坡或外形、荷载比较复杂的土坡,为求得最危险滑弧,还应在过 O_m 点的 MO 延长线的垂直线两侧再取一些点作为圆心进行试算比较。

2. 瑞典条分法

瑞典条分法假定:①假定滑动面为圆弧;②假定土条两侧的作用力大小相等、方向相反且作用在同一直线上,从而忽略土条间的作用力对土坡整体稳定性的影响。

如图 8-5 所示,取土条 i 进行分析,所受的力有重力 W_i、滑面上的法向支撑力 N_i 和切向摩擦阻力 T_i。根据力学平衡条件,有

$$N_i = W_i \cos\theta_i \qquad (8-4)$$

$$T_i = \frac{c_i l_i + N_i \tan\varphi_i}{K_s} \qquad (8-5)$$

式中　θ_i——土条 i 的滑动面法线与竖直方向的夹角,(°);

　　　c_i——土条 i 的黏聚力,kPa;

　　　φ_i——土条 i 的内摩擦角,(°);

　　　l_i——土条 i 的滑面长度,m;

　　　K_s——土坡的安全系数。

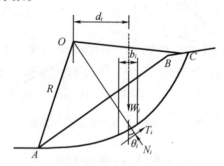

图 8-5　瑞典条分法土条受力分析图

按整体力矩平衡条件,外力对圆心的力矩和为零。其中,法向力 N_i 过圆心 O 点,力矩为零。滑动体的重力产生的滑动力矩 M_S 为所有土条的重力产生的力矩之代数和,即

$$M_S = \sum_{i=1}^{n} W_i d_i = \sum_{i=1}^{n} W_i R \sin\theta_i \qquad (8-6)$$

式中　$d_i = R\sin\theta_i$——土条 i 的重心至滑弧圆心的水平距离,m;

　　　n——划分的土条数;

　　　R——滑动圆弧的半径,m。

所有土条的抗滑力产生的抗滑力矩 M_R 为

$$M_R = \sum_{i=1}^{n} T_i R \qquad (8-7)$$

将式(8-4)和式(8-5)先后代入式(8-7),得

$$M_R = R \sum_{i=1}^{n} \frac{c_i l_i + W_i \cos\theta_i \tan\varphi_i}{K_s} \qquad (8-8)$$

按整体力矩平衡条件,有 $M_S = M_R$,整理可得

$$K_{\mathrm{s}} = \frac{M_{\mathrm{R}}}{M_{\mathrm{S}}} = \frac{\sum\limits_{i=1}^{n}(c_i l_i + W_i \cos\theta_i \tan\varphi_i)}{\sum\limits_{i=1}^{n} W_i \sin\theta_i} \tag{8-9}$$

即土坡的稳定安全系数 K_{s} 为抗滑力矩 M_{R} 与滑动力矩 M_{S} 之比。

瑞典条分法忽略土条间力的影响，因而只能满足滑动土体整体力矩平衡条件而不满足单个土条的静力平衡条件，理论上有不合理之处。但该法在应用中积累了丰富的经验，且一般得到的安全系数偏低（偏于安全），故仍是目前工程上常用的方法。

例1 某简单黏性土坡，高 25 m，坡比 1∶2，坡内土体的重度 $\gamma = 20$ kN/m³，内摩擦角 $\varphi = 26.6°$，黏聚力 $c = 10$ kPa，假设其可能滑动面为圆弧，圆心为 O 点（见图 8-6）。试用瑞典条分法求土坡的安全系数。

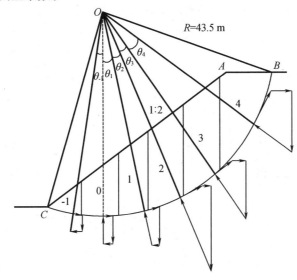

图 8-6 例1图

解 分项计算见表 8-2。

表 8-2 瑞典条分法分项计算

土条编号	$\theta_i/(°)$	W_i/kN	l_i/m	$W_i\sin\theta_i/\mathrm{kN}$	$W_i\cos\theta_i\tan\varphi_i/\mathrm{kN}$	$c_i l_i/\mathrm{kN}$
-1	-9.93	413	8.0	-71.0	203	80
0	0	1 600	10.0	0	800	100
1	13.29	2 375	10.5	546	1 156	100
2	27.37	2 625	11.5	1 207	1 166	115
3	43.60	2 150	14.0	1 484	779	140
4	59.55	488	11.0	420	124	110
求和	—	—	—	3 584	4 228	650

则土坡的安全系数为

$$K_s = \frac{\sum\limits_{i=-1}^{4}(W_i\cos\theta_i\tan\varphi_i + c_il_i)}{\sum\limits_{i=-1}^{4}W_i\sin\theta_i} = \frac{4\,228 + 650}{3\,584} = 1.36_\circ$$

3. 太沙基法

对于复杂的土坡,如由多种土层构成的土坡,求土坡的自重 W 以及重心的位置比较困难,而且存在于滑面上的抗剪强度也不能用简单的求和来计算,因为它的抗剪强度分布是不均匀的,并且与它各点的法向压力相关,所以必须将各土层分开来计算,这样便于计算滑动土体的自重和精确地计算出滑面上的抗剪强度。1936 年提出的太沙基法就是这样一种方法。该法将滑动土体分成若干土条,分别计算每一个土条的滑动力矩与抗滑力矩之比来求其安全系数,再将所有土条的安全系数求和作为整个土坡的安全系数。

太沙基法假定:忽略各土条间的相互作用问题。其计算简图如图 8-7 所示。

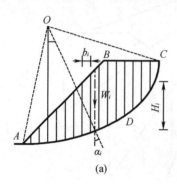 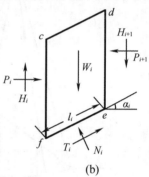

(a)   (b)

图 8-7 太沙基法计算简图

(a)条分示意图;(b)第 i 条受力情况

由于忽略了各土条间的相互作用问题,所以假定 P_i 和 H_i 的合力与 P_{i+1} 和 H_{i+1} 的合力大小相等、方向相反,且在同一作用线上。故该土条上存在的力有 W_i,N_i 及 T_i,由静力平衡条件,有

$$N_i = W_i\cos\alpha_i = \gamma_ib_ih_i\cos\alpha_i$$
$$T_i = W_i\sin\alpha_i = \gamma_ib_ih_i\sin\alpha_i$$

由 W_i 的分力引起剪力 T_i,其所有剪力对 O 点取矩,所产生的总滑动力矩为

$$M_S = \sum TR_i = \sum W_i\sin\alpha_iR \tag{8-10}$$

同时每个土条都有抗剪强度,产生的所有抗滑力矩和为

$$M_R = \sum \tau_{fi}l_iR = \sum(N_i\tan\varphi_i + c_il_i)R \tag{8-11}$$

故土坡的稳定性系数为

$$K_s = \frac{M_R}{M_S} = \frac{\sum(N_i\tan\varphi_i + c_il_i)R}{\sum W_i\sin\alpha_iR} = \frac{\sum(W_i\cos\alpha_i\tan\varphi_i + c_il_i)}{\sum W_i\sin\alpha_i} \tag{8-12}$$

太沙基法由于没有考虑各土条间的相互作用问题,研究表明,不考虑土条间的相互作用所算得的土坡稳定性系数偏低(偏于安全),所以这种方法被广泛使用。

4. 毕肖普法

英国学者毕肖普(A. W. Bishop)于1955年提出一种考虑土条侧面力的土坡稳定分析方法,该法假定滑动面为圆弧面,考虑了土条侧面的作用力,并假定各土条底部滑动面上的抗滑安全系数相同,即等于滑动面的平均安全系数。定义土坡所有土条的总抗剪强度 τ_f 与土坡实际受到的总剪应力 τ 之比为安全系数 K_s。计算简图如图8-8所示,P_i 为土条间的法向力,H_i 为土条间的切向力,Q_i 为土条 i 所受的水平力,e_i 为水平力到圆心的距离。

毕肖普法假定:滑动面为圆弧形或近似圆弧形。

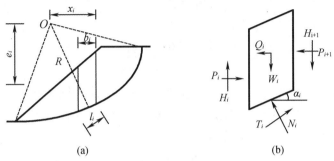

图8-8 毕肖普法计算简图

(a)条分示意图;(b)第 i 条受力情况

分析土条 i 的受力情况,根据静力平衡,有

$$\sum F_y = -N_i\cos\alpha_i - T_i\sin\alpha_i + W_i - H_i + H_{i+1} = -N_i\cos\alpha_i - T_i\sin\alpha_i + W_i - \Delta H_i = 0$$

因为

$$K_\text{s} = \frac{[\tau_\text{f}]}{T}, \quad [\tau_\text{f}] = c_i l_i + N_i\tan\varphi_i$$

所以

$$T_i = \frac{c_i l_i + N_i\tan\varphi_i}{K_\text{s}}$$

可得

$$N_i = \frac{W_i + \Delta H_i - \dfrac{c_i l_i\sin\alpha_i}{K_\text{s}}}{\cos\alpha_i + \dfrac{\tan\varphi_i\sin\alpha_i}{K_\text{s}}}$$

令

$$m_{\alpha_i} = \cos\alpha_i + \frac{\tan\varphi_i\sin\alpha_i}{K_\text{s}} \tag{8-13}$$

则

$$N_i = \frac{W_i + \Delta H_i - c_i l_i\sin\alpha_i}{K_\text{s} m_{\alpha_i}}$$

利用土条 i 的力矩平衡得

$$\sum M_0 = \sum W_i x_i - \sum T_i R = 0$$

这里
$$x_i \approx R\sin\alpha_i$$

因此
$$\sum W_i R\sin\alpha_i = \sum T_i R$$
$$\sum T_i = \sum W_i \sin\alpha_i$$
$$\sum \frac{c_i l_i + (W_i + \Delta H_i - \dfrac{c_i l_i \sin\alpha_i}{K_s})\dfrac{\tan\varphi_i}{m_{\alpha_i}}}{K_s} = \sum W_i \sin\alpha_i$$

所以
$$K_s = \frac{\sum (W_i + \Delta H_i)\tan\varphi_i + c_i l_i \cos\alpha_i}{\sum W_i \sin\alpha_i m_{\alpha_i}} \qquad (8-14)$$

式(8-14)就是毕肖普法计算土坡稳定的一般公式。式中 ΔH_i 仍然是未知量。如果不引进其他简化假定,上式仍然不能求解。若令 $\Delta H_i = 0$,即认为土条间只有水平作用力 P_i,而不存在切向力 H_i,则该式进一步简化为

$$K_s = \frac{\sum W_i \tan\varphi_i + c_i l_i \cos\alpha_i}{\sum W_i \sin\alpha_i m_{\alpha_i}} \qquad (8-15)$$

式(8-15)称为简化毕肖普公式。因参数 m_{α_i} 中包含有安全系数 K_s,因此按该式不能直接求出安全系数,而需要采用迭代算法求得 K_s 值。迭代计算的基本步骤如下:

① 先假定 $K_s^{(0)} = 1.0$,按式(8-13)计算出相应的 m_{α_i} 值;

② 将 m_{α_i} 代入式(8-15)中,求得土坡的安全系数 $K_s^{(1)}$;

③ 以 $K_s^{(1)}$ 代替 $K_s^{(0)}$,重复①②步骤,直至 $|K_s^{(n)} - K_s^{(n-1)}| < \varepsilon$($\varepsilon$ 为一小量)为止。

与瑞典条分法相比,简化毕肖普法在不考虑土条间切向力的前提下,满足力多边形闭合条件。由于考虑了土条间水平力的作用,得到的安全系数较瑞典条分法略高一些。很多工程计算表明,简化毕肖普法与严格的极限平衡分析法(即满足全部静力平衡条件的方法,如下述的简布法)相比,结果很接近,故该法是目前工程中很常用的一种方法。

例2 试用简化毕肖普法求例1的土坡安全系数。

解 根据例1瑞典条分法计算结果 $K_s = 1.36$,考虑到毕肖普法安全系数一般稍高于瑞典条分法,故迭代计算时设 $K_s^{(0)} = 1.55$,按简化毕肖普法计算分项见表8-3。

表8-3 $K_s^{(0)} = 1.55$ 时,简化毕肖普法分项计算

土条编号	$\theta_i/(°)$	W_i/kN	l_i/m	m_{θ_i}	$W_i\sin\theta_i/\text{kN}$	$\dfrac{c_i l_i \cos\theta_i}{m_{\theta_i}}/\text{kN}$	$\dfrac{W_i\tan\varphi_i}{m_{\theta_i}}/\text{kN}$
-1	-9.93	413	8.0	0.929	-71	85	223
0	0	1 600	10.0	1	0	100	801
1	13.29	2 375	10.5	1.047	546	98	1 135
2	27.37	2 625	11.5	1.037	1 207	99	1 268
3	43.60	2 150	14.0	0.947	1487	107	1 137

表 8 - 3（续）

土条编号	$\theta_i/(°)$	W_i/kN	l_i/m	m_{θ_i}	$W_i\sin\theta_i/kN$	$\dfrac{c_il_i\cos\theta_i}{m_{\theta_i}}/kN$	$\dfrac{W_i\tan\varphi_i}{m_{\theta_i}}/kN$
4	59.55	488	11.0	0.785	421	71	311
求和	—	—	—	—	3 590	560	4 875

则得第一轮迭代的安全系数为

$$K_s^{(1)} = \frac{\sum\limits_{i=-1}^{4}\dfrac{1}{m_{\theta_i}}(c_il_i\cos\theta_i + W_i\tan\varphi_i)}{\sum\limits_{i=-1}^{4}W_i\sin\theta_i} = \frac{560 + 4\ 875}{3\ 590} = 1.514$$

由于 $|K_s^{(1)} - K_s^{(0)}| = 0.036$，误差较大，需按 $K_s^{(1)} = 1.514$ 进行第二次迭代计算，结果见表 8 - 4。

表 8 - 4 $K_s^{(1)} = 1.51$ 时，第二次迭代计算结果

土条编号	$\theta_i/(°)$	W_i/kN	l_i/m	m_{α_i}	$W_i\sin\theta_i/kN$	$\dfrac{c_il_i\cos\theta_i}{m_{\alpha_i}}/kN$	$\dfrac{W_i\tan\varphi_i}{m_{\alpha_i}}/kN$
-1	-9.93	413	8.0	0.928	-71	85	223
0	0	1 600	10.0	1	0	100	801
1	13.29	2 375	10.5	1.049	546	97	1 133
2	27.37	2 625	11.5	1.040	1 207	98	1 264
3	43.60	2 150	14.0	0.952	1 487	106	1 131
4	59.55	488	11.0	0.792	421	70	309
求和	—	—	—	—	3 590	556	4 861

则得第二轮迭代的安全系数为

$$K_s^{(2)} = \frac{\sum\limits_{i=-1}^{4}\dfrac{1}{m_{\theta_i}}(c_il_i\cos\theta_i + W_i\tan\varphi_i)}{\sum\limits_{i=-1}^{4}W_i\sin\theta_i} = \frac{556 + 4\ 861}{3\ 590} = 1.509$$

$K_s^{(2)}$ 与 $K_s^{(1)}$ 十分接近，可以结束迭代，则土坡安全系数为 $K_s = K_s^{(2)} = 1.509$。

5. 简布法

在实际工程上，由于地质条件和土坡位置的限制，有些土坡在发生滑动时不能形成圆弧形滑动面，若仍按土坡圆弧形滑动的假定去计算分析，显然是不合适的。1957 年挪威学者简布（N. Janbu）提出的简布法是分析土坡中非圆弧形破坏方法中最有效的方法之一。由于它适用于任何滑动面而不必规定滑动面为圆弧面，所以称为通用条分法。简布法的力学模型如图 8 - 9 所示，滑动面是任意的，坡体两侧受推力 E_i 和 E_{i+1} 和剪力 X_i 和 X_{i+1} 的作用，土条间推力的作用点连线称为推力线。

简布法假定:①假定土坡稳定属于平面应变问题;②假定土坡中所有土条的稳定性系数相同;③假定土条两侧推力的合力作用点与竖向荷载的合力作用点在同一位置上。

滑动面上的切向力 T_i 等于所有土条的抗剪强度之和 τ_{fi},取条块 i 进行分析,h_{ti} 是条间力的作用位置,α_{ti} 是推力的作用线与水平方向的夹角。

根据静力平衡,有

$$N_i\cos\alpha_i = W_i + \Delta X_i - T_{fi}\sin\alpha_i$$

$$\Delta E_i = N_i\sin\alpha_i - T_{fi}\cos\alpha_i = (W_i + \Delta X_i)\tan\alpha_i - T_{fi}\sin\alpha_i$$

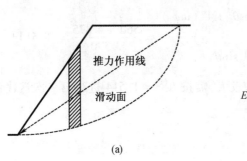 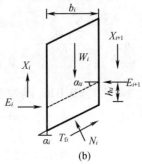

图 8 − 9　简布法计算简图

(a)条分示意图;(b)条块 i 的受力图

土条侧向的法向力有 $E_1 = \Delta E_1$,$E_2 = \Delta E_1 + \Delta E_2$ 的规律,所以推得

$$E_i = \sum_{i=1}^{n} \Delta E_i$$

由力矩平衡,略去高价微分得

$$X_i b_i = -E_i b_i \tan\alpha_{ti} + h_{ti}\Delta E_i$$

或者

$$X_i = -E_i \tan\alpha_{ti} + h_{ti}\frac{\Delta E_i}{b_i}$$

再由整个土坡 $\sum E_i = 0$ 可得

$$\sum (W_i + \Delta X_i)\tan\alpha_i - \sum T_{fi}\sec\alpha_i = 0 \qquad (8-16)$$

由土坡安全系数的定义得

$$T_{fi} = \frac{\tau_{fi}l_i}{K_s} = \frac{c_i b_i \sec\alpha_i + N_i \tan\varphi_i}{K_s}$$

可解得

$$T_{fi} = \frac{1}{K_s}[c_i b_i + (W_i + \Delta X_i)\tan\varphi_i]\frac{1}{m_{\alpha_i}} \qquad (8-17)$$

$$m_{\alpha_i} = \cos\alpha_i(1 + \frac{\tan\varphi_i\tan\alpha_i}{K_s}) \qquad (8-18)$$

将式(8-17)代入式(8-16),得

$$K_s = \frac{\sum \dfrac{1}{m_{\alpha_i}}[c_i b_i + (W_i + \Delta X_i)\tan\varphi_i]}{\sum (W_i + \Delta X)\sin\alpha_i} \qquad (8-19)$$

这里,土坡稳定安全系数仍需用迭代法求解:先假定 $K_s^{(0)}$,利用式(8-18)和式(8-19)迭代计算,直至 $|K_s^{(n)} - K_s^{(n-1)}| < \varepsilon$($\varepsilon$ 为一小量)为止。

比较简布公式(8-19)和毕肖普公式(8-14)可见,两者很相似,但分母有差别。毕肖普公式是根据滑动面为圆弧面、滑动土体满足整体力矩平衡条件推导出的;简布公式则是利用力的多边形闭合和极限平衡条件得出的,显然这些条件适用于任何形式的滑动面而不仅限于圆弧面。在毕肖普法中,无法解出未知量 ΔH_i,而是令 $\Delta H_i = 0$ 而得到简化毕肖普公式(8-15);简布公式则利用土条的力矩平衡条件,因而整个滑动土体的整体力矩平衡也自然得到满足。

6.斯宾塞法

斯宾塞法是英国学者斯宾塞(E. Spencer)于1967年提出的用于土坡破坏的稳定性分析方法,并于1973年对其进行了改进,其力学模型如图8-10所示。

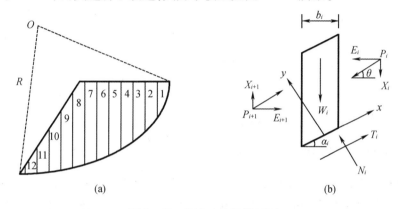

图8-10　斯宾塞法计算简图

(a)条分示意图;(b)条块 i 的受力图

首先假定任意滑动面,并且条块上的作用力 E_i 与 X_i 之间是线性的倍数关系,也就是说各土条间的合力作用方向相同,这样就使 $n-1$ 个未知量成为了已知量,有

$$\frac{X_i}{E_i} = \frac{X_{i+1}}{E_{i+1}} = \tan\theta$$

根据静力平衡,有

$$N_i + (P_{i+1} - P_i)\sin(\alpha_i - \theta) - W_i\cos\alpha_i = 0$$
$$T_{fi} + (P_{i+1} - P_i)\cos(\alpha_i - \theta) - W_i\cos\alpha_i = 0$$

当土体没有完全破坏时,土条还有一定的抗剪强度,由莫尔-库仑强度准则得到土条的抗剪力为

$$T_{fi} = \frac{c_i' l_i}{K_s} + (N_i - u_i l_i)\frac{\tan\varphi_i'}{K_s}$$

令 $m = \dfrac{\tan\varphi_i'}{K_s}(W_i\cos\alpha_i - u_i b_i\sec\alpha_i)$ 得

$$P_i - P_{i+1} = \frac{\dfrac{c_i' l_i}{F_s}\sec\alpha_i + m - W_i\sin\alpha_i}{\cos(\alpha_i - \theta)\left[1 + \dfrac{\tan\varphi_i'}{K_s}\tan(\alpha_i - \theta)\right]} \tag{8-20}$$

对整个坡体来说,存在力的平衡和力矩的平衡,即

$$\sum (P_i - P_{i+1})R_i\cos(\alpha_i - \theta) = 0 \qquad (8-21)$$

式中 R_i——各土条的转动半径。

因为 θ 是一个常数,所以 R_i,$\sin\theta$ 和 $\cos\theta$ 都不可能为0,因此式(8-21)可表示成

$$\sum (P_i - P_{i+1}) = 0 \qquad (8-22)$$

$$\sum (P_i - P_{i+1})\cos(\alpha_i - \theta) = 0 \qquad (8-23)$$

将式(8-20)分别代入式(8-22)和式(8-23),可得

$$\sum_{i=1}^{n} \frac{\dfrac{c_i' b_i}{K_s}\sec\alpha_i + m - W_i\sin\alpha_i}{\cos(\alpha_i - \theta)\left[1 + \dfrac{\tan\varphi_i'}{K_s}\tan(\alpha_i - \theta)\right]} = 0 \qquad (8-24)$$

$$\sum_{i=1}^{n} \frac{\dfrac{c_i' b_i}{K_s}\sec\alpha_i + m - W_i\sin\alpha_i}{\left[1 + \dfrac{\tan\varphi_i'}{K_s}\tan(\alpha_i - \theta)\right]} = 0 \qquad (8-25)$$

当土坡的外貌形状、滑动面形状及土坡的土体指标已知时,那么就只有 θ 和 K_s 两个未知量。用式(8-24)与式(8-25)可以求出两个未知数 K_s 和 θ。

7. 摩根斯坦－普莱斯法

1965年,英国学者摩根斯坦(N. R. Morgenstern)与普莱斯(V. E. Price)通过分析任意形状的滑动面,得到力和力矩的微分平衡方程,然后假定在水平坐标方向上,相邻土条间的法向力和切向力存在一个互相对应的关系。摩根斯坦－普莱斯法是国际公认计算土坡稳定最准确、最严密的方法,但计算起来较为复杂,一些学者通过研究将其改进为非微分形式的摩根斯坦－普莱斯法。此法计算较为简便,计算简图如图8-11所示,其中,W_i 为土条自重,N_i 为土条底部的法向反力,T_{fi} 为土条的抗剪切力,u_i 是孔隙水压力,E_i,E_{i+1} 是土条两侧的法向力,X_i,X_{i+1} 是土条所受的竖向剪切力。

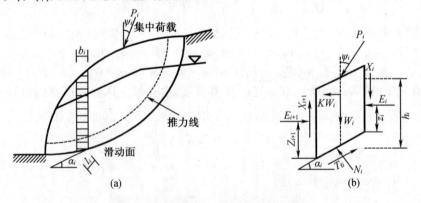

图8-11　摩根斯坦－普莱斯法计算简图

(a)滑动面的简图;(b)土条 i 的受力简图

由土条 i 底面的静力平衡,有

$$T_{\text{fi}} = (P_i\cos\psi_i + W_i + X_i - X_{i+1})\sin\alpha_i + (P_i\sin\psi_i + KW_i + E_i - E_{i+1})\cos\alpha_i \quad (8-26)$$

$$N_i = (P_i\cos\psi_i + W_i + X_i - X_{i+1})\cos\alpha_i + (P_i\sin\psi_i + KW_i + E_i - E_{i+1})\sin\alpha_i$$

由莫尔－库仑强度准则得

$$T_{\text{fi}} = \frac{c_i'l_i}{K_s} + (N_i - u_il_i)\frac{\tan\varphi_i'}{K_s}$$

假定法向力与切向力存在如下关系

$$X = \lambda f(x)E \qquad (8-27)$$

式中　λ——任意常数。

$f(x)$是土条间作用力的函数,它受土坡的几何形状和滑动面形状的影响,当$f(x)$为一个固定的常数时,摩根斯坦－普莱斯法即为斯宾塞法;当$f(x)=0$时,摩根斯坦－普莱斯法即为毕肖普法。

联立式(8－26)和式(8－27)得

$$E_{i+1} = \frac{A_i + \lambda f_iB_i}{A_i + \lambda f_{i+1}B_i}E_i + \frac{G_i(B_i + A_iK) - C_iP_i + D_i}{A_i + \lambda f_{i+1}B_i} \qquad (8-28)$$

式中

$$A_i = \cos\alpha_i + \frac{\tan\varphi_i'}{K_s}\sin\alpha_i, B_i = \sin\alpha_i - \frac{\tan\varphi_i'}{K_s}\cos\alpha_i$$

$$C_i = \sin(\psi_i - \alpha_i) + \frac{\tan\varphi_i'}{K_s}\cos(\psi_i - \alpha_i), D_i = \frac{u_il_i\tan\varphi_i' - c_i'b_i}{K_s\cos\alpha_i}$$

用各土条间的作用力对土条界面和土坡滑动面的交点处取矩,得

$$\begin{cases} M_i = E_iz_i \\ M_{i+1} = E_{i+1}z_{i+1} \end{cases}$$

因而得到各土条间的力矩递推公式为

$$M_{i+1} = M_i + \frac{b_i}{2}(\tan\alpha_i - \lambda_if_i)E_i + \frac{b_i}{2}(\tan\alpha_i - \lambda_if_{i+1})E_{i+1} + \frac{1}{2}KW_ih_i - P_ih_i\sin\psi_i \quad (8-29)$$

由式(8－28)和式(8－29)联立得到方程组,其中未知数为λ和K_s。

该方程组应满足的边界条件为

$$\begin{cases} E_1 = E_a, M_1 = M_a = E_az_a \\ E_{n+1} = E_b, M_{n+1} = M_b = E_bz_b \end{cases}$$

式中　E_a, E_b——土条端部的条间力;

　　　M_a, M_b——土条端部的条间力矩。

这样,式(8－28)式(8－29)组成的方程组可简化为

$$\begin{cases} g_1(\lambda, K_s) = E_{n+1} - E_b = 0 \\ g_2(\lambda, K_s) = M_{n+1} - M_b = 0 \end{cases} \qquad (8-30)$$

式中　E_{n+1}——不平衡推力,由式(8－28)求得;

　　　M_{n+1}——不平衡力矩,由式(8－29)求得。

这样式(8－30)含有λ和K_s两个未知数,可以使用迭代法来求解。

8．不平衡推力法

不平衡推力法又称传递系数法,是我国工程技术人员在工程实践中总结出的一种土坡

稳定分析方法。在设计抗滑工程之前,首先要计算土坡下滑推力的大小,下滑推力即为土坡中存在的推力,即土坡向下滑动的力和阻滑力之差。不平衡推力法可以对三种不同形状的滑动面进行土坡稳定性计算:①单一滑动面;②圆弧形滑动面;③呈折线形的滑动面。

在工程实践中滑动面有时为折线形,如图 8-12 所示,折线形的滑动面在半填半挖的路基中可以见到。假定:①滑坡中各土条的滑动面均为直线形,所以由各直线段组成的滑动面则为折线形;②每个土条上作用的推力平行于该条块的底面,且作用点在分界线的中央;③当合力小于 0 时,取 $P_i = 0$。取土条 i 进行分析,土条 i 底面的平行方向和垂直方向合力均为 0,最前缘一块土条的推力也为 0,滑动面的破坏符合莫尔-库仑强度准则。求解如下:

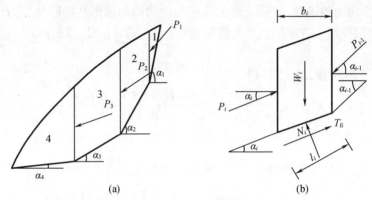

图 8-12　滑动面为折线形时滑坡的计算简图
(a)折线形滑动面;(b)土条 i 上的作用力

由土条 i 底部方向上作用力的平衡得

$$N_i - W_i\cos\alpha_i - P_{i-1}\sin(\alpha_{i-1} - \alpha_i) = 0 \tag{8-31}$$

由土条 i 底部方向的垂直方向上作用力的平衡得

$$N_i + P_i - W_i\cos\alpha_i - P_{i-1}\cos(\alpha_{i-1} - \alpha_i) = 0 \tag{8-32}$$

因为

$$T_{fi} = \frac{c_i' l_i}{K_s} + (N_i - u_i l_i)\frac{\tan\varphi_i'}{K_s} \tag{8-33}$$

由式(8-31),式(8-32)和式(8-33)消去 N_i,T_{fi},得到平衡方程

$$P_i = W_i\sin\alpha_i - \left[\frac{c_i' l_i}{K_s} + (W_i\cos\alpha_i - u_i l_i)\frac{\tan\varphi_i'}{K_s}\right] + P_{i-1}\psi_i \tag{8-34}$$

式中　　ψ_i——传递系数,$\psi_i = \cos(\alpha_{i-1} - \alpha_i) - \dfrac{\tan\varphi_i'}{K_s}\sin(\alpha_{i-1} - \alpha_i)$;

　　　　P_i——净剩滑力。

土条 i 以力 P_i 作用于第 $i+1$ 个条上,推动第 $i+1$ 个土条向下滑动,作用力 P_i 在土条界面是成对出现的。

对于式(8-34)一般有两种求解方法:①强度储备法;②超载法。

简化得

$$P_i = K_s W_i\sin\alpha_i - \left[c_i' l_i + (W_i\cos\alpha_i - u_i l_i)\tan\varphi_i'\right] + P_{i-1}\psi_i \tag{8-35}$$

计算中,当第 i 个土条的推力 P_i 为负值时,那么下一个土条的推力取 $P_{i-1} = 0$,这是因为条间不可能出现拉力,土条也不能承受拉力。计算时,可假设一个 K_s,然后从上至下逐个

土条计算 P_n，如 $P_n \neq 0$，需重新假设 K_s，再计算 P_n，直到 $P_n = 0$，得到与其相应的 K_s。不平衡推力法不满足力矩平衡的条件，而且作用力 P_i 的方向是人为假定的，所以当滑动面下滑的坡度较陡时，不适合使用不平衡推力法进行计算。

8.3.2　极限分析法

20 世纪 50 年代，美国学者德鲁克（D. C. Drucker）和普拉格（W. Prager）等人提出极限分析方法，该方法考虑了坡体材料的应力－应变关系，假定土体全部为刚塑性体，当坡体所受的剪应力小于坡体的屈服应力时土坡不产生变形，当坡体所受的剪应力大于坡体的屈服应力时土坡产生变形，且无限制发展下去，直至土坡失稳。

极限分析方法的原理是塑性力学里的上限定理和下限定理，并以土坡处于极限状态时，土坡自重和外荷载所做的功与土坡产生的抗滑阻力所做的功相等为条件，从而求得塑性体所能承受的极限荷载和土坡的稳定性系数，所以上限法也称能量法。将土体当作刚塑性体，将坡体分成若干块体，并假定滑动面位置，构造出一个位移场，再利用虚功原理求得坡体所能承受的极限荷载和坡体的安全系数。下限法是在计算过程中在静力条件下构造出一个应力分布，可以通过应力柱法和不连续应力法来求得，得出的解是较为安全的。但是下限解的使用是有限制的，因为很难构造出静力条件下的应力分布，只有非常少的情况下能根据以上两种方法构造出来，从而获得下限解。所以，在求解问题时应用最多的是上限定理，换句话说，极限分析法实际上就是上限法。

上限法和下限法求解土坡稳定实质上就是想办法从上限或下限去逼近真实值，在计算机技术如此先进的时代，这已经成为了可能，该方法特别适用在工程中，因为它不需要完全清楚本构关系也可以得到较为准确的计算结果，而一般本构关系在工程中是最难弄清的。

极限平衡法完全是建立在静力平衡基础上的，不要求滑动面的形状，但是必须满足莫尔－库仑强度准则，可是又没有办法去验证滑体内是否满足莫尔－库仑强度准则，所以极限平衡解不是上限解和下限解。极限分析法在原则上是可以求出上限解和下限解的，但是一般情况下下限解是很难求得的，而且若上、下限解相差很大，又没有什么实际意义，所以极限分析法一般只用上限解。

8.4　渗流和地震条件下的土坡稳定分析

8.4.1　渗流作用下的土坡稳定分析

无论是天然土坡还是人工土坡，在许多情况下都会因降雨或水位变化等引起土体内部水的渗流，而渗流引起的渗流力作用又会影响土坡的稳定性。

如图 8-13（a）所示，当土坡部分浸水且坡内外水位相同时，土中不存在渗流作用，但分析土坡稳定时需考虑滑动面上和土坡面上的静水压力作用。假设滑动面为圆弧，在水位线 ef 以下的滑动土体上，作用有滑动面上的静水压力合力 P_1、坡面上的静水压力合力 P_2 以及土体自重与其所受浮力的合力（即有效自重）G_w。根据力矩平衡条件，由于 P_1 的作用线通过圆心不产生力矩，则 P_2 对圆心的力矩应恰好与 G_w 对圆心的力矩相等。故在静水条件下，坡面上的水压力 P_2 对水位线以下滑动土体稳定性的影响可与这部分土体所受的有效重力相抵消，即相当于水下土条重力取浮重度计算。因此，此时土坡的稳定安全系数的计算公式形式与前述不考虑水位情况下完全相同,只是将坡内水位以下土的重度采用浮重度 γ' 即可。

当土坡内外或两侧水位不同时,土坡内就会产生水的渗流。如图 8 – 13(b)所示,若坡内水位高于坡外水位,坡内水将向外渗流而产生向外的渗流力。若已知浸润线为 efg,滑动土体在浸润线以下部分(fgC)的面积为 A_w,则作用在该部分土体上的渗流力合力为

$$D = JA_w = \gamma_w i A_w$$

式中 D——每延米土坡内浸润线以下滑动土体中的渗流力,kN/m;

J——作用在单位面积土体上的渗流力,$J = \gamma_w i$,kN/m³;

A_w——浸润线以下滑动土体的面积,m²;

i——浸润线以下面积 A_w 范围内水力梯度的平均值,可近似取为浸润线两端 fg 连线的坡度。

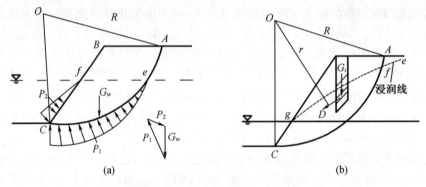

图 8 – 13   浸水土坡的稳定性分析图
(a)土坡部分浸水且坡内外水位相同时;(b)土坡内渗流

渗流力合力 D 的作用点位于面积 fgC 的形心,假定其作用方向近似与 fg 平行,且在滑动土体内部各点处大小和方向相同。

以毕肖普法为例,考虑渗流力后,根据竖向力的平衡条件有

$$W_i + \Delta H_i + D\sin\alpha_i = N_i\cos\alpha_i + T_i\sin\alpha_i \qquad (8-36)$$

将极限平衡式(8 – 5)代入式(8 – 36),整理后得

$$N_i = \frac{1}{m_{\alpha_i}}\left(W_i + \Delta H_i + D\sin\alpha_i - \frac{c_i l_i \sin\alpha_i}{K_s}\right) \qquad (8-37)$$

再考虑整个滑动土体的整体力矩平衡条件,对圆心产生力矩的除重力 W_i 和滑动面上的切向力 T_i 之外,还增加了渗流力 D,则整体力矩平衡条件为

$$\sum_{i=1}^{n} W_i d_i + Dr = \sum_{i=1}^{n} T_i R \qquad (8-38)$$

式中 r——渗流力 D 对滑弧圆心 O 的力臂长度,m。

由式(8 – 37)、式(8 – 5)和式(8 – 38),得

$$K_s = \frac{\displaystyle\sum_{i=1}^{n} \frac{1}{m_{\alpha i}}\left[c_i l_i \cos\theta_i + (W_i + D\sin\alpha_i + \Delta H_i)\tan\varphi_i\right]}{D\dfrac{r}{R} + \displaystyle\sum_{i=1}^{n} W_i \sin\alpha_i} \qquad (8-39)$$

式中 c_i,φ_i——第 i 土条的黏聚力和内摩擦角,对浸润线以下土体应采用有效黏聚力和有

效内摩擦角。

进一步假定 $\Delta H_i = 0$,则式(8-39)可简化为

$$K_s = \frac{\sum\limits_{i=1}^{n} \dfrac{1}{m_{\alpha_i}}[c_i l_i \cos\theta_i + (W_i + D\sin\alpha_i)\tan\varphi_i]}{D\dfrac{r}{R} + \sum\limits_{i=1}^{n} W_i \sin\alpha_i} \tag{8-40}$$

8.4.2　地震条件下的土坡稳定分析

地震作用对于土坡的稳定性是不利的。地震影响下土坡失稳的机理有两种:①地震在坡内土体上附加作用一个随时间变化的加速度,从而产生随时间变化的惯性力,促使土坡滑动;②地震使土中孔隙水压力上升,产生振动孔隙水压力,降低土的抗剪强度,从而导致土体液化、土坡失稳。对于密实的黏性土,惯性力是主要的作用,而对于饱和、松散的无黏性土和低塑性黏性土,第二种作用的影响更大。

目前分析地震对土坡的作用时,通常将作用于滑动土体上随时间变化的惯性力近似等价为一个静荷载,所以称为拟静力法。

1. 地震惯性力计算

地震惯性力由垂直分量和水平分量组成,作用于质点上,在条分法中则作用于土条的中心。水平向地震惯性力可按下式计算

$$Q_{Hi} = K_H C_z \alpha_i W_i$$

式中　Q_{Hi}——作用于第 i 土条中心点的水平向地震惯性力,kN;

　　　K_H——水平向地震系数,按表8-5采用;

　　　C_z——综合影响系数,取0.25;

　　　α_i——地震加速度分布系数;

　　　W_i——第 i 土条的重力,kN。

表8-5　水平向地震系数

设计烈度	7度	8度	9度
K_H	0.1	0.2	0.4

在土坡分析中,一般可只考虑水平向地震惯性力作用,但对于设计烈度为8度,9度的大型工程,则应同时考虑水平向和竖直向的地震惯性力作用。但由于水平向最大地震力与竖直向最大地震力很少能同时发生,故对于竖直向地震力,有关规范建议乘以0.5的遇合系数。竖直向地震惯性力按下式计算

$$Q_{Vi} = 0.5 K_V C_z \alpha_i W_i$$

式中　Q_{Vi}——作用于第 i 土条中心点的竖直向地震惯性力,kN;

　　　K_V——垂直向地震系数,取 $K_V = 2K_H/3$。

2. 拟静力法分析土坡稳定性

以条分法为例,拟静力法分析土坡稳定性的基本思路是,将动态的地震力用静态的水

平向和竖直向惯性力代替,并作用于土条的重心(见图 8 – 14),然后按一般的土坡稳定分析方法进行地震情况下的土坡稳定分析。

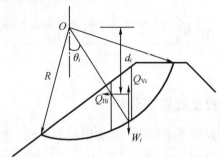

图 8 – 14　滑动土条上的地震惯性力示意图

按拟静力法,瑞典条分法计算地震作用时土坡稳定安全系数的表达式为

$$K_s = \frac{\sum_{i=1}^{n} \{ c_i l_i + [(W_i \pm Q_{Vi}) \cos\theta_i - Q_{Hi} \sin\theta_i] \tan\varphi_i \}}{\sum_{i=1}^{n} (W_i \pm Q_{Vi}) \sin\theta_i + \frac{1}{R} \sum_{i=1}^{n} Q_{Hi} d_i} \tag{8 – 41}$$

式中　　d_i——Q_{Hi}对圆心的力臂,m;

　　　　R——滑动圆弧的半径,m。

竖向地震惯性力 Q_{Vi} 的作用方向取向上为" – ",向下为" + ",应以不利于稳定为准则。c_i 和 φ_i 为考虑地震动荷载作用的土体黏聚力和内摩擦角,即动强度指标。

拟静力法是以地震惯性等价代替反复作用的不规则地震荷载,并采用静力极限平衡条件作为土体破坏准则。按这一破坏准则,滑动面上的静剪应力达到土的抗剪强度时,土体就沿滑动面发生足以引起土体破坏的滑移。滑移需要一个时间过程,在这一过程中静荷载自始至终保持不变,故滑移能够产生。而地震动荷载的幅值是随时间往复变化的,当达到应力峰值时,滑动面上的总剪应力可能等于或超过它的抗剪强度,在这一瞬间土体可以产生滑移,但很快荷载就变小了,土体又恢复稳定状态,直至下一个峰值可能又开始滑移。因此,动荷载产生的滑移往往是间断性的,而且是有限度的,当地震一结束,滑移也就停止,因而地震作用下的土坡破坏方式显然与长期静荷载作用下是有所不同的。

8.5　土坡稳定分析中的若干问题

8.5.1　土坡稳定分析的总应力法和有效应力法

在许多情况下,土坡体内存在着孔隙水压力,例如渗流引起的渗透压力或填土引起的超静孔隙水压力。在前述土坡稳定性的各种分析方法中,对作用于滑动土体上的力是采用总应力还是采用有效应力表示,对分析结果的影响往往是很大的。

有效应力法原理清晰,结果较可靠。当土中孔隙水压力 u 能较容易地测定或计算出来时,应采用有效应力法。在取滑动土体进行力的平衡分析时,工程上应用比较多的一种方法是将土体(包括土骨架及孔隙中的水和气)作为整体选作隔离体,滑动面作为隔离体的边界面,边界面上受水压力的作用,水压力的大小取边界点上各点的孔隙水压力值,方向垂直于滑动面;另外还有一种方法,就是将滑动土体中的土骨架作为研究的对象,孔隙水作为存在于土骨架孔隙中的连续介质,分析滑动土体中土骨架的力的平衡时再考虑孔隙水与土骨架间的相互作用力,即浮力和渗流力。

工程在大多数情况下,如施工期、水位骤降期和地震时产生的孔隙水压力以及土坡在滑动过程中的孔隙水压力变化,都是很难确定的,则只有采用总应力法。总应力法只能通过控制试验条件,得到合适的强度指标,以间接反映孔隙水压力的影响。但用有限的几种试验条件去模拟千变万化的孔隙水压力状态,显然是很不够的,故采用总应力法分析土坡稳定性可能会存在较大的误差。

8.5.2 土的抗剪强度取值

土的抗剪强度不但取决于土的性质,而且直接受加荷、排水条件等因素的影响。在土坡稳定分析中,抗剪强度指标的取值对安全系数的计算结果影响很大。

在土坡工程的分析中,为使分析结果能较准确地反映土坡的实际安全状况,应根据土坡的实际工作条件和可能出现的不利因素,来选择适当的抗剪强度指标值。例如,在分析堤坝填筑或土坡挖方过程中的稳定性时,若坡内土体的渗透系数小,且施工速度快,孔隙水来不及消散,则可用总应力分析法,采用快剪或三轴不排水剪试验测得的抗剪强度指标;在分析挖方土坡的长期稳定性或渗流条件下土坡的稳定性时,宜用有效应力分析法,采用慢剪或三轴排水剪试验测得的抗剪强度指标;而在分析上游坡因水位骤降对稳定性的影响时,因堤坝土体已经历长期固结并浸水饱和,则可采用饱和土样的固结快剪或三轴固结不排水剪的抗剪强度指标。

8.6 土坡失稳的原因及防治措施

8.6.1 土坡失稳的原因

从力学上讲,土坡失稳的机理是土体内部某个面上的剪应力达到抗剪强度,从而使土体稳定的平衡遭到破坏。土坡失稳的根本原因是土坡自身的条件(内因),外界不利因素的影响则是诱发土坡失稳的外部条件(外因)。

1. 土坡失稳的内因

(1)土坡的外形
土坡的坡角、坡高和断面形状在一定程度上直接决定土坡的稳定性。坡角越大,则土坡的稳定性越差。

(2)坡内土体的物理力学性质
物理力学性质包括土体的成分、密度、含水量、孔隙比、密实度、黏聚力及内摩擦角等,其中,土的黏聚力和内摩擦角直接决定土的抗剪强度,因而是决定土坡稳定性的至关重要的因素之一。

(3)坡内土体的结构
坡内土的分层层面、裂隙和裂缝等部位抗剪强度较低,当其倾向于与土坡坡面一致时,就容易沿该方向产生滑动。例如,在较陡的土坡上堆积有较厚的土层,如有遇水软化的软弱夹层,或下卧基岩是不透水层时,上覆土层就容易沿层面发生滑动。

2.土坡失稳的外因

(1)水的作用

地表水和地下水的活动是导致土坡失稳的重要原因,工程中多数土坡滑动都与水的作用有关。水对土坡稳定性的影响主要表现在:①增加土体重度,增大坡内的剪应力;②软化土体,降低其抗剪强度;③产生静水压力和动水压力;④溶解土体中的易溶物质,使土体成分和结构发生变化;⑤冲刷和切割坡脚,产生冲蚀淘空作用;⑥对不透水层上的覆土层或软弱夹层起润滑作用。

(2)振动作用

地震、爆破或打桩等引起的振动,易降低土体的抗剪强度,诱发土坡失稳。

(3)人类活动的影响

在平整场地、修路筑堤和采矿时,如果不合理地开挖坡脚,不适当地在坡顶上建造房屋、弃土或堆放材料,就会破坏土坡的平衡条件从而易引起土坡失稳。

综合上述,各种因素对土坡稳定性的影响按其结果主要可分为两类:一是导致土体内部剪应力加大引起土坡失稳,例如路堑或基坑的开挖、堤坝施工中上部填土荷载的增加、降雨导致土体饱和重度增加、地下水的渗流、坡顶荷载过量或由于地震、打桩引起的动力荷载作用等;二是导致土体抗剪强度降低而促使土坡破坏,例如孔隙水压力的产生,气候变化产生的干裂、冻融,黏土夹层浸水软化,以及黏性土蠕变导致的土体强度降低等。

8.6.2　土坡失稳的防治措施

由前述可知,土坡失稳的原因是滑动面上剪应力的增加或土体抗剪强度的减小,因此要防止土坡失稳,就应从减小坡内剪应力和提高土体抗剪强度两方面出发,常用的措施主要有以下几种。

1.排水和防渗

在坡顶和坡面设置排水沟,以防止地表水渗入土坡,必要时可采取坡面防渗措施,例如采用灰土或混凝土护面。对存在渗透的土坡(如堤坝),应设置防渗心墙,在坝内设水平排水体以降低浸润线,或在渗流出溢的坡面设贴坡排水体等。

2.支挡和加固

根据土坡的特点及滑动力的大小,采用重力式挡墙、抗滑桩或锚杆支护等措施,能较有效地防止土坡失稳。对堤坝下地基为软土的情况,可采用排水固结法、碎石桩等地基处理措施来提高地基抗剪强度,以防因地基破坏而导致土坡失稳。

3.减载

在不影响土坡功能的前提下,可在坡顶或接近坡肩处实施减载措施,例如放缓坡比或采用轻质填料等,以减小该区域的重力。如坡顶有建筑物,则建筑物应尽量远离坡肩。

4. 反压

反压措施是指在坡脚附近增加填方量形成反压平台,以增加滑动体的抗滑力。工程实践中,常用的放缓坡比或在坡面设置平台的做法实质上就是减载和反压的综合运用。

5. 坡面防护

采用植物防护、砌石或混凝土护面等措施,可防止坡面风化及坡脚冲蚀,从而保护土坡的稳定性。

对具体土坡工程,应根据工程地质、水文地质条件以及设计和施工的情况,分析可能产生滑坡的主要原因,然后选用合理有效的防治方案。另外,对滑坡的初期监测也十分重要,裂缝的开展、地表的变形或草木的倾倒等均可能是滑坡的迹象,应尽早采取防护和整治措施。

(一) 思考题

1. 何谓无黏性土坡的自然休止角? 无黏性土坡的稳定性有何特点?

2. 简述毕肖普条分法确定稳定安全系数的试算过程。

3. 试比较整体圆弧法、毕肖普条分法及简布条分法的异同。

4. 简述毕肖普条分法与瑞典条分法的主要差别是什么? 为什么对同一问题毕肖普法计算的安全系数比瑞典法大?

5. 不平衡推力法与简布法有什么区别? 它们可以用于圆弧滑动分析吗?

6. 分析土坡稳定性时,如何考虑渗流的影响?

7. 如何分析地震条件下的土坡稳定性?

8. 分析土坡稳定时,应如何根据工程情况选取土体抗剪强度指标及容许安全系数?

(二) 计算题

1. 一砂砾土坡,其饱和重度 $\gamma_{sat} = 19 \text{ kN/m}^3$,内摩擦角 $\varphi = 32°$,坡比为 1:3,试问在干坡或完全浸水时,其稳定安全系数为多少? 当有顺坡向渗流时土坡还能保持稳定吗? 若坡比改为 1:4,其稳定性又如何?

2. 如图 8-15 所示,土坡的坡面与水平面的夹角为 $\alpha = 25°$,下覆基岩表面与坡面平行。已知覆盖层土的厚度 $H = 2.4 \text{ m}$,重度 $\gamma = 19 \text{ kN/m}^3$,土与基岩界面的抗剪强度指标 $c = 0$,$\varphi = 30°$。试求该土坡的安全系数。

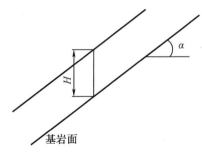

图 8-15　计算题 2 图

3. 某均质黏性土坡,坡高 $H = 20$ m,坡比为 1:2,填土重度 $\gamma = 18$ kN/m³,黏聚力 $c = 12$ kPa,内摩擦角 $\varphi = 22°$,试计算该土坡的稳定安全系数。

4. 一均质黏土坡,高 $H = 20$ m,坡比为 1:3,填土的黏聚力 $c = 10$ kPa,内摩擦角 $\varphi = 20°$,重度 $\gamma = 18$ kN/m³。假定圆弧通过坡脚,半径 $R = 55$ m,圆心位置可用图 8-16 所示的方法确定,试用瑞典法(总应力)计算土坡在该滑弧时的安全系数。

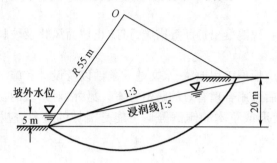

图 8-16　计算题 4 图

5. 某均质挖方土坡,坡高 $H = 10$ m,坡比 1:2,填土的重度 $\gamma = 18$ kN/m³,内摩擦角 $\varphi = 25°$,黏聚力 $c = 5$ kPa,在坑底以下 3 m 处有一软土薄层,其黏聚力 $c = 10$ kPa,内摩擦角 $\varphi = 5°$,试用不平衡推力法计算其安全系数。

第9章 地基承载力

9.1 地基承载力概述

建筑物因地基问题引起的破坏,一般有两种情形:一种是地基在建筑物荷载作用下产生过大的变形或不均匀沉降,从而导致建筑物严重下沉、倾斜或挠曲;另一种是建筑物的荷载过大,使得地基土体内出现剪切破坏区,当剪切破坏区不断扩大,发展成贯穿到地表的连续滑移面时,建筑物将发生严重的塌陷或倾倒等灾难性破坏。因此,地基承受荷载的能力与地基的变形条件和稳定状态是密切相关的。

地基承载力是指地基土单位面积上所能承受荷载的能力。实际工程中,一般用地基承载力特征值或地基容许承载力来表述。确定地基承载力的方法有荷载试验或其他原位测试、公式计算,并结合工程实践经验等方法综合确定。单一一种方法估算出的地基承载力的值为承载力的基本值,基本值经标准数理统计后可得地基承载力的标准值,经过对承载力标准值进行修正则得到承载力设计值。在工程设计中为了保证地基土不发生剪切破坏而失去稳定,同时也为使建筑物不致因基础产生过大的沉降和差异沉降而影响其正常使用,必须限制建筑物基础底面的压力,使其不得超过地基的承载力设计值。因此,确定地基承载力是工程实践中首先需要解决的问题。

本章首先讨论地基的破坏形式,阐述临塑荷载、临界荷载的概念及相应的理论计算公式,然后介绍几个著名的地基极限承载力计算公式,最后介绍确定地基承载力的方法。

9.2 地基的变形和失稳破坏形式

9.2.1 地基的主要破坏形式

我们可以通过现场载荷试验或室内模型试验来研究地基承载力。现场载荷试验是在要测定的地基上放置一块模拟基础的载荷板。载荷板的尺寸较实际基础为小,一般为 $0.25 \ mm^2 \sim 1.0 \ mm^2$。然后在载荷板上逐级施加荷载,同时测定在各级荷载下载荷板的沉降量及周围土的位移情况,直到地基土破坏失稳为止。通过试验可以得到载荷板在各级压力 p 的作用下,其相应的稳定沉降量,绘得 $p - s$ 曲线,如图 9 - 1 所示。

根据试验研究,地基的主要破坏形式大致分为三种:整体剪切破坏、局部剪切破坏和冲切破坏,如图 9 - 2 所示。

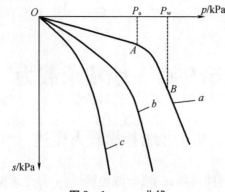

图 9-1 $p-s$ 曲线

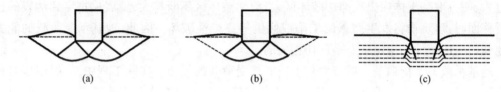

(a)　　　　　　　　　(b)　　　　　　　　　(c)

图 9-2 地基破坏形式示意图

(a)整体剪切破坏;(b)局部剪切破坏;(c)冲切破坏

1. 整体剪切破坏

其特征是,当作用在基础上的荷载较小时,基础下形成一个三角形压密区,随同基础压入土中,这时 $p-s$ 曲线如图 9-1 中的曲线 a 所示。起始段呈直线状,随着荷载增加,压密区向两侧挤压,土中产生塑性区,塑性区先在基础边缘产生,然后逐步扩展。这时基础的沉降增长率较前一阶段增大,$p-s$ 曲线呈曲线状。当荷载达到最大值后,土中形成连续滑动面,并延伸到地面,土从基础两侧挤出并隆起,基础沉降急剧增加,整个地基失稳破坏,$p-s$ 曲线上出现明显的转折点,其相应的荷载称为极限荷载。整体剪切破坏常发生在浅埋基础下的密砂或硬黏土等坚实地基中。

2. 局部剪切破坏

其特征是,随着荷载的增加,基础下也产生压密区及塑性区,但塑性区仅仅发展到地基某一范围内,土中滑动面并不延伸到地面,基础两侧地面微微隆起,没有出现明显的裂缝。其 $p-s$ 曲线如图 9-1 中的曲线 b 所示,曲线也有一个转折点,但不像整体剪切破坏那么明显。局部剪切破坏常发生于中等密实砂土中。

3. 刺入剪切破坏(冲切破坏)

其特征是,在基础下没有明显的连续滑动面,随着荷载的增加,基础随着土层发生压缩变形而下沉,当荷载继续增加时,基础周围附近土体发生竖向剪切破坏,使基础刺入土中,刺入剪切破坏的 $p-s$ 曲线如图 9-1 中的曲线 c 所示,没有明显的转折点,没有明显的比例界限及极限荷载,这种破坏形式常发生在松砂及软土中。

地基的剪切破坏形式,除了与地基土的性质有关外,还同基础埋置深度、加荷速度等因素有关。如在密砂地基中，一般常发生整体剪切破坏，但当基础埋置过深时，在很大荷载作用下密砂就会产生压缩变形，而发生刺入剪切破坏；在软黏土中，当加荷速度较慢时会发生压缩变形而发生刺入剪切破坏，但当加荷很快时，由于土体不能产生压缩变形，就可能发生整体剪切破坏。

对于地基土破坏形式的定量判别，美国学者魏锡克（A. S. Vesic）提出用刚度指标 $I\gamma$ 的方法。地基土的刚度指标可用式(9-1)表示，即

$$I\gamma = \frac{E}{2(1+\mu)(c+q_0\tan\varphi)} \tag{9-1}$$

$$I\gamma_{(cr)} = \frac{1}{2}\exp\left[(3.30-0.45\frac{b}{l})\cot(45°-\frac{\varphi}{2})\right] \tag{9-2}$$

式中　E——变形模量；

　　　c——地基土的黏聚力；

　　　φ——内摩擦角；

　　　q_0——一般取基底以下 $b/2$ 深度内的上覆土重。

当 $I\gamma > I\gamma_{(cr)}$ 时，地基将发生整体剪切破坏，反之则发生局部剪切破坏或冲剪破坏。

9.2.2　地基破坏的过程

由地基破坏过程中的 p-s 曲线(图9-1中的曲线 a)可知，地基无论以何种形式破坏，其破坏的过程一般应经历如下三个阶段。

1. 压密阶段(弹性变形阶段)

相当于 p-s 曲线上的 OA 段。在这一阶段，p-s 曲线接近于直线，土中各点的剪应力均小于土的抗剪强度，土体处于弹性平衡状态。载荷板的沉降主要是由于土的压密变形引起的。p-s 曲线上相应于 A 点的荷载称为比例界限 p_a，也称临塑荷载 p_{cr}。

2. 剪切阶段(弹塑性变形阶段)

相当于 p-s 曲线上的 AB 段。此阶段 p-s 曲线已不再保持线性关系，沉降的增长率 $\Delta s/\Delta p$ 随荷载的增大而增加。地基土中局部范围内的剪应力达到土的抗剪强度，土体发生剪切破坏，这些区域也称塑性区。随着荷载的继续增加，土中塑性区的范围也逐步扩大，直到土中形成连续的滑动面，由载荷板两侧挤出而破坏。因此，剪切阶段也是地基中塑性区的发生与发展阶段。相应于 p-s 曲线上 B 点的荷载称为极限荷载 p_u。

3. 破坏阶段

相当于 p-s 曲线上超过 B 点的曲线段。当荷载超过极限荷载 p_u 后，载荷板急剧下沉，即使不增加荷载，沉降也将继续发展，因此，p-s 曲线陡直下降。在这一阶段，由于土中塑性区范围的不断扩展，最后在土中形成连续滑动面，土从载荷板四周挤出隆起，地基土失稳而破坏。

9.3 地基临塑荷载和临界荷载

9.3.1 临塑荷载

地基土体从弹性压密阶段恰好过渡到塑性区发展阶段,即地基中刚开始出现塑性变形区时所对应的基底压力称为临塑荷载,通常用 p_{cr} 表示。此时塑性区开展的最大深度 $z_{max} = 0$ (z 从基底算起)。临塑荷载计算公式可按下述方法求出。

如图 9 – 3 所示为一宽度为 b、埋置深度为 d 的条形基础,基底附加压力 p_0 为均匀分布。根据土中应力的弹性力学解答,地基中任意点 M 由基底附加压力 p_0($p_0 = p - \gamma d$)引起的附加大、小主应力分别为

$$\left. \begin{array}{l} \sigma_1 = \dfrac{p_0}{\pi}(\beta_0 + \sin\beta_0) \\[3mm] \sigma_3 = \dfrac{p_0}{\pi}(\beta_0 - \sin\beta_0) \end{array} \right\} \tag{9 – 3}$$

式中　β_0——任意点 M 到均布荷载两端点的夹角,rad。

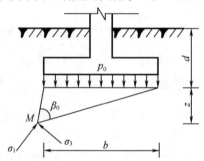

图 9 – 3　条形均布荷载作用下地基中的主应力示意图

显然,M 点的总应力应该是自重应力与附加应力之和。为简化起见,假定地基的自重应力场如同静水应力场,M 点的自重应力 $\gamma z + \gamma_0 d$ 各向相等,则 M 点的总主应力为

$$\left. \begin{array}{l} \sigma_1 = \dfrac{p - \gamma_0 d}{\pi}(\beta_0 + \sin\beta_0) + (\gamma z + \gamma_0 d) \\[3mm] \sigma_3 = \dfrac{p - \gamma_0 d}{\pi}(\beta_0 - \sin\beta_0) + (\gamma z + \gamma_0 d) \end{array} \right\} \tag{9 – 4}$$

式中　γ_0——基底以上土的平均重度,kN/m^3;

　　　γ——基底以下地基土的平均重度,kN/m^3。

当 M 点达到极限平衡状态时,由极限平衡条件得

$$\frac{1}{2}(\sigma_1 - \sigma_3) = \left[\frac{1}{2}(\sigma_1 + \sigma_3) + c\cot\varphi\right]\sin\varphi \tag{9 – 5}$$

将式(9 – 4)代入上式,并整理得

$$z = \frac{p - \gamma_0 d}{\gamma\pi}\left(\frac{\sin\beta_0}{\sin\varphi} - \beta_0\right) - \frac{c}{\gamma\tan\varphi} - \frac{\gamma_0}{\gamma}d \tag{9 – 6}$$

式中　c——基底以下地基土的黏聚力,kPa;

φ——基底以下土的内摩擦角,rad。

上式即为塑性区的边界方程,它表示塑性区边界上任一点的 z 与 β_0 的关系。如果基础埋深 d,荷载 p 以及土的性质指标 γ,c,φ 均已知,根据式(9-6)可绘出塑性区的边界线,如图9-4所示。

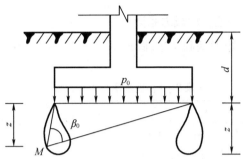

图9-4 条形基础底面边缘的塑性区示意图

塑性区开展的最大深度 z_{max} 可由 $dz/d\beta_0=0$ 求得,即

$$\frac{dz}{d\beta_0}=\frac{p-\gamma d}{\gamma\pi}\left(\frac{\cos\beta_0}{\sin\varphi}-1\right)=0$$

显然 $\cos\beta_0=\sin\varphi$,由此得

$$\beta_0=\frac{\pi}{2}-\varphi$$

代入式(9-6)得

$$z_{max}=\frac{p-\gamma_0 d}{\gamma\pi}\left(\cot\varphi+\varphi-\frac{\pi}{2}\right)-\frac{c}{\gamma\tan\varphi}-\frac{\gamma_0}{\gamma}d \tag{9-7}$$

由上式得

$$p_{cr}=\frac{\pi(c\cot\varphi+\gamma_0 d)}{\cot\varphi+\varphi-\frac{\pi}{2}}+\gamma_0 d \tag{9-8}$$

由上式可知,临塑荷载 p_{cr} 仅与 γ,c,φ,d 有关,而与基础宽度无关。

9.3.2 临界荷载

大量工程实践表明,用 p_{cr} 作为地基承载力设计值是比较保守和不经济的。经验表明,在大多数情况下,即使地基中出现一定范围的塑性区,只要其范围不超过某一容许范围,就不致危及建筑物的安全和正常使用。工程中允许塑性区发展到一定范围,这个范围的大小与建筑物的类型、荷载性质以及土的特征等因素有关,但目前尚无统一意见。一般认为,中心受压基础,其塑性区的最大开展深度可取 $z_{max}=b/4$,偏心受压基础可取 $z_{max}=b/3$,相应的荷载用 $p_{1/4}$ 或 $p_{1/3}$ 表示,称为临界荷载。

将 $z_{max}=b/4$,$z_{max}=b/3$ 分别代入式(9-7),得

$$p_{1/4}=\frac{\pi}{\cot\varphi+\varphi-\frac{\pi}{2}}\gamma\frac{b}{4}+\frac{\cot\varphi+\varphi+\frac{\pi}{2}}{\cot\varphi+\varphi-\frac{\pi}{2}}\gamma_0 d+\frac{\pi\cot\varphi}{\cot\varphi+\varphi-\frac{\pi}{2}}c=N_{1/4}\gamma b+N_q\gamma_0 d+N_c c$$

$$\tag{9-9}$$

$$p_{1/3} = \frac{\pi}{\cot\varphi + \varphi - \frac{\pi}{2}}\gamma\frac{b}{3} + \frac{\cot\varphi + \varphi + \frac{\pi}{2}}{\cot\varphi + \varphi - \frac{\pi}{2}}\gamma_0 d + \frac{\pi\cot\varphi}{\cot\varphi + \varphi - \frac{\pi}{2}}c = N_{1/3}\gamma b + N_q\gamma_0 d + N_c c$$

(9 – 10)

式中　$N_c, N_q, N_{1/4}, N_{1/3}$——地基承载力系数,见表 9 – 1;

　　　b——基础宽度,m,矩形基础短边,圆形基础采用 $b = \sqrt{A}$,A 为圆形基础的面积。

表 9 – 1　地基承载力系数表

φ	$N_{1/4}$	$N_{1/3}$	N_c	N_q	φ	$N_{1/4}$	$N_{1/3}$	N_c	N_q
0°	0	0	1.00	3.14	22°	0.61	0.81	3.44	6.05
2°	0.03	0.04	1.12	3.32	24°	0.80	1.07	3.87	6.45
4°	0.06	0.08	1.25	3.51	26°	1.10	1.47	4.37	6.90
6°	0.10	0.13	1.39	3.71	28°	1.40	1.87	4.93	7.40
8°	0.14	0.18	1.55	3.93	30°	1.90	2.53	5.59	7.95
10°	0.18	0.25	1.73	4.17	32°	2.50	3.33	6.35	8.55
12°	0.23	0.31	1.94	4.42	34°	3.20	4.27	7.21	9.22
14°	0.29	0.39	2.17	4.69	36°	4.20	5.60	8.25	9.97
16°	0.36	0.48	2.43	5.00	38°	5.50	7.32	9.44	10.80
18°	0.43	0.57	2.72	5.31	40°	7.20	9.60	10.84	11.73
20°	0.51	0.69	3.06	5.66	—	—	—	—	—

9.4　地基极限承载力

地基极限承载力是当地基土体中的塑性变形区充分发展并形成连续贯通的滑移面时,地基所能承受的最大荷载。确定极限承载力的方法很多,但归纳起来,可分为两大类。一类是根据土体的极限平衡理论,确定土中各点达到极限平衡时的应力和滑动面方向,并建立微分方程,根据边界条件求出地基达到极限平衡时各点的精确解。采用这种方法求解时在数学上遇到的困难太大,目前尚无严格的一般解析解,仅能对某些边界条件简单的情况求解。另一类是先假定地基土在极限状态下滑动面的形状,然后根据滑动土体的静力平衡条件求解。这种方法得到的极限承载力计算公式概念明确、计算简单,在工程实践中得到广泛应用。下面仅对后面一类方法进行介绍。

9.4.1　普朗德尔 – 雷斯诺极限承载力公式

普朗德尔于 1920 年根据塑性理论研究了刚性冲模压入无质量的半无限刚塑性介质中,介质达到破坏时的滑动面形状及极限压应力公式。人们将其研究结果也应用到地基极限承载力的求解上。

设将一宽度为 b、底面光滑且受竖向中心荷载作用的条形基础置于无质量的地基($\gamma = 0$)

表面。当地基土体中的塑性变形区充分发展并形成连续贯通的滑移面时，处于极限平衡状态时的滑动面形状如图9-5所示。塑性区共分五个区：即一个Ⅰ区，两个Ⅱ区和两个Ⅲ区。

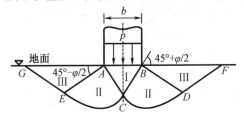

图9-5　普朗德尔地基滑移模型示意图

Ⅰ区　主动朗肯区(三角形 *ABC*)，因基底光滑，大主应力方向是竖直的，破裂面与水平面成 $45° + \varphi/2$ 的夹角。

Ⅱ区　过渡区，滑动线有两组：一组是对数螺旋曲线，如 *CE*，*CD*；另一组是从螺旋曲线极点 *A*(或 *B*)出发的辐射线 *AC*，*AE*(或 *BC*，*BD*)。

Ⅲ区　被动朗肯区，其最大主应力方向是水平的，破裂面与水平面成 $45° - \varphi/2$ 的夹角。

对于上述情况，普朗德尔得出的极限承载力理论解为

$$p_u = cN_c \tag{9-11}$$

式中　N_c——承载力系数，与土的内摩擦角 φ 有关，见表9-2。

表9-2　普朗德尔地基承载力系数

φ	N_γ	N_c	N_q	φ	N_γ	N_c	N_q
0°	0	5.14	1.00	25°	15.2	20.7	10.7
5°	0.62	6.49	1.57	30°	30.1	30.1	18.4
10°	1.15	8.35	2.47	35°	62.0	46.1	33.3
15°	3.82	11.0	3.94	40°	135.3	75.3	64.2
20°	7.71	1.55	6.40	45°	322.7	133.9	134.9

推导普朗德尔公式时，假定基础置于地基表面($d = 0$)，并忽略基底以下地基土的重度影响，这与实际不符。为此，许多学者进行了深入研究。

德国学者雷斯诺(H. Rezissner)于1924年在普朗德尔的基础上，考虑基础的埋置深度，以连续均布的超载 $q = \gamma_0 d$ 来代替基础两侧埋深范围内土体的自重影响(见图9-6)，取隔离体进行力学分析，如图9-7所示。

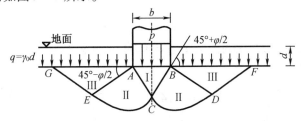

图9-6　雷斯诺地基滑移模型示意图

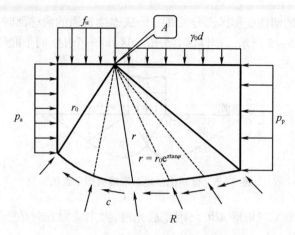

图 9 – 7 雷斯诺地基滑移隔离体示意图

主动区竖直面上的水平力

$$p_a = f_u \tan^2\left(45° - \frac{\varphi}{2}\right) - 2c\tan\left(45° - \frac{\varphi}{2}\right)$$

被动区竖直面上的水平力

$$p_p = \gamma_0 d\tan^2\left(45° + \frac{\varphi}{2}\right) + 2c\tan\left(45° + \frac{\varphi}{2}\right)$$

螺旋滑动面上的法向力与摩擦力的合力 R 都通过对数螺线的中心（此处为 A）；黏聚力合力为 cds。

根据静力平衡条件，各力对任意点，例如以对数螺线的中心 A 为矩心的力矩和等于零：

$$M_{pu} + M_{pa} - M_q - M_{pp} - M_c = 0$$

式中

$$M_{pu} = f_u \frac{b}{2} \cdot \frac{b}{4} = \frac{1}{8} f_u b^2$$

$$M_{pa} = p_a \frac{b}{2}\tan\alpha \frac{b}{4}\tan\alpha = p_a \frac{b^2}{8}\tan^2\alpha = \frac{b^2}{8}f_u - \frac{b^2 c}{4}\tan\alpha$$

$$M_{pp} = p_p \frac{b}{2}e^{\frac{\pi}{2}\tan\varphi} \frac{b}{4}e^{\frac{\pi}{2}\tan\varphi} = p_p \frac{b^2}{8}e^{\pi\tan\varphi} = \frac{\gamma_0 db^2}{8}e^{\pi\tan\varphi}\tan^2\alpha + \frac{b^2 c}{4}e^{\pi\tan\varphi}\tan\alpha$$

$$M_q = \gamma_0 d \frac{b}{2}e^{\frac{\pi}{2}\tan\varphi}\tan\alpha \frac{b}{4}e^{\frac{\pi}{2}\tan\varphi}\tan\alpha = \frac{\gamma_0 db^2}{8}e^{\pi\tan\varphi}\tan^2\alpha$$

$$M_c = \int_0^{\frac{\pi}{2}} cr^2 d\theta = \frac{b^2 c}{8} \frac{e^{\pi\tan\varphi} - 1}{\tan\varphi\cos^2\alpha}$$

解得

$$p_u = cN_c + qN_q \tag{9 – 12}$$

式中　N_q——承载力系数，与土的内摩擦角 φ 有关，见表 9 – 2。

其中

$$N_q = \tan^2\left(45° + \frac{\varphi}{2}\right)e^{\pi\tan\varphi} \tag{9 – 13}$$

$$N_c = (N_q - 1)\cot\varphi \tag{9 – 14}$$

美国学者泰勒（D. W. Taylor）于 1948 年提出，考虑土重力时，假定滑动面与普朗德尔公式相同,那么图 9-5 中的滑动土体的重力,将使滑动面 $GECDF$ 上土的抗剪强度增加。泰勒假定其增加值可用一个换算黏聚力 $c' = \gamma t \tan\varphi$ 来表示,假定

$$t = \frac{b}{2}\tan\left(45° + \frac{\varphi}{2}\right)$$

用 $c+c'$ 代替 c,则式(9-12)修正为

$$p_u = cN_c + qN_q + \frac{1}{2}\gamma bN_\gamma \tag{9-15}$$

式中 N_γ——承载力系数,与土的内摩擦角 φ 有关,见表 9-2。

9.4.2 太沙基公式

太沙基利用塑性理论推导了条形基础在中心荷载作用下的极限承载力公式。为了弥补普朗德尔-雷斯诺极限承载力公式的不足,太沙基做了如下更为切合实际的假定:

(1)基底面粗糙,与地基土之间存在摩擦力;

(2)基底以下土体是有重力的,即 $\gamma \neq 0$,但忽略地基土重度对滑移线形状的影响,因为根据极限平衡理论,如果考虑土的重度,塑性区内的两组滑移线就不一定全是直线;

(3)基底以上两侧的土体视为均布荷载 $q = \gamma_0 d$(d 为基础埋深),不考虑这部分土体抗剪强度的影响。

根据以上假定,地基滑动面形状近似假定为如图 9-8(a)所示形状,分为五个区。

Ⅰ区 基础底面以下的楔形弹性压密区。由于假定基底而粗糙,基底下存在摩擦力,能阻止该部分土体发生剪切位移,因此直接位于基底面下的三角形土楔体 ABC 处于弹性状态,它在地基破坏时随基础一起下沉,与基底面的夹角为 φ。

Ⅱ区 对数螺旋曲线过渡区。由两组滑移线组成,其中一组从螺旋曲线极点 A(或 B)出发的辐射线 AC,AE(或 BC,BD);另一组是对数螺旋曲线,如 CE,CD 和 E,D 两点处对数螺旋曲线的切线与水平面的夹角为 $45° + \varphi/2$。

Ⅲ区 朗肯被动区。滑移面 EG,FD 与水平曲的夹角为 $45° - \varphi/2$。

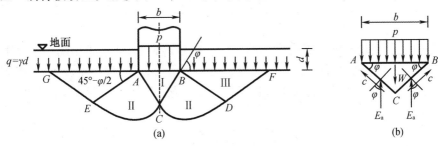

图 9-8 太沙基极限承载力示意图

(a)太沙基地基滑移模型;(b)隔离体

以弹性压密区 ABC 为研究对象,进行受力分析,作用于Ⅰ区土楔上的诸力如图 9-8(b)所示,包括:土楔 ABC 顶面的极限荷载 P_u,土楔 ABC 的自重 W,土楔滑动斜面 AC,BC 上的黏聚力 c,斜面 AC,BC 上的主动土压力 E_a。Ⅰ区土楔在诸力作用下,处于极限平衡状态,根据静力平衡条件求得的太沙基极限承载力计算公式为

$$p_u = cN_c + qN_q + \frac{1}{2}\gamma bN_\gamma \tag{9-16}$$

式中 N_c, N_q, N_γ——承载力系数,仅与基底土的内摩擦角 φ 有关。

N_q 可由式(9-17)计算,即

$$N_q = \frac{e^{(\frac{3\pi}{2} - \varphi)\tan\varphi}}{2\cos\left(45° + \dfrac{\varphi}{2}\right)} \qquad (9-17)$$

N_c 可由式(9-14)计算,对于 N_γ,太沙基没有给出显式表达式。N_c, N_q, N_γ 也可由 φ 值查图 9-9 中的实线确定,或通过查表 9-3 确定。

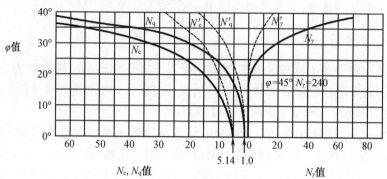

图9-9 太沙基地基承载力系数示意图

表9-3 太沙基地基承载力系数

φ	N_γ	N_c	N_q	φ	N_γ	N_c	N_q
0°	0	5.71	1.0	25°	11.0	25.1	12.7
5°	0.51	7.32	1.64	30°	21.8	37.2	22.5
10°	1.2	9.58	2.69	35°	45.4	57.7	41.4
15°	1.8	12.9	4.45	40°	125	95.7	81.3
20°	4.0	17.6	7.42	45°	326	172.2	173.3

式(9-16)是在地基整体剪切破坏的条件下推导得到的,适用于压缩性较小的密实地基。对于松软的压缩性较大的地基土,可能发生局部剪切破坏,沉降量较大,其极限承载力较小。对于此种情况,可用降低抗剪强度指标 c, φ 的方法对公式进行修正。

令

$$c' = \frac{2}{3}c, \varphi' = \arctan\left(\frac{2}{3}\tan\varphi\right) \qquad (9-18)$$

则局部剪切破坏时地基极限承载力公式改为

$$p_u = c'N_c' + qN_q' + \frac{1}{2}\gamma bN_\gamma' \qquad (9-19)$$

式中 N_c', N_q', N_γ'——修正后的承载力系数,仅与基底土的内摩擦角 φ 有关,由修正后的 φ' 查图 9-9 中的实线或由修正前的 φ 查图 9-9 中的虚线确定,也可由查 φ' 表 9-3 确定。

式(9-16)和式(9-19)仅适用于条形基础,对于方形基础或圆形基础,因属空间问题,太沙基建议按下列修正公式计算地基极限承载力。

宽度为 b 的方形基础：

整体剪切破坏

$$p_u = 1.2cN_c + \gamma_0 dN_q + 0.4\gamma b N_\gamma \tag{9-20}$$

局部剪切破坏

$$p_u = 0.8c'N_c' + \gamma_0 dN_q' + 0.4\gamma b N_\gamma' \tag{9-21}$$

直径为 D 的圆形基础：

整体剪切破坏

$$p_u = 1.2cN_c + \gamma_0 dN_q + 0.3\gamma D N_\gamma \tag{9-22}$$

局部剪切破坏

$$p_u = 0.8c'N_c' + \gamma_0 dN_q' + 0.3\gamma D N_\gamma' \tag{9-23}$$

式中　γ_0——基底以上土层的加权平均重度，地下水位以下采用浮重度，kPa；

　　　γ——基底以下土层的重度，地下水位以下采用浮重度，kPa；

　　　d——基础埋深，m。

对于矩形基础（宽度为 b，长度为 l），可近似按 b/l 值，在条形基础（b/l）与方形基础（$b/l = 1$）的地基承载力之间用插值法求得。

9.4.3　汉森公式

前面介绍的普朗德尔、太沙基等地基极限承载力公式，都只适用于中心竖向荷载作用下的条形基础，同时不考虑基底以上两侧土体抗剪强度的作用。对于以下情况：如基础上作用的荷载是倾斜的或是偏心的；基础的形状是圆形或矩形；基础底面倾斜；基础的埋深较大，计算时需考虑基底以上土的抗剪强度影响时，则采用汉森（J. B. Hanson）公式计算地基极限承载力比较合适。它是个半经验公式，适用于倾斜荷载作用下不同基础形状和埋置深度的极限承载力的计算。由于适用范围较广，对水利工程有实用意义，已被我国港口工程技术规范所采用。

$$p_u = cN_c s_c i_c d_c + \gamma_0 dN_q s_q i_q d_q + \frac{1}{2}\gamma b N_\gamma s_\gamma i_\gamma \tag{9-24}$$

式中　N_c, N_q, N_γ——地基承载力系数；

　　　s_c, s_q, s_γ——基础形状修正系数；

　　　i_c, i_q, i_γ——荷载倾斜修正系数；

　　　d_c, d_q——深度修正系数。

各符号经验公式如下。

①地基承载力系数

N_q, N_c 分别按式（9-13）和式（9-14）计算。对于 N_γ，汉森建议

$$N_\gamma = 1.5(N_q - 1)\tan\varphi \tag{9-25}$$

②基础形状修正系数

$$s_\gamma = 1 - 0.4\frac{b'}{l'} \tag{9-26}$$

$$s_c = s_q = 1 + 0.2\frac{b'}{l'} \tag{9-27}$$

式中　b'——基础有效底面宽度，$b' = b - 2e_b$，m；

l'——基础有效底面长度，$l' = l - 2e_l$，m；

e_b , e_l——荷载合力作用点沿基础宽度方向和长度方向对基底中心线的偏心距，m；

b , l——基础实际宽度和长度，m。

对于条形基础

$$s_\gamma = s_c = s_q = 1 \qquad (9-28)$$

③荷载倾斜修正系数

$$i_\gamma = (1.0 - \frac{0.7P_h}{P_v + A_f c \cot\varphi})^5 \qquad (9-29)$$

$$i_q = (1.0 - \frac{0.5P_h}{P_v + A_f c \cot\varphi})^5 \qquad (9-30)$$

$$i_c = \begin{cases} 0.5 - 0.5\sqrt{1 - \dfrac{P_h}{A_f c}} & \varphi = 0 \\[2mm] i_q - \dfrac{1 - i_q}{c N_c} & \varphi > 0 \end{cases} \qquad (9-31)$$

式中　A_f——基础有效底面积，$A_f = b'l'$，m^2；

P_v , P_h——设计的竖向和水平荷载分量，kPa。

当荷载中心受压时

$$i_\gamma = i_c = i_q = 1 \qquad (9-32)$$

④深度修正系数

$$d_c = d_q = 1 + 0.35 \frac{d}{b'} \qquad (9-33)$$

当成层土地基各层土之间的强度相差不太大时，极限荷载计算公式中的土的指标可取滑动范围内各土层的加权平均值$\overline{\varphi}, \overline{c}, \overline{\gamma}$，并按下式估算持力层的最大深度

$$z_{max} = \lambda b' \qquad (9-34)$$

式中　λ——系数，按地基土加权平均内摩擦角和荷载的倾斜率 $\tan\delta = P_h/P_v$ 查表 9 - 4 确定。

表 9 - 4　λ 值表

$\tan\delta$	φ		
	≤20°	21°~35°	36°~45°
≤0.2	0.6	1.2	2.0
0.21~0.30	0.4	1.9	1.6
0.31~0.40	0.2	0.6	1.2

9.5　地基承载力确定

《规范》规定，一般用地基承载力特征值来表述地基承载力。地基承载力的特征值是指由载荷试验测定的地基土压力变形曲线线性变形段内规定的变形所对应的压力值，其最大

值为比例界限值。地基承载力特征值按下述方法确定。

9.5.1　按土的抗剪强度指标确定

1.根据地基极限承载力理论公式确定

根据地基极限承载力计算地基承载力特征值的公式如式(9-35)所示,即

$$f_a = \frac{p_u}{K} \tag{9-35}$$

式中　p_u——理论计算的地基极限承载力,kPa;

　　　K——安全系数,其取值与地基基础设计等级、荷载的性质、土的抗剪强度指标的可靠程度以及地基条件等因素有关,对长期承载力一般取 $K = 2 \sim 3$。

2.按《规范》推荐的理论公式确定

当荷载偏心距指弯矩 $e \leqslant 0.003\ 3$ 时,按照土的抗剪强度指标标准值确定地基承载力特征值可按下式计算,并应满足如式(9-36)变形要求,即

$$f_a = M_b \gamma b + M_d \gamma_m d + M_c c_k \tag{9-36}$$

式中　f_a——由土的抗剪强度指标确定的地基承载力特征值,kPa;

　　　M_b, M_d, M_c——承载力系数,根据基底以下一倍短边宽度内土的内摩擦角标准值 φ_k 查表9-5确定;

　　　b——基础宽度,大于6 m按6 m取值,小于3 m按3 m取值,m;

　　　γ_m, γ——基底以上、以下土的重度,地下水以下取浮重度,kN/m³;

　　　c_k——基底以下一倍短边宽度内土的黏聚力标准值,kPa。

表9-5　承载力系数表 M_b, M_d, M_c

φ_k	M_b	M_d	M_c	φ_k	M_b	M_d	M_c
0°	0.00	1.00	3.14	22°	0.61	3.44	6.04
2°	0.03	1.12	3.32	24°	0.8	3.87	6.45
4°	0.06	1.25	3.51	26°	1.10	4.37	6.90
6°	0.10	1.39	3.71	28°	1.40	4.93	7.40
8°	0.14	1.55	3.93	30°	1.90	5.59	7.95
10°	0.18	1.73	4.17	32°	2.60	6.35	8.55
12°	0.23	1.94	4.42	34°	3.40	7.21	9.22
14°	0.29	2.17	4.69	36°	4.20	8.25	9.97
16°	0.36	2.43	5.00	38°	5.00	9.44	10.80
18°	0.43	2.72	5.31	40°	5.80	10.84	11.73
20°	0.51	3.06	5.66	—	—	—	—

式(9-36)中的承载力系数 M_b, M_d, M_c 是以临界荷载 $p_{\frac{1}{4}}$ 理论公式(9-9)中的系数为基础确定的,考虑到内摩擦角大时理论值偏小的实际情况,因此对 M_b 一部分系数做了

调整。

土的内摩擦角标准值 φ_k 和黏聚力标准值 c_k 可按下列方法确定。

（1）根据室内 n 组三轴剪切（或直剪）试验所得的试验结果 c_i，φ_i，按式（9-37）～式（9-43）分别计算土的抗剪强度指标 c，φ 的平均值 c_m，φ_m，标准差 σ_c，σ_φ 和变异系数 δ_c，δ_φ。

$$\mu = \frac{\sum_{i=1}^{n} \mu_i}{n} \tag{9-37}$$

$$\sigma = \sqrt{\frac{\sum_{i=1}^{n} \mu_i^2 - n\mu^2}{n-1}} \tag{9-38}$$

$$\delta = \frac{\sigma}{\mu} \tag{9-39}$$

式中　μ，σ，δ——土性指标 c，φ 的平均值、标准差、变异系数。

（2）按式（9-40）和式（9-41）计算土性指标 c，φ 的统计修正系数

$$\psi_c = 1 - \left(\frac{1.704}{\sqrt{n}} + \frac{4.678}{n^2}\right)\delta_c \tag{9-40}$$

$$\psi_\varphi = 1 - \left(\frac{1.704}{\sqrt{n}} + \frac{4.678}{n^2}\right)\delta_\varphi \tag{9-41}$$

式中　ψ_c，ψ_φ——土性指标 c，φ 的统计修正系数；

　　　δ_c，δ_φ——土性指标 c，φ 的变异系数。

（3）按式（9-42）和式（9-43）计算土的抗剪强度指标的标准值 c_k，φ_k

$$c_k = \psi_c c_m \tag{9-42}$$

$$\varphi_k = \psi_\varphi \varphi_m \tag{9-43}$$

9.5.2　按原位试验确定

参见《规范》附录 C 浅层平板荷载试验要点、附录 D 深层平板荷载试验要点和附录 H 岩石地基荷载试验要点。

9.5.3　地基承载力特征值的修正

试验结果表明：地基承载力除了与土的性质有关外，还与基础的底面尺寸及埋深等因素有关。《规范》中规定，当基础宽度 $b > 3$ m，深度 $d > 0.5$ m 时，用载荷试验或其他原位测试、规范表格或式（9-36）等方法确定的地基承载力特征值，应按式（9-44）进行修正，即

$$f_a = f_{ak} + \eta_b \gamma (b-3) + \eta_d \gamma_0 (d-0.5) \tag{9-44}$$

式中　f_a——修正后的地基承载力特征值，kPa；

　　　η_b，η_d——基础宽度和埋深的地基承载力修正系数，按基底下土的类别查表 9-6；

　　　γ_0——基础底面以上土的加权平均重度，地下水位以下取浮重度，kN/m^3；

　　　γ——基础底面以下土的重度，地下水位以下取浮重度，kN/m^3；

　　　b——基础宽度，$b < 3$ m 按 3 m 计，$b > 6$ m 按 6 m 计，m；

　　　d——基础埋深，一般从室外地面算起。填土区，从天然地面算起；独立基础和条形基础，从室内地面标高算起，m。

表9-6 承载力修正系数

土的类别		η_b	η_d
淤泥和淤泥质土		0	1.0
人工填土 e 或 I_L 大于或等于 0.85 的黏性土		0	1.0
红黏土	含水比 $a_w > 0.8$	0	1.2
红黏土	含水比 $a_w \leq 0.8$	0.15	1.4
大面积压实填土	压实系数大于 0.95、黏粒含量 $\rho_c \geqslant 10\%$ 的粉土	0	1.5
大面积压实填土	最大干密度大于 2.1 t/m^3 的级配砂石	0	2.0
粉土	黏粒含量 $\rho_c \geqslant 10\%$ 的粉土	0.3	1.5
粉土	黏粒含量 $\rho_c < 10\%$ 的粉土	0.5	2.0
e 或 I_L 均小于 0.85 的黏性土		0.3	1.6
粉砂、细砂(不包括很湿与饱和时的稍密状态)		2.0	3.0
中砂、粗砂、砾砂和碎石土		3.0	4.4

9.5.4 影响极限承载力的因素

从上述所讲的确定极限荷载公式可知,影响极限承载力的因素主要有土的重度 γ、土的抗剪强度指标 φ 和 c、基础埋深 d 以及基础宽度 b。γ,φ,c,d,b 越大,土的极限承载力也越大,但对于饱和软土($\varphi = 0°$),增大基础宽度 b 对理论计算的地基极限承载力 p_u 几乎没有影响。在这五个影响因素中,对极限承载力影响很大的就是 φ,c,正确合理的 φ,c 值是确定极限承载力的关键。

(一)思考题

1. 地基发生剪切破坏的类型有哪些?其中整体剪切破坏的过程和特征有哪些?

2. 地基破坏过程一般分哪几个阶段?

3. 何谓临塑荷载和临界荷载,它们有什么不同之处,如何确定?

4. 何谓地基极限承载力?常用的地基极限承载力理论计算公式有哪些?它们有何优缺点?其适用条件是什么?

5. 何谓地基承载力特征值、地基容许承载力?为何要进行基础的宽度和深度修正?

6. 确定地基承载力的方法有哪几类?

7. 按塑性开展区方法确定地基承载力的推导是否严谨,为什么?

8. 若存在较弱下卧层,为什么要对其进行承载力验算?

(二)计算题

1. 一条形基础 $b = 1.4$ m,埋深 $d = 2.0$ m,建在均质黏性土地基上,黏性土的重度 $\gamma = 17.0$ kN/m^3,内摩擦角 $\varphi = 18°$,黏聚力 $c = 15$ kPa,试计算地基的临塑荷载 p_{cr} 和临界荷载 $p_{\frac{1}{4}}$。

2. 某条形基础宽度 $b = 3.0$ m,埋深 $d = 1.3$ m,地基土的内摩擦角 $\varphi = 28°$,黏聚力 $c = 20.0$ kPa,天然重度 $\gamma = 17.6$ kN/m³,计算地基的临塑荷载 p_{cr} 和塑性区最大展开深度 $z_{max} = 0.2b$ 时的基底压力。

3. 有一条形基础,底宽 $b = 3.0$ m,基础埋置与均质粉土地基中,埋深 $d = 1.0$ m,地下水位在基底下 2 m 处,粉土地基重度 $\gamma = 18.0$ kN/m³,饱和重度 $\gamma_{sat} = 19.0$ kN/m³,$c = 8$ kPa,$\varphi = 28°$,试求:①$p_{\frac{1}{4}}$ 和 $p_{\frac{1}{3}}$;②按太沙基公式求极限承载力;③若地下水位升至基础底面,按太沙基公式,极限承载力变化了多少?

4. 计算题 3 中,如基础底宽变为 $b = 4.0$ m,基础埋深变为 $d = 1.5$ m。已知粉土地基承载力特征值 $f_{ak} = 92$ kPa。①按规范法求地基承载力特征值 f_a;②若取安全系数 $K = 2.5$,按太沙基公式求承载力设计值。

5. 某条形基础宽度 $b = 2.0$ m,埋深 $d = 1.0$ m,地基土的重度 $\gamma = 17.6$ kN/m³,内摩擦角 $\varphi = 22°$,黏聚力 $c = 15$ kPa,试分别用普朗德尔公式和太沙基公式计算地基的极限承载力 p_u。

6. 某条形基础底宽 $b = 1.8$ m,埋深 $d = 1.2$ m,地基土为黏土,内摩擦角 $\varphi = 22°$,黏聚力 $c = 15$ kPa,地下水位与基底齐平,土的有效重度 $\gamma' = 7.6$ kN/m³,基底以上土的重度 $\gamma = 18.1$ kN/m³。试确定地基承载力特征值 f_a。

7. 某黏性土地基上建筑条形基础,$b = 2$ m,埋深 $d = 1.5$ m,地下水位与基底面齐平。地基土的比重 $d_s = 2.70$,孔隙比 $e = 0.70$,地下水位以上的饱和度 $S_r = 0.75$,土的抗剪强度 $c = 10$ kPa,$\varphi = 15°$。求地基土的临塑荷载 p_{cr},临界荷载 $p_{\frac{1}{4}}$,$p_{\frac{1}{3}}$。

8. 资料同计算题 7。要求:①按太沙基公式求地基整体剪切破坏和局部剪切破坏时极限承载力,若取安全系数 $K = 2.5$,求相应的承载力特征值。②其它条件不变,若边长 $b = 3.0$ m 的方形基础,按太沙基公式求地基产生整体剪切破坏和局部剪切破坏时极限承载力及地基承载力特征值。

9. 如图 9—10 所示的地基荷载情况,试设计基础底面尺寸并进行柔软下卧层承载力的验算。

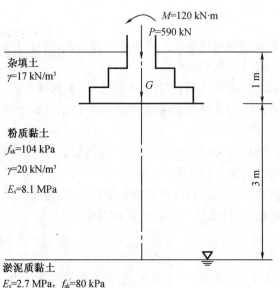

图 9—10　计算题 9 图

部分习题答案

(一)思考题

第 2 章　土的物理性质及工程分类

3. 残积土是指岩石经风化后仍留在原地未经搬运的堆积物。残积土的明显特征是,颗粒多为角粒且母岩的种类对残积土的性质有显著影响。母岩质地优良,由物理风化生成的残积土通常是坚固和稳定的。母岩质地不良或经严重化学风化的残积土,则大多松软,性质易变。

运积土是指岩石风化后经流水、风、冰川以及人类活动等动力搬运离开生成地点后的堆积物。由于搬运的动力不同可分为坡积土、冲积土、风积土、冰川沉积土和沼泽土等。坡积土一般位于坡腰或坡脚,上部与残积土相连,颗粒分选现象明显,坡顶粗坡下细;冲积土具有一定程度的颗粒分选和不均匀性;风积土随风向有一定的分选性,没有明显层里,颗粒以带角的细砂粒和粉粒为主,同一地区颗粒较均匀,黄土具有湿陷性;冰川沉积土特征是不成层,所含颗粒粒径的范围很宽,小至黏粒和粉粒,大至巨大的漂石,粗颗粒的形状是次圆或次棱角的,有时还有磨光面;沼泽土分为腐植土和泥炭土,泥炭土通常呈海绵状,干密度很小,含水率极高,土质十分疏松,因而其压缩性高、强度很低但灵敏度很高。

5. 由于土的粒径相差悬殊,因此横坐标用对数坐标表示,以突出显示细小颗粒粒径。

6. 土的粒径分布曲线特征可用不均匀系数 C_u 和曲率系数 C_c 来表示,即

$$C_u = \frac{d_{60}}{d_{10}}, C_c = \frac{d_{30}^2}{d_{10}d_{60}}$$

式中　d_{10}, d_{30} 和 d_{60}——粒径分布曲线上小于某粒径的土粒含量分别为 10%,30% 和 60% 时所对应的粒径,mm。

7. 土级配的好坏可由土中的土粒均匀程度和粒径分布曲线的形状来判断,而土粒的均匀程度和曲线的形状又可用不均匀系数和曲率系数来衡量。对于纯净的砾、砂,当 $C_u \geq 5$,且 $C_c = 1 \sim 3$ 时,它的级配是良好的;不能同时满足上述条件时,它的级配是不良的。

10. 结合水是由土颗粒表面电分子力作用吸附在土粒表面的一层水。结合水比普通水有较大的黏滞性,较小的能动性和不同的密度。距土颗粒表面越近,电分子引力越强;越远,引力越弱。结合水又可分为强结合水和弱结合水。

11. 离开土颗粒表面较远,不受土颗粒电核引力作用,且可自由移动的水称为自由水。自由水又可分为毛细管水和重力水两种。

12. 在重力或水位差作用下能在土中流动的自由水称为重力水。重力水与普通水一样,具有溶解能力,能传递静水和动水压力,对土颗粒有浮力作用。它能溶蚀或析出土中的水溶盐,改变土的工程性质。

13. 存在于土中的气体可分为两种基本类型:一种是与大气连通的气体,另一种是与大气不连通的以气泡形式存在的封闭气体。土的饱和度较低时,土中气体与大气相连通,当

土受到外力作用时,气体很快就会从孔隙中排出,土的压缩稳定性和强度提高都较快,对土的性质影响不大。但若土的饱和度较高,土中出现封闭气泡时,封闭气泡无法溢出,在外力作用下,气泡被压缩或溶解于水中,而一旦外力去除后,气泡就又膨胀复原,所以封闭的气泡对土的性质有较大的影响。土中封闭气泡的存在将增加土的弹性,它能阻塞土内的渗流通道使土的渗透性减小,并能延长土体受力后变形达到稳定的时间。

14. 土的一些物理性质主要决定于组成土的固体颗粒、孔隙中的水和气体这三相指标所占的体积和质量的比例关系,反映这种关系的指标称为土的物理性质指标。土的物理性质指标是根据组成土的固体颗粒、孔隙中的水和气体这三相指标所占的体积和质量的比例关系来定义的。含水率、密度和土粒相对密度是基本指标。

17. 砂土的相对密实度是以无黏性土自身最松和最密两种极限状态作为判别的基准,即

$$D_{r} = \frac{e_{max} - e_0}{e_{max} - e_{min}}$$

相对密实度常用来衡量无黏性土的松密程度。

20. 黏性土稠度是指黏性土的干湿程度或在某一含水率下抵抗外力作用而产生变形或破坏的能力,是黏性土最主要的物理状态指标。随含水率的不同可分为流态、可塑态、半固态和固态。流态时含水率很大,不能保持其形状,极易流动;可塑态时土在外力作用下可改变形状但不显著改变其体积,也不开裂,外力卸除后仍能保持已有的形状;半固态时黏性土将丧失其可塑性,在外力作用下不产生较大的变形且容易破碎;固态时含水率进一步减小,体积不再收缩,空气进入土体,使土的颜色变淡。

22. 液限和塑限之差的百分数值(去掉百分号)称为塑性指数,用 I_P 表示,即 $I_P = \omega_L - \omega_P$。黏性土的状态可用液性指数来判别,即

$$I_P = \frac{\omega - \omega_P}{\omega_L - \omega_P} = \frac{\omega - \omega_P}{I_P}$$

塑性指数是反映黏性土性质的一个综合性指标。一般地,塑性指数越高,土的黏粒含量越高,所以常用作黏性土的分类指标。液性指数表征了土的天然含水率与界限含水率之间的相对关系,表达了天然土所处的状态。

第3章 土的渗透性

2. 水在土中的渗透速度与试样两端水平面间的水位差成正比,而与渗径长度成反比,即

$$v = k\frac{h}{L} = ki$$

即为达西定律。达西定律只有当渗流为层流的的时候才能适用。

3. 由达西定律求出的渗透速度是一种假想平均流速,因为它假定水在土中的渗透是通过整个土体截面来进行的。而实际上,渗透水不仅仅通过土体中的孔隙流动,因此,水在土体中的实际平均流速要比由达西定律求得的数值大得多。

4. 室内测定土的渗透系数方法可分为常水头试验和变水头试验两种。常水头法是在整个试验过程中水头保持不变,适用于透水性强的无黏性土;变水头法在整个试验过程中,水头是随着时间而变化的,适用于透水性弱的黏性土。

6. 流土是指在渗流作用下局部土体表面隆起,或土粒群同时起动而流失的现象,它主要发生在地基或土坝下游渗流出处;管涌是指在渗流作用下土体中的细土粒在粗土粒形成的孔隙通道中发生移动并被带出的现象,主要发生在砂砾土中。

9. 流网具有下列特征:流线与等势线彼此正交;每个网格的长度比为常数,为了方便常取1,这时的网格就为正方形或曲边正方形;相邻等势线间的水头损失相等;各流槽的渗流量相等。

10. 在静水条件下,孔隙水应力等于研究平面上单位面积的水柱重力,与水深成正比,呈三角形分布;在稳定渗流作用下,当有向下渗流作用时,孔隙水应力减少了 $\gamma_w h$,当有向上渗流作用时,孔隙水应力增加了 $\gamma_w h$。

第4章 土中应力

2. 自重应力是指由土体自重所产生的应力。土体自重应力应由该点单位面积上土柱的有效重力来计算,如果存在地下水,且水位与地表齐平或高于地表,则自重应力计算时应采用浮重度。

3. 附加应力是指由外荷(静的或动的)引起的土中应力。空间问题有三个附加应力分量,平面问题有两个附加应力分量。计算地基附加应力时,假定地基土是各向同性、均匀且为线性变形体,而且在深度和水平方向上都是无限的。

6. 基底中心下竖向附加应力最大,向边缘处附加应力将减小,在基底面积范围之外某点下依然有附加应力。如果该基础相邻处有另外的荷载,也会对本基础下的地基产生附加应力。

7. 在计算地基附加应力时,假定地基土是各向同性、均质且为线性变形体,而且在深度 z 的水平方向上都是无限的,这些条件不一定同时满足,因而会产生误差,所以计算结果会经常与地基中实际的附加应力不同。

第5章 土的压缩性及地基沉降

2. 地基土内各点承受土自重引起的自重应力,一般情况下,地基土在其自重应力下已经压缩稳定,但是,当建筑物通过其基础将荷载传给地基之后,将在地基中产生附加应力,这种附加应力会导致地基土体的变形。

4. 压缩系数 a 是指单位压力增量所引起的空隙比改变量,即 $e-p$ 压缩曲线的割线的坡度,即

$$a = \frac{e_1 - e_2}{p_2 - p_1} = -\frac{\Delta e}{\Delta p}$$

压缩指数 C_c 是指 $e-\lg p$ 曲线直线段的坡度,即

$$C_c = \frac{e_1 - e_2}{\lg p_2 - \lg p_1} = -\frac{\Delta e}{\lg \dfrac{p_2}{p_1}}$$

回弹再压缩指数 C_s 是指回弹再压缩曲线(在 $e-\lg p$ 平面内)直线段的坡度。

体积压缩系数 m_v 定义为土体在单位应力作用下单位体积的体积变化,其大小为

$$m_v = \frac{a}{1+e_1} = \frac{1}{E_s}$$

压缩模量 E_s 定义为土体在无侧向变形条件下,竖向应力与竖向应变之比,其大小等于 $1/m_v$,即

$$E_s = \frac{\sigma_z}{\varepsilon_z} = \frac{1+e_1}{a}$$

11. 有效应力是指由土骨架传递(或承担)的应力。孔隙水压力是指由土中孔隙流体水和气体传递(或承担)的应力。静孔隙水应力:$u_0 = \gamma_w h_w$。

14. 在无侧向变形条件下的土层压缩量计算公式要求土层均质,且在土层厚度范围内压力是均匀分布的,因此厚土层一般要求将地基土分层。如果地基土为均质,且地基中自重应力和附加应力均为沿高度均匀分布,则没有必要将地基分层。

15. 前式更准确些,因为压缩系数常取为 $100\ kPa \sim 200\ kPa$ 范围内的值。

16. 因为地基土的压缩是由外界压力在地基中一起的附加应力所产生的,当基础有埋置深度 d 时,应采用基底静压力 $p_0 = p - \sigma_c = p - \gamma_0 d$ 去计算地基中的附加应力。

17. 在荷载施加的瞬时,由于孔隙水来不及排出,加之水被认为是不可压缩的,因而,附加应力全部由水来承担。经过时间 t,孔隙水应力不断消散,有效应力逐渐增加。当 t 趋于无穷大时,超静孔隙水应力全部消散,仅剩静孔隙水应力,附加应力全部转化为有效应力。饱和土的固结过程就是超静孔隙水应力逐渐转化为附加有效应力的过程。在这种转化过程中,任一时刻任一深度上的应力始终遵循着有效应力原理,即 $p = \sigma' + u$。

18. 正常固结土和超固结土虽然有相同的压力增量,但其压缩量是不同的,正常固结土的压缩量要比超固结土的大。因为超固结土在固结稳定后,因上部岩层被冲蚀或移去,现已回弹稳定。

第6章 土的抗剪强度

1. 土的抗剪强度是指土体对于外荷载所产生的剪应力的极限抵抗能力。

2. 土体中发生剪切破坏的平面不是剪应力最大平面。当 $\varphi = 0$ 时破坏面与最大剪应力面是一致的。

3. 测定土抗剪强度指标的方法主要有直接剪切试验、三轴压缩试验、无侧限抗压强度试验和十字板剪切试验四种。直接剪切试验的优点是:设备简单,试样的制备和安装方便,且操作容易掌握,至今仍为工程单位广泛采用。缺点是:① 剪切破坏面固定为上下盒之间的水平面不符合实际情况,因为该面不一定是土最薄弱的面;②试验中,试样的排水程度靠试验速度的"快""慢"来控制的,做不到严格排水或不排水,这一点对透水性强的土来说尤为突出;③由于上下盒的错动,剪切过程中试样的有效面积逐渐减小,使试样中的应力分布不均匀,主应力方向发生变化,当剪切变形较大时,这一变形表现得更为突出。为了克服直接剪切试验存在的问题,对重大工程及一些科学研究,应采用更为完善的三轴压缩试验,三轴压缩仪是目前测定土抗剪强度较为完善的仪器。直接剪切、三轴和无侧限试验是室内试验,试样不可避免地受到扰动,其对土的实际情况反映就会受到影响。十字板剪切试验是现场测定土的抗剪强度的方法,特别适应于均匀的饱和软黏土。

4. 土的抗剪强度与土的固结程度和排水条件有关,对于同一种土,即使在剪切面上具有相同的法向总应力 σ,由于土在剪切前后的固结程度和排水条件不同,它的抗剪强度也不同。

5. 把莫尔应力圆与库仑抗剪强度线相切时的应力状态,即 $\tau = \tau_f$ 时的极限平衡状态作

为土的破坏准则,称为莫尔－库仑破坏准则。根据莫尔－库仑破坏准则来研究某一土体单元处于极限平衡状态时的应力条件及其大、小主应力之间的关系,该关系称为土的极限平衡条件。

9. 砂土的抗剪强度将受到其密度、颗粒形状、表面粗糙程度和级配等因素的影响。

10. 当饱和疏松的砂土受到突发的动力荷载时,产生很大的孔隙水应力,使有效应力变为零,砂土将呈现出液体的状态,该过程称为砂土的液化。

13. 正常固结土:当用总应力强度包线表示时,不固结不排水剪试验结果是一条水平线,其不排水强度 c_u 的大小与有效固结应力 σ_c 有关,固结不排水剪试验和固结排水剪试验个是一条通过坐标原点的直线;当用有效应力表示试验结果时,三种剪切试验将得到基本相同的强度包线及十分接近的有效应力强度指标。超固结土:当用总应力强度包线表示时,不固结不排水剪试验结果是一条水平线,其不排水强度 c_u 的大小与有效固结应力 σ_c 有关,固结不排水剪试验和固结排水剪试验是一条不通过坐标原点的直线;当用有效应力表示试验结果时,三种剪切试验将得到基本相同的强度包线及十分接近的有效应力强度指标。

第 7 章　土压力理论

1. 如果挡墙背离填土方向转动或移动时,随着位移量的逐渐增加,墙后土压力逐渐减小,当墙后填土达到极限平衡状态时土压力降为最小值,这时作用在挡墙上的土压力称为主动土压力。当挡墙为刚性不动时,土体处于静止状态不产生位移和变形,此时作用在挡墙上的土压力称为静止土压力。若墙体向着填土方向转动或移动时,随着位移量的逐渐增加,挡墙后填土达到极限平衡状态时增大到最大值,此时作用在挡墙上的土压力称为被动土压力。

2. 静止土压力发生在挡墙为刚性、墙体不发生任何位移的情况下;主动土压力发生在挡墙背离填土方向转动或移动达到极限平衡状态的情况下;被动土压力发生在墙体向着填土方向转动或移动达到极限平衡状态的情况下。

4. 朗肯土压力理论是以土单元体的极限平衡条件来建立主动和被动土压力计算公式的,库仑理论则是以整个滑动土体上力的平衡条件来确定土压力。如果假设填土面水平,墙背竖直、光滑,则无黏性土朗肯与库仑土压力公式一致。因此,在某种特定条件下,朗肯土压力理论是库仑土压力理论的一个特例。

5. 朗肯理论基于土单元体的应力极限平衡条件来建立,采用的假定是墙背面竖直、光滑、填土面为水平,而实际墙背是不光滑的。所以采用朗肯理论计算出的土压力值与实际情况相比,有一定的误差,但偏于保守,即主动土压力偏大,被动土压力偏小。库仑理论基于滑动块体的静力平衡条件来建立,采用的假定是破坏面为平面。当墙背与土体间的摩擦角较大时,在土体中产生的滑动面往往不是一个平面而是一个曲面,此时必然产生较大的误差。

6. 朗肯理论计算出的土压力值与实际情况相比,有一定的误差,但偏于保守,即主动土压力偏大,被动土压力偏小。库仑理论从假定上看对墙背要求不如朗肯理论严格,但当墙背与土体间的摩擦角较大时,在土体中产生的滑动面往往不是一个平面而是一个曲面,此时必然产生较大的误差。如果墙背倾斜角度不大,墙背与土体之间的摩擦较小,采用库仑理论计算主动土压力产生的误差往往是可以接受的。但挡墙向挡土挤压使墙后填土达到被动破坏时,破坏面接近于一个对数螺旋面,与平面假设相差很大,不管采用库仑理论还是朗肯理论计算均有较大误差,为了简便起见,被动土压力的计算,常采用朗肯理论。

9. 可以把主动土压力看作是滑动块体在自重应力下克服滑动面上的摩擦力而向前滑动的力,当 E 值越大,块体向下滑动的可能性也越大,所以产生最大 E 值的滑动面就是实际发生的真正滑动面,因此主动土压力是主动极限平衡的最大值。当挡墙向填土方向挤压时,最危险滑动面上的 E 值一定是最小的,因为此时滑动土体所受的阻力最小,最容易被向上推出,所以作用在墙背上的被动土压力 E 值,应是假定一系列破坏面计算出的土压力中的极小值。

第8章 土坡稳定分析

4. 瑞典条分法不考虑条间力作用,毕肖普条分法考虑了土条侧面的作用力,并假定各土条底部滑动面上的抗滑安全系数均相同。瑞典条分法由于忽略了条件力的作用,不能满足所有的静力平衡条件,计算的安全系数比毕肖普条分法偏低 10%～20%,在滑弧圆心角较大,并且空隙水应力较大时,计算的安全系数可能比毕肖普条分法小一半。

5. 简布假定条间力合力作用点的位置为已知,不平衡推力法假定为折线滑动面,且条件力的合力与上一条土条底面平行。不能用圆弧滑动分析。

第9章 地基承载力

1. 地基发生剪切破坏的形式可分为三种:整体剪切破坏、局部剪切破坏和冲剪破坏。地基发生整体剪切破坏的过程和特征是:当基础上荷载较小,基底压力 p 也较小时,基础沉降 s 随基底压力 p 的增加近似成线形变化关系,当 $p < p_{cr}$ 时,地基土处于线形变形阶段,地基土任何一点均未达到极限平衡状态;当基础上荷载较大使基底压力 $p > p_{cr}$ 时,p 与 s 呈曲线关系,当 $p_{cr} \leqslant p < p_u$ 时,地基土处于弹塑性变形阶段,地基土在 p_{cr} 作用下在基础边缘首先达到极限平衡状态开始后,随 p 的增大,塑性区的范围逐渐增大,直到 $p = p_u$ 时,地基土塑性区连成一片,基础急速下沉,侧边地基土向上隆起。地基形成连续滑动面而破坏,地基完全丧失承载能力。

7. 不严谨。因为在推导过程中,假设静止侧压力系数为1,与实际情况并不完全符合。

8. 软弱下卧层,在受到荷载作用时将会产生较大变形,影响基础及上部建筑物的稳定,因此必须进行软弱下卧层的承载力计算。

(二)计算题

第2章 土的物理性质及工程分类

1. 解

土样的密度
$$\rho = \frac{m}{V} = \frac{72.49 - 32.54}{21.7} = 1.84 \text{ g/cm}^3$$

含水量
$$\omega = \frac{m_w}{m_s} = \frac{72.49 - 61.28}{61.28 - 32.54} = 39\%$$

干密度
$$\rho_d = \frac{m_s}{V} = \frac{61.28 - 32.54}{21.7} = 1.32 \text{ g/cm}^3$$

因为是完全饱和土样,所以孔隙比

$$e = \frac{V_v}{V_s} = \frac{V_v}{V - V_v} = \frac{V_w}{V - V_w} = \frac{\dfrac{m_w}{\rho_w}}{V - \dfrac{m_w}{\rho_w}} = \frac{(72.49 - 61.28)}{21.7 - (72.49 - 61.28)} = 1.069$$

5. 解

因为

$$m = m_s + m_w \text{ 和 } \omega = \frac{m_w}{m_s}$$

则

$$m = (1 + \omega) m_s$$

由密度的定义,推得

$$V = \frac{m}{\rho} = \frac{(1 + \omega) m_s}{\rho}$$

由土粒相对密度,推得

$$V_s = \frac{m_s}{d_s \rho_w}$$

由饱和密度的定义,得

$$\rho_{sat} = \frac{m_s + V_v \rho_w}{V} = \frac{m_s + (V - V_s) \rho_w}{\dfrac{(1 + \omega) m_s}{\rho}} = \frac{m_s + \left[\dfrac{(1 + \omega) m_s}{\rho} - \dfrac{m_s}{d_s \rho_w}\right] \rho_w}{\dfrac{(1 + \omega) m_s}{\rho}} = \frac{\rho + (1 + \omega) \rho_w - \dfrac{\rho}{d_s}}{1 + \omega}$$

$$= \frac{1.80 + (1 + 0.30) \times 1 - \dfrac{1.80}{2.67}}{1 + 0.30} = 1.87 \text{ g/cm}^3$$

有效密度

$$\rho' = \rho_{sat} - \rho_w = 1.87 - 1 = 0.87 \text{ g/cm}^3$$

有效重度

$$\gamma' = \rho' g = 0.87 \times 10 = 8.7 \text{ kN/m}^3$$

6. 解

孔隙比

$$e = \frac{(1 + \omega) d_s \rho_w}{\rho} - 1 = \frac{(1 + 0.1) \times 2.67 \times 1}{1.7} - 1 = 0.73$$

相对密实度

$$D_r = \frac{e_{max} - e}{e_{max} - e_{min}} = \frac{0.95 - 0.73}{0.95 - 0.47} = 0.46$$

中密状态。

7. 解

因为饱和,有

$$S_r = 100\%$$

孔隙比

$$e = \frac{\omega d_s}{S_r} = \omega d_s = 0.28 \times 2.70 = 0.756$$

干密度

$$\rho_d = \frac{d_s \rho_w}{1 + e} = \frac{2.70 \times 1}{1 + 0.756} = 1.54 \text{ g/cm}^3$$

饱和密度

$$\rho_{sat} = \frac{d_s + e}{1 + e} \rho_w = \frac{2.7 + 0.756}{1 + 0.756} \times 1 = 1.97 \text{ g/cm}^3$$

塑性指数

$$I_P = \omega_L - \omega_P = 33 - 17 = 16 < 17$$

为粉质黏土。

液性指数

$$I_L = \frac{\omega - \omega_P}{I_P} = \frac{28 - 17}{16} = 0.69$$

查表2-7,知其为可塑状态。

8. 解

因为饱和,有 $\qquad S_r = 100\%$

含水量 $\qquad \omega = \dfrac{m_w}{m_s} = \dfrac{m - m_s}{m_s} = \dfrac{16.8 - 13.2}{13.2} = 27.3\%$

孔隙比 $\qquad e = \dfrac{\omega d_s}{S_r} = \omega d_s = 0.273 \times 2.7 = 0.74$

饱和密度 $\qquad \rho_{sat} = \dfrac{d_s + e}{1 + e}\rho_w = \dfrac{2.7 + 0.74}{1 + 0.74} \times 1 = 1.98 \ g/cm^3$

有效密度 $\qquad \rho' = \rho_{sat} - \rho_w = 1.98 - 1.0 = 0.98 \ g/cm^3$

干密度 $\qquad \rho_d = \dfrac{d_s \rho_w}{1 + e} = \dfrac{2.7 \times 1.0}{1 + 0.74} = 1.55 \ g/cm^3$

9. 解

干密度 $\qquad \rho_d = \dfrac{\rho}{1 + \omega} = \dfrac{1.65}{1 + 0.11} = 1.49 \ g/cm^3$

孔隙比 $\qquad e = \dfrac{\rho_s}{\rho_d} - 1 = \dfrac{d_s \rho_w}{\rho_d} - 1 = \dfrac{2.67 \times 1.0}{1.49} - 1 = 0.79$

饱和时含水量 $\qquad \omega = \dfrac{S_r e}{d_s} \Rightarrow \omega_{sat} = \dfrac{e}{d_s} = \dfrac{0.79}{2.67} = 29.6\%$

因为 $\qquad \omega = \dfrac{m_w}{m_s} \Rightarrow 1 + \omega = \dfrac{m_w + m_s}{m_s} = \dfrac{m}{m_s}$

每100 cm^3 土样中土粒质量

$$m_s = \dfrac{m}{1 + \omega} = \dfrac{\rho V}{1 + \omega} = \dfrac{1.65 \times 100}{1 + 0.11} = 148.6 \ g$$

所以需加水 $\qquad \Delta m_w = \Delta \omega m_s = (0.296 - 0.11) \times 148.6 = 27.6 \ g$

10. 解

因为 $\qquad \omega = \dfrac{m_w}{m_s} \Rightarrow 1 + \omega = \dfrac{m_w + m_s}{m_s} = \dfrac{m}{m_s}$

1 000 g 土样中土粒质量

$$m_s = \dfrac{m}{1 + \omega} = \dfrac{1 \ 000}{1 + 0.132} = 883.4 \ g$$

所以需加水 $\Delta m_w = \Delta \omega m_s = (0.132 - 0.078) \times 883.4 = 47.7 \ g$

11. 解

①因为 $\qquad m_{s1} = m_{s2} \Rightarrow \rho_{d1} V_1 = \rho_{d2} V_2 = \dfrac{\rho_2}{1 + \omega_2} V_2$

所以 $\qquad V_2 = \dfrac{\rho_{d2} V_2 (1 + \omega_2)}{\rho_2} = \dfrac{1.65 \times 200 \ 000 \times (1 + 12\%)}{1.7} = 217 \ 400 \ m^3$

② $\qquad m_s = \rho_d V = 1.65 \times 1 \ 000 = 1 \ 650 \ t$

$$\Delta m_w = \Delta \omega m_s = (0.18 - 0.12) \times 1 \ 650 = 99 \ t$$

③ $\qquad e = \dfrac{d_s \rho_w}{\rho_d} - 1 = \dfrac{2.72 \times 1.0}{1.65} - 1 = 0.648$

$$S_r = \dfrac{\omega d_s}{e} = \dfrac{0.18 \times 2.72}{0.648} = 75.6\%$$

第 3 章　土的渗透性

1. 解

①设测压管中水面升至右端水面以上 h 处,根据连续性条件 $q_1 = q_2$,有

$$k_1 \frac{h}{L_1} A = k_2 \frac{60 - h}{L_2} A$$

整理得

$$k_1 h = k_2 (60 - h)$$

所以,测压管中水面将升至右端水面以上

$$h = \frac{60 k_2}{k_1 + k_2} = \frac{60 \times 1 \times 10^{-1}}{2 \times 10^{-1} + 1 \times 10^{-1}} = 20 \text{ cm}$$

②$q_2 = k_2 i_2 A = \frac{\Delta h k_2 A}{L_2} = 1 \times 10^{-1} \times \frac{60 - 20}{40} \times 200 = 20 \text{ cm}^3/\text{s}$

2. 解

$$k_T = \frac{QL}{At\Delta h} = \frac{73.1 \times 20}{\frac{\pi}{4} \times 7.5^2 \times 7.5 \times 60} = 7.4 \times 10^{-2} \text{ cm/s}$$

3. 解

$$k_T = \frac{aL}{A(t_2 - t_1)} \ln \frac{h_1}{h_2} = \frac{\frac{\pi}{4} \times 0.4^2 \times 4}{30 \times (7 \times 60 + 25)} \ln \frac{114}{93} = 7.7 \times 10^{-6} \text{ cm/s}$$

第 4 章　土中应力

6. 解　根据图中所给资料,各土层交界面上的自重应力分别计算如下

$\sigma_{c,0 \text{ m}} = 0$

$\sigma_{c,-2 \text{ m}} = \gamma_1 h_1 = 18.5 \times 2 = 37 \text{ kPa}$

$\sigma_{c,-3 \text{ m}} = \sigma_{c,-2 \text{ m}} + \gamma_2 h_2 = 37 + 18 \times 1 = 55 \text{ kPa}$

$\sigma_{c,-4 \text{ m}} = \sigma_{c,-3 \text{ m}} + \gamma_2' h_2' = 55 + (20 - 10) \times 1 = 65 \text{ kPa}$

$\sigma_{c,-7 \text{ m}} = \sigma_{c,-4 \text{ m}} + \gamma_3' h_3 = 65 + (19 - 10) \times 3 = 92 \text{ kPa}$

$\sigma_{c,-9 \text{ m}} = \sigma_{c,-7 \text{ m}} + \gamma_4' h_4 = 92 + (19.5 - 10) \times 2 = 111 \text{ kPa}$

7. 解

基底压力

$$\frac{p_{\max}}{p_{\min}} = \frac{P + G}{lb}\left(1 \pm \frac{6e}{l}\right) = \frac{2\,106 + 20 \times 6 \times 3 \times 1}{6 \times 3}\left(1 \pm \frac{6 \times 0.3}{6}\right) = \frac{178.1 \text{ kPa}}{95.9 \text{ kPa}}$$

基底附加压力

$$p_0 = p_{\min} - \sigma_c = p_{\min} - r_0 d = 95.9 - 17 \times 1.0 = 78.9 \text{ kPa}$$

$$p_t = p_{\max} - p_{\min} = 178.1 - 95.9 = 82.2 \text{ kPa}$$

求 O 点下 4 m 处竖向附加应力

由

$$m = \frac{l}{b} = \frac{3}{1.5} = 2, n = \frac{z}{b} = \frac{4}{1.5} = 2.666\,7$$

查表 4-3,有

$$K_c = 0.085\,8$$

$$\sigma_{z0} = \sigma_{z01} + \sigma_{z02} + \sigma_{z03} + \sigma_{z04} = 4K_c p_0 + 2K_c \frac{p_t}{2} + 2K_{t1} \frac{p_t}{2} + 2K_{t2} \frac{p_t}{2} = 4K_c p_0 + 2K_c p_t$$

$$= 4 \times 0.085\,8 \times 78.9 + 2 \times 0.085\,8 \times 82.2 = 41.2 \text{ kPa}$$

求 A 点下 4 m 处竖向附加应力

由 $m = \dfrac{l}{b} = \dfrac{6}{1.5} = 4, n = \dfrac{z}{b} = \dfrac{4}{1.5} = 2.666\,7$，查表 4 - 3 和表 4 - 4，有

$$K_c = 0.104\,8, K_{t1} = 0.050\,0$$

$$\sigma_{zA} = \sigma_{zA1} + \sigma_{zA2} = 2K_c p_0 + 2K_{t2} p_t = 2K_c p_0 + 2(K_c - K_{t1})p_t = 2K_c(p_0 + p_t) - 2K_{t1}p_t$$

$$= 2 \times 0.104\,8 \times (78.9 + 82.2) - 2 \times 0.050\,0 \times 82.2 = 25.5 \text{ kPa}$$

求 B 点下 4 m 处竖向附加应力

由 $m = \dfrac{l}{b} = \dfrac{3}{3} = 1, n = \dfrac{z}{b} = \dfrac{4}{3} = 1.333\,3$，查表 4 - 3，有

$$K_c = 0.137\,2$$

$$\sigma_{zB} = \sigma_{zB1} + \sigma_{zB2} + \sigma_{zB3} + \sigma_{zB4} = 2K_c p_0 + K_c \dfrac{p_t}{2} + K_{t1} \dfrac{p_t}{2} + K_{t2} \dfrac{p_t}{2} = 2K_c p_0 + K_c p_t$$

$$= 2 \times 0.137\,2 \times 78.9 + 0.137\,2 \times 82.2 = 32.9 \text{ kPa}$$

9. 解

$$\sigma_{c,0\,m} = 0$$

$$\sigma_{c,-1.5\,m} = \gamma_1 h_1 = 1.5 \times 17 = 25.5 \text{ kPa}$$

$$\sigma_{c,-2.0\,m} = \sigma_{c,-1.5m} + \gamma_2 h_2 = 25.5 + 0.5 \times 19 = 35.0 \text{ kPa}$$

因为 $\gamma' = \dfrac{m_s g - V_s \gamma_w}{V} = \dfrac{d_s V_s \gamma_w - V_s \gamma_w}{V} = \dfrac{\gamma \gamma_w V_s (d_s - 1)}{mg} = \dfrac{\gamma \gamma_w V_s (d_s - 1)}{m_s g(1 + \omega)} = \dfrac{\gamma(d_s - 1)}{d_s(1 + \omega)}$

所以 $\qquad \gamma_2' = \dfrac{19 \times (2.73 - 1)}{2.73 \times (1 + 0.31)} = 9.19 \text{ kN/m}^3$

同上还有 $\qquad \gamma_3' = \dfrac{18.2 \times (2.74 - 1)}{2.74 \times (1 + 0.41)} = 8.20 \text{ kN/m}^3$

$$\gamma_4' = \dfrac{19.5 \times (2.72 - 1)}{2.72 \times (1 + 0.27)} = 9.71 \text{ kN/m}^3$$

$$\sigma_{c,-5.5\,m} = \sigma_{c,-2.0m} + \gamma_2' h_2' = 35.0 + 3.5 \times 9.19 = 67.2 \text{ kPa}$$

$$\sigma_{c,-13.5\,m} = \sigma_{c,-5.5m} + \gamma_3' h_3 = 67.2 + 8 \times 8.20 = 132.8 \text{ kPa}$$

$$\sigma_{c,-16.5\,m} = \sigma_{c,-13.5m} + \gamma_4' h_4 = 132.8 + 3 \times 9.71 = 161.9 \text{ kPa}$$

$$\sigma_{c,基岩} = \sigma_{c,-16.5m} + \gamma_w h_w = 161.9 + 10 \times (3.5 + 8.0 + 3.0) = 306.9 \text{ kPa}。$$

10. 解

偏心距 $\qquad e = \dfrac{M}{F + G} = \dfrac{1.31 \times 680}{680 + (4 \times 2 \times 2 \times 20)} = 0.891 \text{ m}$

平均基底压力 $\qquad p = \dfrac{F + G}{A} = \dfrac{680 + (4 \times 2 \times 2 \times 20)}{4 \times 2} = 125 \text{ kPa}$

最大最小基底压力

$$p_{\min}^{\max} = p(1 \pm \dfrac{6e}{l}) = 125 \times (1 \pm \dfrac{6 \times 0.891}{4}) = \genfrac{}{}{0pt}{}{292 \text{ kPa}}{-42 \text{ kPa}}$$

因为 $p_{\min} < 0$，出现拉应力，但实际上基础与地基之间不可能承受拉力，故基底压力将重新分布，重算 $p_{\max}$

$$p_{\max} = \dfrac{2(F + G)}{3bk} = \dfrac{2 \times (680 + 4 \times 2 \times 20)}{3 \times 2 \times (\dfrac{4}{2} - 0.891)} = 301 \text{ kPa}$$

实际平均基底压力

$$p' = \frac{F + G}{A'} = \frac{F + G}{3\left(\dfrac{l}{2} - e\right)b} = \frac{680 + (4 \times 2 \times 2 \times 20)}{3 \times \left(\dfrac{4}{2} - 0.891\right) \times 2} = 150 \text{ kPa}$$

第 5 章　土的压缩性及地基沉降

3. 解

①求最终沉降

$$s = \frac{a}{1 + e_1}\bar{\sigma}_z H = \frac{0.39 \times 10^{-3}}{1 + 0.88} \times \left(\frac{240 + 160}{2}\right) \times 400 = 166 \text{ mm}。$$

②本题达到最终沉降量一半时 $U_{t1} = U_{t3} = 50\%$, 如图 5 – 21 所示, 查得 $T_{v1} = 0.197, T_{v3} = 0.092$

由式(5 – 42)代入式(5 – 48), 整理有

$$e^{-\frac{\pi^2}{4}T_v} = \frac{2p_b e^{-\frac{\pi^2}{4}T_{v1}} + (p_a - p_b)e^{-\frac{\pi^2}{4}T_{v3}}}{p_a + p_b} = \frac{2 \times 160 \times e^{-\frac{\pi^2}{4} \times 0.197} + (240 - 160)e^{-\frac{\pi^2}{4} \times 0.092}}{240 + 160} = 0.651$$

解得 $\qquad\qquad\qquad T_v = 0.174$

$$C_v = \frac{(1 + e_1)k}{a\gamma_w} = \frac{0.2(1 + 0.88) \times 10^{-2}}{0.39 \times 10^{-3} \times 10} = 0.964 \text{ m}^2/\text{a}$$

所以 $\qquad\qquad\qquad t = \frac{T_v H^2}{C_v} = \frac{0.174 \times 2^2}{0.964} = 0.72 \text{ a}$

③当 $s_t = 120$ mm 时, $U_t = \dfrac{s_t}{s} = \dfrac{120}{166} = 72\%$, 如图 5 – 21 所示, 查得 $T_{v1} = 0.551, T_{v3} = 0.303$

由 $\qquad e^{-\frac{\pi^2}{4}T_v} = \dfrac{2 \times 160 \times e^{-\frac{\pi^2}{4} \times 0.551} + (240 - 160)e^{-\frac{\pi^2}{4} \times 0.303}}{240 + 160} = 0.300$

解得 $\qquad\qquad\qquad T_v = 0.488$

所以 $\qquad\qquad\qquad t = \frac{T_v H^2}{C_v} = \frac{0.488 \times 2^2}{0.964} = 2.02 \text{ a}$

④当下卧层不透水, $s_t = 120$ mm 时, 与③比较, 相当于由双面排水改为单面排水, 即

$$\frac{t}{4} = 2.02 \text{ a}$$

所以 $\qquad\qquad\qquad t = 2.02 \times 4 = 8.08 \text{ a}$

第 6 章　土的抗剪强度

2. 解

①用作图法土样的抗剪强度指标 $c = 20$ kPa 和 $\varphi = 18°$。

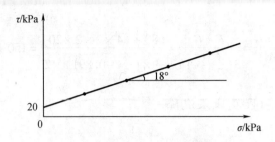

图 6-21 第 6 章计算题 2 图

②$\tau_f = \sigma\tan\varphi + c = 260 \times \tan 18° + 20 = 104.5\ \text{kPa} > \tau = 92\ \text{kPa}$,不会剪坏。

7. 解

$\sigma'_{1f} = (150 - 100) \times \tan^2\left(45° + \dfrac{\varphi}{2}\right) = 138.5\ \text{kPa} > \sigma'_1 = 200 - 100 = 100\ \text{kPa}$

所以,不会破坏。

8. 解

$$\frac{\sigma_1 + \sigma_3}{2} = c_u$$

$\sigma_1 = 2c_u + \sigma_3 = 2 \times 70 + 150 = 290\ \text{kPa}$

15. 解

$$\begin{cases} \sigma'_1 = \sigma'_3\tan^2\left(45^0 + \dfrac{30°}{2}\right) \\ \sigma'_1 - \sigma'_3 = 40 \end{cases}$$

得 $\sigma'_1 = 60\ \text{kPa}, \sigma'_3 = 20\ \text{kPa}$

16. 解

当 σ 突然增加到 200 kPa 时,瞬间相当于不排水条件,此时 $\Delta\sigma' = 0$,任何面的抗剪强度均为 $c_u = 20\ \text{kPa}$,经很长时间后,$\sigma' = 200\ \text{kPa}$,相当于排水条件,该面 τ_f 必然满足 $\tau_f = \sigma'\tan\varphi' = 200 \times \tan 30° = 115.5\ \text{kPa}$

17. 解

$$\sigma_3 = 200\ \text{kPa}$$

$\sigma_1 = \sigma_3\tan^2\left(45° + \dfrac{\varphi'}{2}\right) + 2c'\tan\left(45° + \dfrac{\varphi'}{2}\right) = 200 \times \tan^2\left(45° + \dfrac{22°}{2}\right)$

$\qquad + 2 \times 24 \times \tan\left(45° + \dfrac{22°}{2}\right) = 510.8\ \text{kPa}$

18. 解

①$\sigma'_1 = \sigma_1 - u_f = 260 - 110 = 150\ \text{kPa}, \sigma'_3 = \sigma_3 - u_f = 140 - 110 = 30\ \text{kPa}$

②对于正常固结土,其摩尔圆破坏包线通过原点,故 $c_{cu} = 0, c' = 0$

因为 $\sin\varphi_{cu} = \dfrac{\dfrac{1}{2}(\sigma_1 - \sigma_3)}{\dfrac{1}{2}(\sigma_1 + \sigma_3)} = \dfrac{260 - 140}{260 + 140} = 0.3$,所以 $\varphi_{cu} = 17.46°$

因为 $\sin\varphi' = \dfrac{\dfrac{1}{2}(\sigma'_1 - \sigma'_3)}{\dfrac{1}{2}(\sigma'_1 + \sigma'_3)} = \dfrac{150 - 30}{150 + 30} = 0.6667$,所以 $\varphi' = 41.8°$。

第 7 章　土压力理论

3. 解

将地面均布荷载换算成填土的当量土层厚度为

$$h = \frac{q}{\gamma} = \frac{20}{18} = 1.11 \text{ m}$$

朗肯主动土压力系数为

$$K_a = \tan^2\left(45° - \frac{\varphi}{2}\right) = \tan^2\left(45° - \frac{20°}{2}\right) = 0.49$$

墙顶处的土压力强度为

$$e_{a1} = \gamma h K_a - 2c\sqrt{K_a} = 18 \times 1.11 \times 0.49 - 2 \times 12 \times \sqrt{0.49} = -7.0 \text{ kPa}$$

墙底处的土压力强度为

$$e_{a2} = \gamma(h+H)K_a - 2c\sqrt{K_a} = 18 \times (1.11+5) \times 0.49 - 2 \times 12 \times \sqrt{0.49} = 37.1 \text{ kPa}$$

临界点距离地表面的深度

$$z_0 = \frac{2c}{\gamma\sqrt{K_a}} - h = \frac{2 \times 12}{18 \times \sqrt{0.49}} - 1.11 = 0.79 \text{ m}$$

土压力

$$E_a = \frac{1}{2}(H + h - z_0)e_{a2} = \frac{1}{2} \times (5 + 1.11 - 0.79) \times 37.1 = 98.7 \text{ kN/m}$$

位于墙底上 $\dfrac{h+H}{3} = 2.04$ m,垂直指向墙背。

4. 解

朗肯主动土压力系数为

$$K_a = \tan^2\left(45° - \frac{\varphi}{2}\right) = \tan^2\left(45° - \frac{30°}{2}\right) = 0.33$$

①墙后无地下水时

墙顶处的土压力强度为　　　　　　$e_a = 0$

墙底处的土压力强度为

$$e_a = \gamma H K_a = 18 \times 6 \times 0.33 = 35.6 \text{ kPa}$$

土压力　　　　$E_a = \frac{1}{2}\gamma H^2 K_a = \frac{1}{2}H e_a = \frac{1}{2} \times 6 \times 35.6 = 106.8 \text{ kN/m}$

②当地下水位离墙底 2 m 时,墙顶处的土压力强度为 $e_a = 0$

地下水位面处的土压力强度为

$$e_a = \gamma h K_a = 18 \times 4 \times 0.33 = 23.8 \text{ kPa}$$

墙底处的土压力强度为

$$e_a = \gamma h K_a + \gamma'(H-h)K_a = 23.8 + (19-10) \times 2 \times 0.33 = 29.7 \text{ kPa}$$

土压力

$$E_a = \frac{1}{2} \times 4 \times 23.8 + 23.8 \times 2 + \frac{1}{2} \times (29.7 - 23.8) \times 2 = 101.1 \text{ kN/m}$$

水压力　　　　　　$E_w = \frac{1}{2}\gamma_w h_w^2 = \frac{1}{2} \times 10 \times 2^2 = 20 \text{ kN/m}$

总侧压力 $E = E_a + E_w = 121.1$ kN/m

力作用点位置距墙底

$$Ex = \frac{1}{2} \times 4 \times 23.8 \times (2 + \frac{4}{3}) + 23.8 \times 2 \times \frac{2}{2} + \frac{1}{2} \times (29.7 - 23.8) \times 2 \times \frac{2}{3} + E_w \times \frac{2}{3}$$
$$= 223.5 \text{ kN}$$

$x = 1.93$ m,垂直指向墙背。

9. 解

朗肯主动土压力系数为

$$K_{a1} = \tan^2(45° - \frac{\varphi}{2}) = \tan^2(45° - \frac{30°}{2}) = 0.33, K_{a2} = \tan^2(45° - \frac{20°}{2}) = 0.49$$

墙顶处土压力强度为 $e_a = 0$

一层底土压力强度为 $e_{a1} = \gamma_1 h_1 K_a = 18 \times 2 \times 0.33 = 11.9$ kPa

二层顶土压力强度为

$$e_{a2} = \gamma_1 h_1 K_{a2} - 2c_2 \sqrt{K_{a2}} = 18 \times 2 \times 0.49 - 2 \times 10 \times \sqrt{0.49} = 3.6 \text{ kPa}$$

墙底处土压力强度为

$$e_a = (\gamma_1 h_1 + \gamma_2 h_2) K_{a2} - 2c_2 \sqrt{K_{a2}} = (18 \times 2 + 19 \times 4) \times 0.49 - 2 \times 10 \times \sqrt{0.49}$$
$$= 40.9 \text{ kPa}$$

第9章　地基承载力

7. 解

地下水位以上土的重度为

$$\gamma_0 = \frac{d_s + S_r e}{1 + e} \gamma_w = \frac{2.7 + 0.75 \times 0.7}{1 + 0.7} \times 10 = 19.0 \text{ kN/m}^3$$

地下水位以下土的有效重度

$$\gamma' = \frac{d_s - 1}{1 + e} \gamma_w = \frac{2.7 - 1}{1 + 0.7} \times 10 = 10 \text{ kN/m}^3$$

由 $\varphi = 15°$,按式(9−5)或查表9−1,求得承载力系数分别为 $N_c = 4.84, N_q = 2.30,$ $N_{\frac{1}{4}} = 0.32, N_{\frac{1}{3}} = 0.43$

由式(9−6),式(9−7)和式(9−8)联立,解得

$$p_{cr} = N_q \gamma_0 d + N_c c = 2.30 \times 1.5 \times 19.0 + 4.84 \times 10 = 114.0 \text{ kPa}$$

$$p_{\frac{1}{4}} = N_{\frac{1}{4}} \gamma b + N_q \gamma_0 d + N_c c = 0.32 \times 10 \times 2 + 2.30 \times 19 \times 1.5 + 4.84 \times 10 = 120.4 \text{ kPa}$$

$$p_{\frac{1}{3}} = N_{\frac{1}{3}} \gamma b + N_q \gamma_0 d + N_c c = 0.43 \times 10 \times 2 + 2.30 \times 19 \times 1.5 + 4.84 \times 10 = 122.6 \text{ kPa}。$$

8. 解

①条形基础,按整体剪切破坏情况,由 $\varphi = 15°$,查图9−9或表9−3,得到 $N_c = 12.9,$ $N_q = 4.45, N_\gamma = 1.8$

由式(9−14),求得

$$p_u = cN_c + qN_q + \frac{1}{2}\gamma b N_\gamma = 10 \times 12.9 + 19 \times 1.5 \times 4.45 + \frac{1}{2} \times 10 \times 2 \times 1.8 = 273.8 \text{ kPa}$$

$$f_a = \frac{p_u}{2.5} = 109.5 \text{ kPa}$$

条形基础,按局部剪切破坏情况,按式(9-18),解得

$$c' = \frac{2}{3}c = \frac{2}{3} \times 10 = 6.67 \text{ kPa}$$

$$\varphi' = \arctan\left(\frac{2}{3}\tan\varphi\right) = \arctan\left(\frac{2}{3} \times \tan15°\right) = 10.13°$$

由 $\varphi' = 10.13°$,查图9-9或表9-3,得到 $N_c' = 9.69, N_q' = 2.74, N_\gamma' = 1.22$

由式(9-19),求得

$$p_u = c'N_c' + qN_q' + \frac{1}{2}\gamma bN_\gamma' = 6.67 \times 9.69 + 19 \times 1.5 \times 2.74 + \frac{1}{2} \times 10 \times 2 \times 1.22$$
$$= 154.9 \text{ kPa}$$

$$f_a = \frac{p_u}{2.5} = 62.0 \text{ kPa}$$

②方形基础,按整体剪切破坏情况,已查得 $N_c = 12.9, N_q = 4.45, N_\gamma = 1.8$

由式(9-16),求得

$$p_u = 1.2cN_c + \gamma_0 dN_q + 0.4\gamma bN_\gamma = 1.2 \times 10 \times 12.9 + 19 \times 1.5 \times 4.45 + 0.4 \times 10 \times 2 \times 1.8$$
$$= 296.0 \text{ kPa}$$

$$f_a = \frac{p_u}{2.5} = 118.4 \text{ kPa}$$

方形基础,按局部剪切破坏情况,按式(9-18),已查得 $N_c' = 9.69, N_q' = 2.74, N_\gamma' = 1.22$

由式(9-19),求得

$$p_u = 1.2c'N_c' + \gamma_0 dN_q' + 0.4\gamma bN_\gamma'$$
$$= 0.8 \times 6.67 \times 9.69 + 19 \times 1.5 \times 2.74 + 0.4 \times 10 \times 2 \times 1.22 = 165.4 \text{ kPa}$$

$$f_a = \frac{p_u}{2.5} = 66.2 \text{ kPa}$$

附录　分变量法求解偏微分方程

$$C_v \frac{\partial^2 u}{\partial z^2} = \frac{\partial u}{\partial t} \qquad (A-1)$$

空间边界条件

$$u(0,t) = 0, \frac{\partial u(H,t)}{\partial z} = 0 \quad (0 < t < \infty)$$

时间边界条件

$$u(z,0) = \sigma_z \quad u(z,\infty) = 0 \quad (0 < z < H)$$

设偏微分方程式(A-1)有如下形式的特解

$$u(z,t) = Z(z)T(t) \qquad (A-2)$$

其中，$Z(z)$ 只是变量 z 的函数，$T(t)$ 只是变量 t 的函数。把式(A-2)代入式(A-1)中，得

$$ZT' - C_v Z''T = 0 \ \text{或} \ \frac{Z''}{Z} = \frac{T'}{C_v T}$$

上式左边是 z 的函数，右边是 t 的函数，而 z 和 t 是两个独立的变量，只有两边都等于同一个标量因子时，等式才能成立，令这标量因子为 $-\lambda$，则有

$$\frac{Z''}{Z} = \frac{T'}{C_v T} = -\lambda$$

由此得两个常微分方程

$$Z'' + \lambda Z = 0 \qquad (A-3)$$

$$T' + \lambda C_v T = 0 \qquad (A-4)$$

将边值条件代入式(A-2)中，则有

$$Z(0)T(t) = 0, Z'(H)T(t) = 0 \quad (0 < t < \infty) \qquad (A-5)$$

$$Z(z)T(0) = \sigma_z, Z(z)T(\infty) = 0 \quad (0 < z < H) \qquad (A-6)$$

由式(A-6)可得

$$Z(0) = 0, Z'(H) = 0 \qquad (A-7)$$

现在来解方程式(A-3)在边界条件式(A-7)下的本征值问题。方程式(A-3)的通解为

$$\begin{cases} Z(z) = A + Bz & \lambda = 0 \\ Z(z) = A\cos\sqrt{\lambda}z + B\sin\sqrt{\lambda}z & \lambda \neq 0 \end{cases}$$

其中 A,B 是任意常数，由条件式(A-7)的第一式，可得

$$A = 0$$

故

$$\begin{cases} Z(z) = Bz & \lambda = 0 \\ Z(z) = B\sin\sqrt{\lambda}z & \lambda \neq 0 \end{cases}$$

由条件式(A-7)的第二式，可得

$$\begin{cases} B = 0 & \lambda = 0 \\ B\sqrt{\lambda}\cos\sqrt{\lambda}H = 0 & \lambda \neq 0 \end{cases} \qquad (A-8)$$

对于式（A-8）第一式，当 $B=0$ 时，$Z(z)\equiv0$，因此 $\lambda=0$ 不是本征值；对于式（A-8）第二式，有两种可能：

（1）$B=0$，此时 $Z(z)\equiv0$，这不是所要的解；

（2）$\cos\sqrt{\lambda}H=0$，此时要求 $\sqrt{\lambda}H=\pm\dfrac{m}{2}\pi$（$m$ 是正奇数）。

故满足方程式（A-3）和边界条件式（A-7）的线性无关（非零）解是

$$Z_n(z)=B_n\sin\frac{m\pi}{2H}z\,(m\text{ 是正奇数})\tag{A-9}$$

这是上述本征值问题的本征函数，B_n 是任意常数，相应的本征值为

$$\lambda_n=\left(\frac{m\pi}{2H}\right)^2\tag{A-10}$$

对于式（A-10）的每一个本征值 T_n，方程（A-4）的通解为

$$T_n=C_n\mathrm{e}^{-\left(\frac{m\pi}{2H}\right)^2C_\mathrm{v}t}\tag{A-11}$$

其中 C_n 是任意常数，因此方程式（A-1）满足空间边界条件的特解是

$$u_m(z,t)=Z_m(z)T_m(t)=B_n\sin\frac{m\pi z}{2H}\mathrm{e}^{-\left(\frac{m\pi}{2H}\right)^2C_\mathrm{v}t}\quad(m\text{ 是正奇数})\tag{A-12}$$

在上式中，原来式（A-11）中的任意常数 C_n 已并入到任意常数 B_n 中。

将式（A-12）中的特解叠加，可以得到

$$u(z,t)=\sum_{m=1}^\infty B_n\sin\frac{m\pi z}{2H}\mathrm{e}^{-\left(\frac{m\pi}{2H}\right)^2C_\mathrm{v}t}\tag{A-13}$$

下面根据时间边界条件 $u(z,0)=\sigma_\mathrm{z}$ 确定系数 B_n。

$$u(z,0)=\sum_{m=1}^\infty B_n\sin\frac{m\pi}{2H}z=\sigma_\mathrm{z}$$

根据 Fourier 级数展开定理，可得

$$B_n=\frac{2}{H}\int_0^H\sigma_\mathrm{z}\sin\frac{m\pi}{2H}\xi\mathrm{d}\xi=-\frac{\sigma_\mathrm{z}}{H}\frac{4H}{m\pi}\cos\frac{m\pi}{2H}\xi\Big|_0^H=\frac{4\sigma_\mathrm{z}}{m\pi}\tag{A-14}$$

将式（A-14）代入到式（A-13）中，经整理得到微分方程（A-1）的通解

$$u(z,t)=\frac{4}{\pi}\sigma_\mathrm{z}\sum_{m=1}^\infty\frac{1}{m}\sin\frac{m\pi z}{2H}\mathrm{e}^{-\frac{m^2\pi^2}{4}T_\mathrm{v}}\tag{A-15}$$

其中，$T_\mathrm{v}=\dfrac{C_\mathrm{v}t}{H^2}$。容易发现，上式自动满足时间边界条件 $u(z,\infty)=0$。

土力学与地基基础课程教学大纲

（课程代码：201402107）
（32 学时）

一、课程目标

本课程是高等学校土木工程专业的核心课程之一，是理论密切联系实践的工程类课程，随着面向 21 世纪教学内容和课程体系改革计划的实施，按土木工程宽口径专业发展方向，土力学课程已成为土木工程（含建筑工程、岩土工程、桥梁工程、道路工程以及港口工程等）、地质工程、工程力学土木类各专业方向所必修的公共专业基础课。因此，土力学课程在这些专业的基础理论与实践环节培养方面占有非常重要的位置。

本课程以理论分析为依据，注重科学试验，培养学生掌握以地基土强度与变形为核心的土力学基本原理，并熟练运用这些概念、原理和方法解决实际工程中与土体相关问题的能力；学生通过学习掌握土的力学性能及计算方法，培养学生严谨、一丝不苟的工作态度和不断进取、努力创新的钻研精神。

二、教学基本要求（含素质教育与创新能力培养的要求）

1. 基本概念、基础知识、基本技能与知识综合运用能力

学习土的强度、变形、渗流特性及其分析方法，为进一步学习后续课程和学士学位论文打下基础；掌握土的物理性质指标的基本概念和计算方法；熟悉土的强度问题的实质，掌握土的自重应力、基底压力、基底附加压力、土中附加应力的计算方法；熟悉土的变形特性，掌握评价土的压缩性，进行地基最终沉降量计算、地基沉降与时间关系的计算方法；熟悉土的渗透特性，熟悉评价土的渗透性，进行渗流计算的原理与方法；掌握土压力计算方法，了解重力式挡土墙的设计步骤；掌握地基破坏的模式，地基承载力的确定方法与理论，了解地基承载力的试验确定方法及步骤。

2. 专业知识综合应用解决问题能力

具有应用数学、力学知识来分析和解决土木工程中有关土的工程实际问题，着重培养学生建立与以前所研究对象不同的一种散体材料——土的不同的分析方法与理论的新理念；了解由于土的强度特性、变形特性、渗透特性引起的一系列工程问题，着重培养学生结合基础工程中的问题，找出其土力学根源，并具有分析、计算的能力及了解相应处理方法；教学中紧密结合工程实践中的相应问题激发学生的学习兴趣、建立对土木工程学科现状及科研发展动向的正确认识，为今后的继续学习和发展奠定坚实的基础。

三、教学内容与学时分配

1. 绪论(1 学时)

(1)土力学的概念及学科特点

建立土力学、地基、基础的基本概念，了解本课程的特点和在土木专业中的地位。

（2）土力学的发展简史

了解土力学的发展概况。

（3）本课程的内容、要求和学习方法

了解本学科的学习方法、内容、学习要求、与专业的关系。

2. 土的组成（1 学时）

（1）土的组成概述

了解土的形成过程,理解土的基本概念,了解风化、搬运、堆积的概念与分类,以及其形成的土体的差别。

（2）土中固体颗粒、土中水和土中气

（3）黏土颗粒与水的相互作用

（4）土的结构和构造

掌握单粒结构、蜂窝结构、絮状结构的特点,掌握层状构造、分散构造、裂隙构造的特点。

3. 土的物理性质及分类（4 学时）

（1）土的三相比例指标

掌握土的各物理性质指标的概念及获取方法;理解土的三相图,掌握土的物理性质指标的计算以及三个基本物理指标的测定方法;了解各物理性质指标的作用及工程中的取值范围。掌握土的粒组和粒径级配。掌握颗粒级配的概念、分析方法和评价指标。

（2）黏性土的物理特征

理解黏性土的稠度和几种稠度状态,掌握液、塑限含水率的测定方法和塑性指数、液性指数的概念及其作用。了解土的物理状态指标在工程中的作用。

（3）无黏性土的密实度

理解砂土的相对密度的概念和作用,掌握土体密实度的评价方法。

（4）土的击实原理

掌握土的击实特性,了解土的击实机理。掌握黏性土击实试验的目的、方法以及成果的作用。理解黏性土击实性的影响因素。

（5）土的胀缩性、湿陷性和冻胀性

（6）土的工程分类

4. 土的渗透性及渗流（4 学时）

（1）土的渗透性概述

掌握水在土中的渗透规律,理解达西定律及其适用范围。

（2）土的渗透性

能够运用达西定律判别土的类型,分析土渗透性的影响因素。

（3）土中二维渗流及流网

熟悉二维渗流方程的建立过程,掌握流线、等势线概念。

（4）渗透破坏与控制

了解渗透力的计算,能够初步判别土的渗透变形的类型及土的渗透稳定性。

5. 土中应力（5 学时）

（1）土中自重应力

掌握土的自重应力概念及其计算方法、分布形态,能够分析并计算地基中自重应力的分布规律。

（2）基底压力

掌握刚性基础和柔性基础基底压力的计算方法，了解基底压力的分布规律及其影响因素。掌握基底压力和基底附加压力的简化计算方法。

（3）地基附加应力

了解地基中附加应力的计算方法，掌握矩形基础利用综合角点法计算附加应力的方法以及条形基础下地基中的附加应力计算方法。

（4）有效应力原理

6. 土的压缩性与地基沉降计算（5 学时）

（1）固结试验及压缩性指标

掌握压缩试验原理及其压缩系数、压缩模量、压缩指数的概念和计算公式。

（2）应力历史对压缩性的影响

掌握土的单向压缩量的计算公式。了解影响土的压缩性的主要因素，了解土的弹性变形和塑性变形的概念。

（3）基础最终沉降量

掌握分层总和法和《建筑地基基础设计规范》（GB 50007—2011）推荐法计算地基最终变形量的方法。

（4）饱和土体的渗流固结理论

掌握太沙基一维渗透固结理论基本概念和适用条件，一维渗流微分方程的建立和求解。

（5）地基变形与时间的关系

掌握地基沉降与时间关系的经验估算法。

7. 土的抗剪强度（4 学时）

（1）土的抗剪强度概述

了解土的抗剪强度的基本概念和工程意义，掌握土抗剪强度的库仑定律及抗剪强度指标的确定方法，了解土的抗剪强度的构成及影响因素。

（2）土的抗剪强度理论

理解摩尔－库仑强度理论中极限平衡方程的建立方法，掌握土的极限平衡条件计算式，能够用土的极限平衡条件式判别土的状态。

（3）土的抗剪强度试验

了解土的抗剪强度的测定方法。了解直接剪切试验和三轴压缩试验的原理。

（4）三轴压缩试验中的孔隙压力系数

（5）饱和黏性土的抗剪强度

掌握不同排水条件下，饱和土抗剪强度的三种试验方法（即不固结不排水剪、固结不排水剪、固结排水剪）及成果分析方法，正确理解排水条件对确定饱和黏性土抗剪强度指标的影响。了解孔隙压力系数及应力路径的概念。

（6）应力路径的概念

应力路径在强度问题中的应用。

（7）振动液化

振动液化的概念，现象，防治。

8. 土压力(4 学时)

(1)挡土墙上的土压力

正确理解和掌握三种土压力的概念及产生条件。

(2)朗肯土压力理论

掌握朗肯土压力理论的原理与假定,并能计算各种情况下的主动、被动土压力。

(3)库伦土压力理论

理解库仑土压力的原理与假定,会计算库仑主动与被动压力。了解朗肯理论与库仑理论的比较。

(4)朗肯理论与库伦理论的比较

9. 地基承载力(4 学时)

(1)浅基础的地基破坏模式

正确理解地基的变形的三个阶段和地基破坏的三种形式,掌握临塑荷载,地基极限承载力概念。

(2)地基临界荷载、地基极限承载力

了解地基的塑性荷载、塑界荷载和极限荷载的理论计算方法。

(3)地基容许承载力和地基承载力特征值

掌握按相关规范确定地基容许承载力的方法。了解载荷试验和标准贯入试验确定地基承载力的步骤。掌握地基承载力设计值的计算。

四、教学方法及手段(含现代化教学手段及研究性教学方法)

1. 传统教学手段与现代信息技术手段结合

采取银幕加黑板结合的方式,对于纲目性质的内容及复杂图形以及需动画演示的内容,采用课件形式先制作出来,而对于必须掌握的公式推导部分仍采用传统的黑板教学手段。

2. 教师课堂引导教学与学生课后自主学习相结合

课堂上教师在有限的时间内,对基本原理、重点难点及强制性的标准规范要求作出讲授,而加强练习、扩大知识面和加强动手能力的训练部分可放在课后进行。鼓励学生课余时间查阅相关文献,查阅参考书,以课后习题为手段检验自己的学习质量。

3. 理论教学和实践教学相结合

实践教学可以对课堂学习的知识加深理解、巩固知识。通过 6 ~ 8 学时的土力学实验,强化课堂所学知识,通过对试验的观测和试验数据的分析整理,能对理论教学的相应部分知识有直观、深刻的掌握。这些试验同时也锻炼了学生的动手能力,培养了科学研究的兴趣。

4. 对学生的知识考核和能力考核相结合

对学生的考核在课程结束时进行闭卷考试,考试的成绩占最终总评成绩的 70% ~ 85%,其内容涵盖基础知识和工程应用基础,以知识考核为主;平时的作业和小测验占 15% ~ 30%,以能力考核为主。

五、前续课程、后续课程

前续课程:高等数学、理论力学、材料力学、结构力学、土木工程材料、工程荷载与可靠度设计原理、混凝土结构基本原理。

后续课程：基础工程、高层建筑结构设计、学士学位论文。

六、参考教材及学习资源

[1] 党进谦,李法虎,兰晓玲,等. 土力学[M]. 北京:水利水电出版社,2013.

[2] 国家质量技术监督局,中华人民共和国建设部. GB 50007 – 2011 建筑地基基础设计规范[S]. 北京:中国建筑工业出版社,2011.

[3] 张力霞. 土力学与地基基础[M]. 2 版. 北京:高等教育出版社,2012.

七、考核方式

附表1　考核方式

教学基本要求项	考核形式	占总成绩的比例
基本概念、基础知识、基本技能与知识综合运用能力	Ⅰ:闭卷考试,满分100	75% ~ 85%
专业知识综合应用解决问题能力	Ⅱ:课后作业,每章10 ~ 15 分,合计100 分	15% ~ 25%

注:1. 学生最终评定成绩 = Ⅰ ×(75% ~ 85%) + Ⅱ ×(25% ~ 15%);

　　2. 闭卷考试范围为全部教学内容;平时作业根据教学进度布置,每章10 ~ 15 分,合计100 分。

参 考 文 献

［1］高等学校土木工程学科专业指导委员会. 高等学校土木工程专业指导性专业规范［S］. 北京：中国建筑工业出版社, 2011.

［2］卢肇钧. 关于土力学发展与展望的综合述评［C］. 中国土木工程学会第八届年会论文集, 1998：381-392.

［3］Terzaghi K. Theoretical soil mechanics［M］. New York：John Wiley and Sons, 1943.

［4］Biot M A. General theory of three dimensional consolidation［J］. Journal of Applied Physics, 1941, 12：155-164.

［5］吉见吉昭. 太沙基与土力学［J］. 岩土工程学报, 1981, 3(3)：114-119.

［6］赵成刚, 韦昌富, 蔡国庆. 土力学理论的发展和面临的挑战［J］. 岩土力学, 2011, 32(12)：3521-3540.

［7］Roscoe K H, Schofield A N, Thurairajan A. Yielding of soils in states wetter than critical［J］. Géotechnique, 1963, 13(3)：211-240.

［8］沈珠江. 现代土力学的基本问题［J］. 力学与实践, 1998, 20：1-6.

［9］谢定义. 21 世纪土力学的思考［J］. 岩土工程学报, 1997, 19(4)：111-114.

［10］史佩栋, 高大钊. 20 世纪我国岩土工程学科发展若干大事述要［J］. 岩土工程界, 2001, 4(2)：5-6.

［11］黄文熙. 土的弹塑性应力 – 应变模型理论［J］. 清华大学学报, 1979：1-26.

［12］殷宗泽. 土力学学科发展的现状与展望［J］. 河海大学学报, 1999, 27(1)：1-5.

［13］黄海昌. 近年来我国土力学研究状况的回顾与情况述评［J］. 上海地质, 1983：36-39.

［14］Bishop A W. The use of the slip circle in the stability analysis of slopes［J］. Géotechnique, 1955, 5(1)：7-17.

［15］Janbu N. Slope stability computations［J］. Embankment Dam Engineering (Casagrande Memorial Volume), 1973, 3：47-86.

［16］Spencer E. A method of analysis of the stability of embankments assuming parallel interslice forces［J］. Géotechnique, 1967, 17(1)：11-26.

［17］Morgenstern N R, Price V E. The analysis of the stability of general slip surfaces［J］. Géotechnique, 1965, 15(1)：79-93.

［18］Drucker D C, Prager W. Soil mechanics and plastic analysis for limit design［J］. Quarterly of Applied Mathematics, 1952, 10(2)：157-165.

［19］Skempton A W. The ϕ_u analysis for stability and its theoretical basis［C］. 2nd International Conference of Soil Mechanics and Foundation Engineering(ICSMFE), 1948, 1：72-77.

［20］费兰纽斯. 土体稳定的静力计算［M］. 陈愈炯, 译. 北京：水利出版社, 1957.

［21］Craig R F. Soil mechanics(6th Ed)［M］. London：E & FN Spon, 1997.

［22］高大钊, 袁聚元. 土质学土力学［M］. 北京：人民交通出版社, 2003.

［23］龚文惠. 土力学［M］. 武汉：华中科技大学出版社, 2007.

［24］刘增荣，刘春原，梁波. 土力学［M］. 上海：同济大学出版社，2008.

［25］卢廷浩，刘斯宏，陈亮，等. 土力学［M］. 北京：高等教育出版社，2009.

［26］张孟喜. 土力学原理［M］. 武汉：华中科技大学出版社，2010.

［27］李广信，张丙印，于玉贞. 土力学［M］. 北京：清华大学出版社，2013.

［28］张克恭，刘松玉. 土力学［M］. 北京：中国建筑工业出版社，2014.

［29］国家质量技术监督局，中华人民共和国建设部. GB/T 50279—98 岩土工程基本术语标准［S］. 北京：中国建筑工业出版社，1998.

［30］国家质量技术监督局，中华人民共和国建设部. GB 50007—2011 建筑地基基础设计规范［S］. 北京：中国建筑工业出版社，2011.

［31］国家质量技术监督局，中华人民共和国建设部. GB 50021—2001 岩土工程勘察规范［S］. 北京：中国建筑工业出版社，2009.